山西省大清河流域(唐河)生态补偿机制研究

尤龙凤　许臻真　王　炜　王候炜　著

黄河水利出版社

·郑州·

内 容 提 要

本书在总结和分析国内外流域生态补偿理论及实例的基础上，对山西省流域生态补偿机制、政策、取得的成效和面临的问题进行了剖析，以山西省大清河流域唐河为主要研究对象，科学界定了唐河上下游生态补偿主客体，并采用多种方法对唐河上下游生态补偿标准进行了测算，同时利用单指标法、综合指标法和离差平方法明确了上下游生态保护成本的分摊比例，提出并建立了一套流域上下游生态补偿的技术方法，明确了补偿基准、补偿标准、补偿的主客体、补偿方式、补偿资金来源及补偿途径，构建了大清河流域（唐河）的生态补偿体系。

本书可供水资源管理、水环境、水生态等领域的工作人员以及从事流域水生态保护修复及补偿研究的专业人员阅读参考，也可作为地方政府部门和决策部门工作人员的参考用书。

图书在版编目（CIP）数据

山西省大清河流域（唐河）生态补偿机制研究/尤龙凤等著. —郑州：黄河水利出版社，2022. 5
ISBN 978-7-5509-3303-3

Ⅰ. ①山… Ⅱ. ①尤… Ⅲ. ①流域-生态环境-补偿机制-研究-山西 Ⅳ. ①X321. 225

中国版本图书馆 CIP 数据核字（2022）第 094990 号

出 版 社：黄河水利出版社　　网址：www. yrcp. com
地址：河南省郑州市顺河路黄委会综合楼 14 层　　邮政编码：450003
发行单位：黄河水利出版社
发行部电话：0371-66026940、66020550、66028024、66022620（传真）
E-mail：hhslcbs@ 126. com
承印单位：广东虎彩云印刷有限公司
开本：787 mm×1 092 mm　1/16
印张：14. 5
字数：335 千字　　印数：1—1 000
版次：2022 年 5 月第 1 版　　印次：2022 年 5 月第 1 次印刷

定价：98. 00 元

序

水既是生命的根基,也是社会经济增长的动力。水资源作为基础性的自然资源和战略性的经济资源,在社会发展和国家安全中具有极其重要的地位和作用。保护水资源就是保护我们的生命线。

流域作为水资源载体和人为管理的地域单元,开展由点及面和从局部到整体的流域水资源管理,有助于缓解流域内水资源短缺问题,改善流域内水资源管理水平,提高流域内水资源管理效率。流域生态补偿作为流域水资源管理的一种重要手段,以保护水资源、水环境和水生态安全,促进人与自然和谐发展为目的,通过政府的宏观调控和政策引导,综合运用经济手段,调节流域内河流上中下游之间、水生态环境保护者与受益者及破坏者之间的经济利益关系,以实现流域内各行政区域的共赢和共享,推动流域区际的协调发展。

近年来,党中央、国务院高度重视生态文明建设,将生态文明建设作为关系人民福祉、关乎民族未来的长远大计。面对水资源约束趋紧、水环境污染严重、水生态系统退化的严峻形势,各地积极开展流域生态补偿机制研究,探索适合本区域及区际间的生态保护补偿机制建设。山西省也相继出台了流域生态保护补偿的相关政策措施,探索了多种补偿标准及补偿模式,并制订了汾河流域上下游横向生态补偿机制试点方案,以实现高标准保护推动汾河流域高质量发展,保障山西“母亲河”长治久清。

大清河作为华北地区的一条重要河流,跨山西、河北、北京和天津4省(市)。山西省大清河流域唐河为大清河南支源头,是雄安新区以及京津冀经济发展的重要水源生态屏障。保护唐河流域的水量、水质、水生态等功能属性,研究探索建立大清河流域唐河上下游生态补偿机制和模式,对推进大清河流域保护与治理,促进流域生态环境质量持续改善,实现流域上下游社会、经济、生态协同发展具有重要意义。

谨此为序。

山西省水利水电勘测设计研究院原院长

2022年2月

前 言

大清河是中国海河水系五大河之一,位于永定河以南、子牙河以北,西起太行山区,东至渤海湾,由恒山南麓和太行山东麓的诸多河流汇集而成,位于东经 113°32′~114°33′、北纬 39°06′~39°41′。大清河流域总面积 43 060 km^2,其中山区面积 18 516 km^2,占总面积的 43%;平原区面积 24 544 km^2,占总面积的 57%。

大清河处于海河水系的中部,跨山西、河北、北京和天津 4 省(市),是华北地区的一条重要河流。大清河因其相邻的流域北部为永定河冲积扇,南部为滹沱河冲积扇,两河均为多沙河流,属浑水河,而居中的大清河,河水清澈,得名大清河。

大清河系主要由南、北两支组成。流入西淀(白洋淀)的支流为南支,南支的源头为唐河源头即山西省浑源县南部的抢风岭;流入东淀的支流为北支,北支源头为拒马河源头即河北省涞源县西北太行山麓。

山西省地处大清河南支的上游,省内大清河流域面积 3 406 km^2,主要为唐河水系,流域面积 2 193 km^2;其余属大沙河水系,流域面积 1 213 km^2。大清河流域在山西省境内主要包括大同市的灵丘县大部分,浑源县、广灵县小部分,以及忻州市繁峙县的一部分。

唐河位于白洋淀西部,是大清河南支的一条主要干流,因流经唐县而得名。唐河发源于浑源县温庄抢风岭,自西北向东南流经浑源县王庄堡镇,至西会村入灵丘县境,由西向东流至灵丘县北水芦村折向东南,于下北泉出山西省境进入河北省;然后继续向东南,于河北省葛公村南折,经西大洋水库、温仁汇入白洋淀,最后于东淀汇入大清河。

水既是生命的根基,也是社会经济增长的动力。水资源作为基础性自然资源和战略性经济资源,在经济发展和国家安全中具有极其重要的地位和作用。然而随着人口的增长、城市化的加速和气候的变化,水资源的供需矛盾日益凸显,水体污染和水生态环境退化问题愈发严重,这已成为我国乃至全球性的危机。

山西省作为以煤炭资源为主的能源重化工基地,水资源现状更是不容乐观。山西省水资源总量较为贫乏,是全国水资源贫乏省份之一,人均占有水资源量更是少之又少。近年来,随着经济社会的快速发展,加之水资源的不合理开发利用,水资源的供需矛盾和水环境、水生态恶化问题尤为突出。水资源的开发利用能否满足持续增长的用水需求,水生态环境能否匹配当地生态经济的可持续性定位,将主要取决于对现有水资源和水环境的有效管理和保护。保护水资源就是要通过法律、行政、经济、技术和工程等手段,保护水域的水量、水质、水生态等功能属性,防止水源枯竭、水体污染和水生态恶化,保障水资源的可持续利用,支撑经济社会的可持续发展。

在管理与保护水资源、水环境的过程中,科学评价生态系统变化对水资源的影响有助于完善水资源的前端规划和管理,节约末端治理成本,提升水资源管治的环境效益、经济效益和社会效益。为了保护水资源和水环境,必须执行严格的产业准入政策,这在一定程度上限制了区域经济的发展。生态补偿作为一种手段,既能调和不同区域之间的利益冲突,又可以深化不同区域之间的协同发展。

近30年来,生态补偿已成为环境经济和环境管理领域研究与实践的热点。20世纪90年代末期,生态补偿机制开始被引入流域治理领域。流域生态补偿主要通过建立区际生态补偿机制,解决上下游地区之间在生态环境整治、经济开发上存在的实施主体与受益主体不一致的矛盾,对中上游生态环境进行恢复和建设,实现流域内各行政区域的共赢和共享,推动流域区际的协调发展。流域作为水资源载体和人为管理的地域单元,开展由点及面和从局部到整体的流域水资源管理,有助于缓解流域内水资源短缺问题,改善流域内水资源管理水平,提高流域内水资源管理效率。

为贯彻落实习近平总书记在视察山西时的重要讲话和国家财政部、环境保护部(今生态环境部)、发展改革委、水利部《关于加快建立流域上下游横向生态保护补偿机制的指导意见》(财建〔2016〕928号)以及《山西省人民政府办公厅关于健全生态保护补偿机制的实施意见》(晋政办发〔2016〕172号)、《关于建立省内流域上下游横向生态保护补偿机制的实施意见》(晋财建二〔2019〕195号)等文件精神,以流域水资源保护和水质改善为主要目标,强化政策引导和沟通协调,充分调动流域上下游地区的积极性,形成“成本共担、效益共享、合作共治”的流域保护和治理长效机制,更好地服务于京津冀水源保护及雄安新区的发展,本书研究探索建立大清河南支源头(唐河)上下游生态补偿机制和模式,以协同推进大清河流域保护与治理,促进流域生态环境质量不断改善、流域健康和谐发展,最终实现大清河流域上游(唐河)社会、经济、生态的协同发展,使山西省大清河流域(唐河)成为支撑雄安新区以及京津冀经济发展的重要水源生态屏障。

本书通过对流域生态补偿理论体系的梳理,结合山西省大清河流域(唐河)的生态环境特点,采用了6种方法对大清河流域(唐河)生态补偿标准进行了测算,并利用单指标法、综合指标法和离差平方法明确了上下游生态保护成本的分摊比例,提出并建立了一套流域上下游生态补偿的技术方法,明确了补偿基准、补偿标准、补偿的主客体、补偿方式、补偿资金来源及补偿途径,构建了大清河流域(唐河)的生态补偿体系。

本书撰写人员及分工如下:前言、第1章、第2章、第4章由王候炜撰写字数约5.1万字;第3~5章由许臻真撰写字数约10.1万字;第6章、第7章由王炜撰写字数约5.6万字;第8~13章由尤龙凤撰写字数约10.5万字。

作　者
2022年3月

目 录

第1章 导 论

1.1 研究背景

水既是生命的根基,也是社会经济增长的动力。水资源作为基础性自然资源和战略性经济资源,在经济发展和国家安全中具有极其重要的地位。随着人口的增长、城市化的加速和气候变化,水资源供需矛盾日益凸显,水体污染和水生态环境退化问题愈发严重,这已成为我国乃至全球性危机。我国作为发展中大国,水资源现状不容乐观,虽然水资源总量相对丰富,但人均和耕地亩均水资源占有量少,且水资源时空分布不均,区域性和季节性缺水时有发生。目前,我国水资源的开发利用能否满足持续增长的用水需求,水生态环境能否匹配当地生态经济的可持续性定位,将主要取决于对现有水资源和水环境的有效管理。在此过程中,科学评价生态系统变化对水资源的影响有助于完善水资源的前端规划和管理,节约末端治理成本,提升水资源管治的环境效益、经济效益和社会效益。为了保护水资源和水环境,必须执行严格的产业准入政策,这在一定程度上限制了区域经济的发展。生态补偿作为一种手段,它既能调整不同区域之间的利益冲突,又可以深化不同区域之间的协同发展。

近30年来,生态补偿已成为环境经济和环境管理领域研究与实践的热点。20世纪90年代末期,生态补偿机制开始被引入流域治理领域。流域生态补偿主要通过建立区际生态补偿机制,解决上下游地区之间在生态环境整治、经济开发上存在的实施主体与受益主体不一致的矛盾,对中上游生态环境进行恢复和建设,实现流域内各行政区域的共赢和共享,推动流域区际的协调发展。流域作为水资源载体和人为管理的地域单元,开展由点及面和从局部到整体的流域水资源管理,有助于缓解流域内水资源短缺问题,改善流域内水资源管理水平,提高流域内水资源管理效率。

我国对于生态补偿的制度建设从“十一五”开始,不断的丰富和完善。“十二五”时期,中央政府对建立生态补偿机制进行了专节论述,由生态环境受益者、受益地区向提供生态效益的输出地区进行补偿,协调各区域之间的经济发展。2015年中共中央、国务院印发的《生态文明体制改革总体方案》中指出探索多元化生态补偿机制,增加对重点生态功能区转移支付,将完善生态补偿机制作为生态文明建设的重要内容。2016年4月,国务院办公厅印发《关于健全生态保护补偿机制的意见》(国办发〔2016〕31号),明确要“推进横向生态保护补偿。鼓励受益地区与保护生态地区、流域下游与上游通过资金补偿、对口协作、产业转移、人才培训、共建园区等方式建立横向补偿关系”,并提出将“跨地区、跨流域补偿试点示范取得明显进展”作为我国健全生态保护补偿机制的目标任务之一。2016年12月,按照党中央、国务院的决策部署,财政部、环境保护部、发展和改革委、水利部等四部委联合出台了《关于加快建立流域上下游横向生态保护补偿机制的指导意见》

(财建〔2016〕928号),专门针对流域上下游生态保护补偿的基本原则、工作目标、主要内容、保障措施以及组织实施等内容提出了明确要求,对补偿基准的明确、补偿方式的选择、补偿标准的确定、联防共治机制的建立进行了细化,为开展流域上下游横向生态补偿机制研究提供了重要指导意见。党的"十九大"报告将生态文明建设提升为"中华民族永续发展的千年大计",明确提出要建立"市场化、多元化的生态补偿机制"。"十四五"规划纲要明确提出"完善市场化、多元化生态补偿,推进资源总量管理、科学配置、全面节约、循环利用",推动绿色发展,促进人与自然和谐共生。

自2009年起,山西省先行先试,建立了地表水跨界断面水质考核生态补偿机制。2009年9月,山西省人民政府办公厅印发了《关于实行地表水跨界断面水质考核生态补偿机制的通知》(晋政办函〔2009〕177号),在多年的实施和运行过程中,省环保厅、省财政厅先后于2011年、2013年、2016年、2017年进行了四次修订,扩大了考核范围、丰富了考核指标、明确了省市责任、细化了监测方案、完善了联防联控等细节,分别印发了《关于完善地表水跨界断面水质考核生态补偿机制的通知》(晋环发〔2011〕109号,晋环发〔2013〕75号)、《关于优化地表水跨界断面完善水质考核机制的通知》(晋环水〔2016〕6号)、《关于印发〈山西省地表水跨界断面生态补偿考核方案(试行)〉的通知》(晋环水〔2017〕124号),这一系列政策的出台和逐步优化,是山西省在构建流域水环境生态补偿机制方面的重大举措与实践,对进一步强化地方主体责任,有效落实水污染防治任务,促进水环境质量改善起到明显的积极作用。同时,通过开展地表水跨界断面水质考核生态补偿机制,明确了政府责任,有效调动了各级政府水污染防治工作的积极性,使全省水生态环境质量有所改善,2016年与2009年相比,全省评价断面中Ⅰ~Ⅲ类水质断面所占比例上升了18.6个百分点,劣Ⅴ类水质断面所占比例下降了25.9个百分点;2020年8月,全省58个地表水国考断面全部退出劣Ⅴ类,这与山西省近年来实施的地表水跨界断面水质考核生态补偿机制密切相关。

2016年以来,国务院、相关部委、山西省政府都明确提出了要建立流域上下游横向生态补偿机制的要求和目标,重点是明确要秉承"区际公平、权责一致"的原则,真正构建起流域上下游区域之间,能够体现水污染保护与补偿明细关系的生态补偿机制,山西省实施多年的地表水跨界断面生态补偿的扣缴与奖励机制对促进全省水环境质量改善起到了积极的作用,但仍属省、市、县三级间的纵向补偿,科学系统的流域上下游横向生态补偿机制还未完全建立,保护者和受益者良性互动的体制机制尚不完善,一定程度上影响了生态环境保护措施行动的积极性和成效性。

因此,本书以跨省界流域——大清河流域(唐河)为例,通过科学界定流域上下游生态补偿主客体,明确流域上下游生态补偿方式和途径,形成健全的流域上下游生态保护机制,推动流域上下游横向生态补偿机制的制度化,充分调动流域上下游地区的积极性,共同推进流域水环境治理和保护。另外,探索开展跨省界流域上下游横向生态补偿机制研究,构建一整套河北省对山西省的生态补偿体系,积极争取中央财政支持,并努力形成长效机制,促进山西省进一步提升水体环境,同时为统筹山西经济社会发展和生态环境保护同步推进提供支撑。

1.2　研究意义

目前,我国对流域生态补偿机制的研究尚处于探索阶段,在实践过程中还存在很多亟待解决的问题,因此开展流域生态补偿机制的研究是对整个流域生态补偿理论的一个补充,具有重要的理论意义和现实意义。

1.2.1　理论意义

(1)基于生态功能区划视角,分析大清河流域(唐河)生态功能区空间结构,以及基于生态功能区的生态补偿空间分异,探讨大清河流域(唐河)跨界断面水质水量达标的生态补偿模型、标准、模式、机制,推动生态补偿研究的发展。

(2)基于京津晋冀协同发展视角,探讨基于生态补偿机制,跨界流域界内对界外发展模式的支持。在对大清河流域(唐河)跨界生态补偿支付意愿及跨界政府间生态补偿行为博弈分析的基础上,研究体现资源有偿使用的大清河流域(唐河)跨界生态协同机制,丰富区域协同发展理论研究。

(3)基于生态补偿标准视角,建立大清河流域(唐河)流域生态补偿机制。目前学者对流域生态补偿标准估测模型的理论研究虽然做出了巨大贡献,但这些研究由于测算出的生态补偿量过大或者不符合政策需要等,并不能实际指导中央或地方政府制定流域生态补偿政策,直接造成了流域生态补偿理论研究和实际政策制定的脱离。为此,通过建立大清河流域(唐河)跨界断面水质达标、跨界通量(用水量及排污量)核算、“量-质”响应模型的生态补偿标准,以期作为大清河流域(唐河)生态补偿实践的参考。

1.2.2　现实意义

1.2.2.1　提高生态补偿效率的迫切要求

从京津晋冀协同发展的视角,推动大清河流域(唐河)生态保护的补偿,实现全流域的社会经济发展和水资源生态保护。通过探讨政府、市场、社会的多元生态补偿模式,拓展补偿资金的来源,弥补传统政府为主的生态补偿的不足,调动各方生态保护的积极性,提高大清河流域(唐河)的生态补偿效率和生态服务功能,使大清河流域(唐河)成为支持雄安新区以及京津晋冀经济发展的重要水源生态屏障。

1.2.2.2　建立横向生态补偿的迫切要求

我国自改革开放以来,综合国力大大增强,人民生活水平大幅度提高,政府和民间对建立和完善流域生态补偿机制的意愿日益高涨,流域生态补偿机制已经进入了行政立法的初期阶段。《国务院关于依托黄金水道推动长江经济带发展的指导意见》提出“按照谁受益、谁补偿的原则,探索上中下游开发地区、受益地区与生态保护地区试点横向生态补偿机制”。《国务院关于加快推进生态文明建设的意见》中也明确提出“建立地区间横向生态保护补偿机制,引导流域上下游之间,通过资金补助、产业转移、人才培训、共建园区等方式实施补偿”。建立和完善大清河流域(唐河)上下游横向生态补偿机制,从制度上加强生态环境保护,促进经济社会全面协调发展,是践行“两山”理论、贯彻新发展理念的重大战略选择。

1.2.2.3 推进流域生态建设的迫切要求

流域生态建设是我国生态文明建设的重要途径,也是一项庞大的系统工程。利用生态学、环境经济学、生态经济学原理,充分发挥流域生态和资源优势,加强顶层设计,推动流域社会经济实现可持续发展。目前,我国流域生态补偿还有许多不完善的地方。比如,保护者和受益者的权责落实不到位;多元化补偿方式尚未形成;政策法规建设滞后,现有涉及生态补偿的法律规定分散在多部法律之中,缺乏系统性和可操作性;生态补偿范围偏窄,补偿标准偏低,补偿资金来源单一,补偿资金支付和管理办法不完善等。建立比较完善的流域生态补偿机制是推进生态建设的重要举措,更是建设生态文明的内在要求。

1.2.2.4 实现流域协同发展的迫切要求

为保护大清河流域(唐河)的生态服务功能与价值,全流域尤其是上游地区进行了大量生态环境建设,实行严格的产业准入限制,丧失许多经济发展机会。通过建立大清河流域(唐河)生态补偿机制,下游受益地区向上游地区支付水源生态补偿费,弥补因生态保护造成的经济发展机会损失,以协调全流域在生态保护和经济发展之间的付出与收益的失衡,是解决流域水资源开发利用的外部性、保护行政区际水资源开发权益、协调流域区际矛盾的重要突破口,是促进流域水质持续改善、流域健康和谐发展的需要,最终实现大清河流域(唐河)社会、经济、生态的协同发展。

1.3 研究内容

流域生态补偿作为流域管理的一种制度创新,通过政府的宏观调控和政策引导、市场机制的作用,构建一个公平的流域上下游生态补偿机制。对流域补偿主体和责任的清晰界定、剖析流域环境服务补偿过程、明确生态补偿的标准与方式,对激励生态保护与建设、遏制生态破坏行为起到调节社会相关者经济利益的作用,从而实现整个流域的共建共享和环境改善。

大清河流域(唐河)生态补偿机制研究需要明确流域生态补偿理论基础、确定目标及原则,同时需要明确补偿者和补偿接受者,确定补偿标准,然后确定补偿途径、方式、政策并对补偿进行监督评价(见图 1-1)。

(1)补偿范围。大清河流域(唐河)生态补偿的范围是相当广的,除对恢复已破坏的生态环境的投入进行补偿外,还包括对未破坏的生态环境进行污染预防和保护所支出的一部分费用,以及对因环境保护而丧失发展机会的区域内居民的补偿、政策上的优惠和为增进环境保护意识、提高环境保护水平而进行的科研、教育费用的支出。

(2)补偿原则。流域生态补偿原则是流域生态补偿机制的基本前提条件。按照我国流域生态补偿“受益者补偿、污染者付费”的基本原则,制定公平性、发展性、可操作性的大清河流域(唐河)生态补偿机制原则。

(3)补偿主客体。补偿主客体及其责任的界定是流域生态补偿机制构建的基础和前提,分析和界定生态补偿的受益和责任主体,明确流域各利益相关者的权利和义务关系,建立大清河流域(唐河)生态补偿共建共享机制。

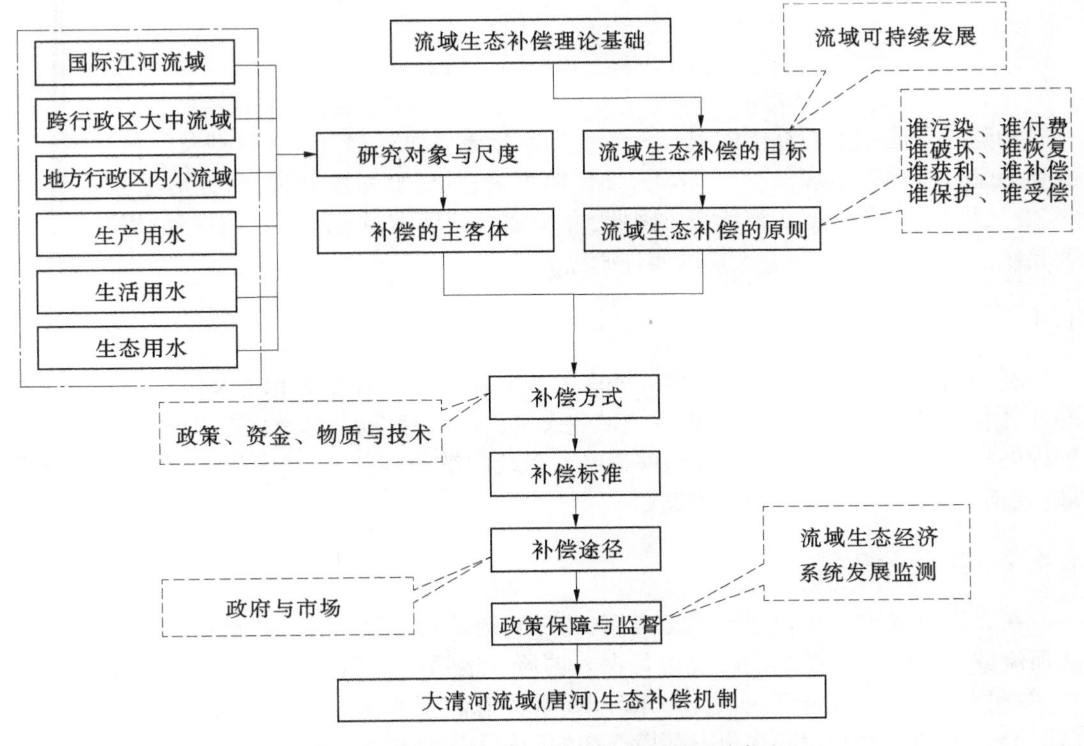

图1-1 大清河流域(唐河)生态补偿研究框架

(4)补偿基准。将流域跨界断面的水质水量作为补偿基准。流域跨界断面水质只能更好,不能更差,国家已确定断面水质目标的,补偿基准应高于国家要求。地方可选取高锰酸盐、氨氮、总氮、总磷以及流量、泥沙等监测指标,也可根据实际情况,选取其中部分指标,以签订补偿协议前3~5年平均值作为补偿基准,具体由流域上下游地区双方自主协商确定。

(5)补偿方式。补偿方式包括补偿类型、时间安排等。目前资金财力有限,仅通过政府无法筹集足够的资金,必须采取多渠道筹集大清河流域(唐河)生态补偿资金。资金可以来源于国家财政转移支付或生态建设项目、私有资金等。

(6)补偿标准。流域上下游地区应当根据流域生态环境现状、保护治理成本投入、水质改善的收益、下游支付能力、下泄水量保障等因素,综合确定补偿标准,以更好地体现激励与约束。

(7)补偿机制。建立长效的大清河流域(唐河)生态补偿机制是生态补偿政策实施的关键,生态补偿机制是在分析上述生态补偿相关问题的基础上,建立相关的政策、制度、法规、组织机构和可操作性的补偿办法,为解决方案和政策建议提供参考。

(8)补偿体系。建立稳定的大清河流域(唐河)生态补偿机制,补偿政策框架和补偿体系的构建是基本保障,补偿政策框架可以规范生态补偿机制和市场,补偿体系可以作为补偿操作的参考和补偿效果的依据。

1.4 研究方法

构建跨界流域生态补偿机制是一个涉及多个学科的复杂内容。从涉及学科来说,包括生态学、经济学、地理学、社会学等,知识跨度大;从研究对象来说,研究对象具有角度多、交叉性强、复杂程度高等特征。因此,在构建大清河流域(唐河)生态补偿机制时,需要系统的理论分析,又需要大量的实证研究。

1.4.1 文献归纳法

利用图书馆、网络等资源,对国内外有关跨界流域生态补偿等相关文献进行查阅、整理、归纳。系统梳理国内外有关跨界流域生态补偿的研究进展,以及生态补偿实践。在对国内外学者的研究进展和生态补偿理论基础系统归纳的基础上,最大程度厘清大清河流域(唐河)生态补偿机制的研究思路。

1.4.2 实证分析法

在大清河流域(唐河)进行实地考察,通过实地踏勘、走访谈话、收集资料等方式对大清河流域(唐河)水资源利用状况进行深入调研。运用定量和定性相结合的方法进行分析,掌握大清河流域(唐河)水资源、水环境、水生态的现实状况,进一步分析大清河流域(唐河)水资源开发利用和水生态环境存在的问题及其成因。

1.4.3 比较分析法

通过研究国外跨界流域生态补偿的情况,并和我国跨界流域的生态保护及生态补偿进行比较,在总结国内外跨界流域生态补偿发展历程、经验教训和先进实践成果的基础上,结合大清河流域(唐河)的生态治理现状,指出大清河流域(唐河)生态补偿机制中存在的缺陷,为构建大清河流域(唐河)生态补偿机制提供可靠的理论基础。

1.4.4 案例研究法

一般而言,理论分析偏重于对研究对象的理性判断,案例分析偏重于对研究对象的客观描述以及在理论指导下对实际问题的解决。本书致力于构建大清河流域(唐河)生态补偿机制的理论框架,对大清河流域(唐河)生态补偿从补偿背景、补偿主体、补偿标准、补偿方法等方面进行案例研究,以期为我国流域生态补偿找到可供借鉴的方式和机制。

1.5 研究依据

(1)《中华人民共和国水法》(2002 年 8 月 29 日第九届全国人民代表大会常务委员会第二十九次会议修订通过,自 2002 年 10 月 1 日起施行。2016 年 7 月 2 日第十二届全国人民代表大会常务委员会第二十一次会议修改)。

(2)《中华人民共和国水土保持法》(1991 年 6 月 29 日第七届全国人民代表大会常

务委员会第二十次会议通过,2010年12月25日第十一届全国人民代表大会常务委员会第十八次会议修订)。

(3)《生态文明体制改革总体方案》,中共中央、国务院,2015年9月11日。

(4)《国务院办公厅关于健全生态保护补偿机制的意见》(国办发〔2016〕31号),2016年4月28日。

(5)《关于加快建立流域上下游横向生态保护补偿机制的指导意见》(财建〔2016〕928号),2016年12月20日。

(6)《建立市场化、多元化生态保护补偿机制行动计划》(发改西部〔2018〕1960号),2018年12月28日。

(7)《国家发展改革委关于印发〈生态综合补偿试点方案〉的通知》(发改振兴〔2019〕1793号),2019年11月15日。

(8)《关于印发〈支持引导黄河全流域建立横向生态补偿机制试点实施方案〉的通知》(财资环〔2020〕20号),2020年4月20日。

(9)《山西省水污染防治条例》(2019年7月31日山西省第十三届人民代表大会常务委员会第十二次会议通过)。

(10)《山西省泉域水资源保护条例》(2010年11月26日山西省第十一届人民代表大会常务委员会第二十次会议通过了修改)。

(11)《山西省人民政府关于印发〈山西省主体功能区规划〉的通知》(晋政发〔2014〕9号),2014年4月10日。

(12)《山西省人民政府关于印发〈国家节水行动山西实施方案〉的通知》(晋政发〔2019〕26号),2019年12月18日。

(13)《山西省全面推行河长制实施方案》,山西省委办公厅、政府办公厅,2017年4月14日。

(14)《关于实行地表水跨界断面水质考核生态补偿机制的通知》(晋政办函〔2009〕177号),山西省政府办公厅,2009年9月。

(15)《山西省人民政府办公厅关于健全生态保护补偿机制的实施意见》(晋政办发〔2016〕172号),2017年1月3日。

(16)《山西省人民政府办公厅关于印发山西省水污染防治2018年行动计划的通知》(晋政办发〔2018〕55号),2018年5月28日。

(17)《关于完善地表水跨界断面水质考核生态补偿机制的通知》(晋环发〔2011〕109号,晋环发〔2013〕75号),山西省原环保厅、山西省财政厅等。

(18)《山西省地表水跨界断面生态补偿考核方案(试行)》(晋环水〔2017〕124号),山西省生态环境厅、山西省财政厅,2017年8月。

(19)《关于建立生态修复治理多元投入机制的指导意见》(晋财建二〔2017〕228号),山西省财政厅等六部门,2017年11月。

(20)《山西省发展和改革委员会山西省财政厅山西省水利厅关于水土保持补偿费收费标准的通知》(晋发改收费发〔2018〕464号),2018年7月12日。

(21)《关于建立省内流域上下游横向生态保护补偿机制的实施意见》(晋财建二

〔2019〕195 号),山西省财政厅等,2019 年 12 月。

(22)《山西省汾河流域上下游横向生态补偿机制试点方案(试行)》(晋财建二〔2020〕162 号),山西省财政厅、山西省生态环境厅,2020 年 12 月。

(23)《关于修订〈山西省地表水跨界断面生态补偿考核方案(试行)〉的通知》(晋环发〔2021〕6 号),山西省生态环境厅,2021 年 1 月。

(24)《关于落实山西省地表水生态补偿跨界考核有关工作的函》(晋环函〔2021〕55 号),山西省生态环境厅,2021 年 2 月。

(25)关于对《汾河流域上下游横向生态补偿机制试点方案实施细则(征求意见稿)》征求意见的函,山西省生态环境厅,2021 年 3 月。

(26)《山西省地表水环境功能区划》(DB 14/67—2019),山西省生态环境厅、山西省市场监督管理局。

(27)《山西省大清河流域(唐河、沙河)生态修复与保护规划(2017—2030 年)》,大同市人民政府、忻州市人民政府,2017 年 8 月。

(28)《大清河流域水污染物排放标准》(DB 13/2795—2018),河北省环境保护厅、河北省质量技术监督局。

第 2 章　流域生态补偿的概念及内涵

2.1　流　域

2.1.1　流域的概念

所谓流域,是指由分水线所包围的河流集水区,分地面集水区和地下集水区两类。如果地面集水区和地下集水区相重合,称为闭合流域;如果不重合,则称为非闭合流域。平时所称的流域,一般都指地面集水区。

每条河流都有自己的流域,一个大流域可以按照水系等级分成数个小流域,小流域又可以分成更小的流域等。另外,也可以截取河道的一段单独划分为一个流域。流域之间的分水地带称为分水岭,分水岭上最高点的连线为分水线,即集水区的边界线。处于分水岭最高处的大气降水,以分水线为界分别流向相邻的河系或水系。例如,中国秦岭以南的地面水流向长江水系,秦岭以北的地面水流向黄河水系。分水岭有的是山岭,有的是高原,也可能是平原或湖泊。山区或丘陵地区的分水岭明显,在地形图上容易勾绘出分水线。平原地区分水岭不显著,仅利用地形图勾绘分水线有困难,有时需要进行实地调查确定。

在水文地理研究中,流域面积是一个极为重要的数据。自然条件相似的两个或多个地区,一般是流域面积越大的地区,河流的水量也越丰富。

2.1.2　流域的主要特征

流域的主要特征包括流域面积、河网密度、流域形状、流域高度、流域方向或干流方向。

流域面积是指流域地面分水线和出口断面所包围的面积,在水文上又称集水面积,单位是 km^2。这是河流的重要特征之一,其大小直接影响河流和水量大小及径流的形成过程。

河网密度是指流域中干支流总长度和流域面积之比,单位是 km/km^2,其大小说明水系发育的疏密程度,主要受气候、植被、地貌特征、岩石土壤等因素的影响。

流域形状对河流水量变化有明显影响。

流域高度主要影响降水形式和流域内的气温,进而影响流域的水量变化。

流域方向或干流方向对冰雪消融时间有一定的影响。

流域根据其中的河流最终是否入海可分为内流区(或内流流域)和外流区(外流流域)。

2.1.3　流域系统的主要功能

流域系统主要包括森林、草地、湿地、河流湖泊、耕地等,主要的生态功能和经济功能有大气调节、气候调节、干扰调节、水分调节等,具体如表2-1所示。

表2-1　流域系统的主要功能

功能类型	流域系统				
	森林	草地	湿地	河流湖泊	耕地
大气调节	是	是	是	否	否
气候调节	是	是	否	否	否
干扰调节	是	否	是	否	否
水分调节	是	否	是	否	否
供应水资源	是	是	是	是	否
水土保持	是	是	否	否	否
土壤形成	是	是	否	否	否
营养循环	是	否	否	否	否
废物处理	是	是	是	是	否
授粉	是	是	否	否	是
生物控制	是	是	否	否	是
生物栖息地	否	否	是	否	否
食物生产	是	是	是	是	是
原材料生产	是	否	是	否	否
基因资源	是	是	否	是	否
休闲娱乐	是	是	是	否	否
文化科研	是	否	是	否	否

注:"是",说明该类型生态系统具有这一生态功能或经济功能;"否",说明该类型生态系统不具有这一生态功能或经济功能。

大气调节:所谓大气调节,是指调节大气中的化学成分等。例如,森林、草地等可以吸收空气中的二氧化碳,释放出氧气,保证大气中氧气与二氧化碳的平衡,以及保护臭氧层等。

气候调节:气候调节是指调节全球气温、降水和全球或区域范围内的其他气候过程。例如,森林可以使林区上空水汽增加,云量增加,降水量增加,降水变率减小,温差减小,气候变得湿润等。

干扰调节:干扰调节是指生态系统的容量、抗干扰性和完整性对各种环境变化的反应。例如,森林、草地以及湿地等对于防御风暴、控制洪水、干旱恢复等都有干扰调节作用。

水分调节:水分调节是指调节水的流动。例如,在农业生产或者工业生产过程中的水供应等。

供应水资源:供应水资源是指存储和保持水分。例如,森林含有大量的水资源,可以作为水资源供应的储存库;江河湖泊就是由水构成的,是水资源供应的主要来源。

水土保持:水土保持是指对由自然因素和人为活动造成的水土流失所采取的预防和治理措施。生物措施和蓄水保土耕作措施是水土保持的主要措施。其中,生物措施是指为防治水土流失、保护与合理利用水土资源,采取造林种草及管护的办法增加植被覆盖率,维护和提高土地生产力的一种水土保持措施,主要包括造林、种草和封山育林、育草。蓄水保土耕作措施是指以改变坡面微小地形,增加植被覆盖或增强土壤有机质抗蚀力等方法,保土蓄水,改良土壤,以提高农业生产的技术措施。例如,等高耕作、等高带状间作、沟垄耕作、少耕、免耕等。开展水土保持,就是要以小流域为单元,根据自然规律,在全面规划的基础上,因地制宜、因害设防,合理安排工程、生物、蓄水保土三大水土保持措施,实施山、水、林、田、路综合治理,最大限度地控制水土流失,从而保护和合理利用水土资源,实现经济社会的可持续发展。因此,水土保持是一项适应自然、改造自然的战略性措施,也是合理利用水土资源的必要途径;水土保持工作不仅是人类对自然界水土流失原因和规律认识的概括和总结,也是人类改造自然和利用自然能力的体现。

土壤形成:风化作用使岩石破碎,理化性质改变,形成结构疏松的风化壳,其上部可称为土壤母质。如果风化壳保留在原地,形成残积物,便称为残积母质;如果在重力、流水、风力、冰川等作用下风化物质被迁移形成崩积物、冲积物、海积物、湖积物、冰碛物和风积物等,则称为运积母质。

营养循环:营养循环是指组成生物体的碳、氢、氧、氮、磷、硫等基本元素在生态系统的生物群落与无机环境之间反复循环运动的过程。生物圈是地球上最大的生态系统,其中的营养循环带有全球性,这种物质循环又叫生物地化循环。

废物处理:废物处理是指流动养分的补充,去除或破坏次生养分和成分。例如,湿地被称作“地球之肾”,有非常强的废物处理能力,对自然界存在的以及人类排放的有毒有害物质具有净化作用。

授粉:授粉是植物结成果实必经的一个过程。花朵中通常都有一些粉末状的物质,大多呈黄色,是有花植物的雄性器官,被称为花粉。这些花粉需要被传给同类植物的某些花朵。花粉从花药到柱头的移动过程叫作授粉。

生物控制:生物控制是指主要捕食者对被捕食物种的控制,顶级捕食者对食草动物的控制。例如,森林中的老虎或草原中的狮子对其他动物的捕食,以保持生物数量在大自然可以承载的范围。

生物栖息地:所谓生物栖息地,是指适宜生物居住的某一特殊场所,它能够提供食物和防御捕食者等。

食物生产:食物生产是指流域系统提供的可作为食物的部分。例如,通过狩猎、采集、农业生产或捕捞而得来的水产、野味、庄稼、水果等。

原材料生产:原材料是指生产某种产品所使用的基本原料,它是用于生产过程起点的产品。例如,木材、燃料等。

基因资源:基因资源是指特有的生物材料和产品资源。例如,抗植物病原体和庄稼害虫的基因、宠物及各种园艺植物等。

休闲娱乐:休闲娱乐功能是指流域环境可以为休闲娱乐活动(例如生态垂钓、休闲旅游和其他户外运动)提供场所。

文化科研:文化科研功能是指流域资源能够为美学、艺术等非商业用途提供机会,例如,流域资源能够作为学生文教基地等。

2.2　生态补偿

随着生态环境、生态资源保护问题在国际社会被重视的程度逐步提高,采用经济手段调节经济持续发展与生态维护之间矛盾的方式受到了学者们的广泛关注,相较于传统方式的直接命令,经济激励方式能够更为明显地将成本和效益联系起来,从而对利于环境的行为具有较强的激励,对有损环境的行为具有较强的抑制性,生态补偿正是在此背景下产生和发展起来的一种经济手段。

2.2.1　生态补偿的概念

长期以来,资源无限、环境无价的观念根深蒂固地存在于人们的思维中,也渗透在社会和经济活动的体制和政策中。随着生态环境破坏的加剧和生态系统服务功能的研究,人们更为深入地认识到生态环境的价值,并成为反映生态系统市场价值、建立生态补偿机制的重要基础。生态系统服务功能是指人类从生态系统获得的效益,生态系统除为人类提供直接的产品外,所提供的其他各种效益,包括供给功能、调节功能、文化功能以及支持功能等可能更为巨大。因此,人类在进行与生态系统管理有关的决策时,既要考虑人类福祉,同时也要考虑生态系统的内在价值。生态补偿是促进生态环境保护的一种经济手段,而对于生态环境特征与价值的科学界定,则是实施生态补偿的理论依据。

生态补偿(Eco-compensation)是以保护和可持续利用生态系统服务为目的、以经济手段为主调节相关者利益关系,促进补偿活动、调动生态保护积极性的各种规则、激励和协调的制度安排。生态补偿是目前比较热门的一个话题,尽管已有了一些针对生态补偿的研究和实践探索,国内外对生态补偿也有不少定义,但由于侧重点不同,至今尚没有关于生态补偿较为公认的定义。

国际上没有"生态补偿"的说法,通常使用的是生态/环境服务付费(payment for ecological/environmental services,PES)、生态/环境服务市场(market for ecological/environmental services,MES)、生态/环境服务补偿(compensation for ecological/environmental services,CES)的说法。生态/环境服务付费主要是指通过改善被破坏地区的生态系统状况或建立新的具有相当的生态系统功能或质量的栖息地来补偿经济开发或经济建设导致的现有生态系统功能下降或破坏,保持生态系统的稳定性。现阶段通常使用的是生态/环境服务付费的概念。

对于生态补偿的概念,国内学者和政策制定者已经做了大量的探索和研究,从不同视角给出了一些定义和理解。生态补偿的概念最早来自自然生态补偿,是指"生物有机体、种群、群落或生态系统受到干扰时,所表现出来的缓和干扰、调节自身状态使生存得以维持的能力;或者可以看作生态负荷的还原能力”。吕忠梅认为:生态补偿是指对人类社会经济活动给生态系统和自然资源造成的破坏及对环境造成的污染的补偿、恢复、综合治理等一系列活动的总称。王金南认为:生态补偿是一种以保护生态系统功能和促进人与自然和谐为目的,依据生态系统服务价值或生态保护、生态破坏以及发展机会成本,运用财政、税费、市场等手段,调节生态保护者、受益者和破坏者经济利益关系的制度安排。熊凯认为,所谓生态补偿是一种为保护生态环境和维护、改善或恢复生态系统服务功能,在相关利益者之间分配因保护生态环境活动而产生的环境利益及其经济利益的行为。在形式上,表现为消费自然资源和使用生态系统服务功能的受益人,在有关制度和法规的约束下,向提供上述服务的地区、机构或个人支付相应的费用。

综合国内外学者的研究并结合我国的实际情况,对生态补偿的理解有广义和狭义之分。广义的生态补偿既包括对生态系统和自然资源保护所获得效益的奖励或破坏生态系统和自然资源所造成损失的赔偿,也包括对造成环境污染者的收费。狭义的生态补偿则主要是指前者。从目前我国的实际情况来看,由于在排污收费方面已经有了一套比较完善的法规,亟须建立的是基于生态系统服务的生态补偿机制。

从本质上看,我国的生态补偿概念界定与国际上的生态服务付费和生物多样性补偿的内涵具有较大的相通性。生态服务付费强调对生态服务的经济补偿,生物多样性补偿强调对生物多样性和生态环境破坏后的恢复性补偿行为。我国的生态补偿概念基本上包含了这两者的内涵,是相对广义的。

本书认为:生态补偿是通过调整损害或保护生态环境的主体间利益关系,将生态环境的外部性进行内部化,达到保护生态环境,促进自然资本或生态服务功能增殖目的的一种制度安排,其实质是通过资源的重新配置,调整和改善自然资源开发利用或生态环境保护领域中的相关生产关系,最终促进自然环境以及社会生产力的发展。

2.2.2　生态补偿的内涵及外延

2.2.2.1　内涵

国内外学者从多个角度对生态补偿的内涵做了不同的阐释,这些阐释对生态补偿的界定都不十分清晰和准确,因此有关生态补偿内涵的研究还有待进一步深入。

本书认为,生态补偿具有多重含义,大体上可以分为如下四种情况:

(1)自然生态补偿,指生物有机体、种群、群落或生态系统受到干扰时,所表现出来的适应能力或者恢复能力;

(2)生态系统补偿,对生态系统保护和污染治理的投资或者为了维护生态系统而放弃自身发展的机会成本进行补偿;

(3)制定针对性强的法律法规和政策措施,对具有重大生态保护价值的区域或对象进行系统保护;

(4)促进生态保护的经济手段和制度安排,解决一个区域内经济社会发展中生态环境资源的存量、增量问题和改善区域间的非均衡发展问题,逐步达到并体现区域内和区域间的平衡发展、协调发展,目前正受到公众、政府和社会各界的重点关注,也是环境管理与公共政策领域内的含义。

2.2.2.2 外延

外延决定生态补偿的政策适用边界。目前在理论界和实践领域对生态补偿理解过于宽泛和过于狭小的现象同时并存。外延过大的表现是将所有的生态保护和建设行为及其政策,或将与环境保护有关的收费等经济政策都归属在生态补偿概念之下;外延过小的表现是对生态补偿的狭义理解,其典型是仅指生态补偿收费或生态补偿专项基金。外延过大就会造成生态补偿与现有相关环境政策产生交叉或矛盾,甚至会改变现有政策体系的结构,引起不必要的混乱;外延过小则难以解决现实遇到的具有同质性的问题,并局限了实现生态补偿目的的政策手段。

因此,生态补偿外延的确定需要考虑两个方面的因素:一是生态补偿的基本定位和性质,二是与现有相关政策的关系。我国的环境保护工作基本上划分为自然生态保护(与建设)和环境污染防治两大领域。无论是从数量上还是从结构上看,我国的环境污染防治政策体系都是比较丰富和完善的,而生态保护政策体系比较薄弱,呈现出较严重的结构短缺问题。一方面,除土地、矿产、森林、水等资源保护性立法外,我国目前还没有生态保护基本立法或综合性立法;另一方面,基于市场机制的经济激励政策基本处于空白。因此,面对严峻的生态退化现实,建立和完善生态保护政策,特别是建立和完善经济激励政策是一项非常紧迫的任务。

2.2.3 生态补偿类型

生态补偿类型是指根据一定标准对生态补偿进行分类所得的生态补偿的种类,是生态补偿概念的外延。生态补偿类型的划分是建立生态补偿机制以及制定相关政策的基础。研究生态补偿类型有助于进一步理解生态补偿的本质,为生态补偿机制的设计提供依据。

生态补偿类型的划分标准和方法对生态补偿政策设计和制度安排的目的性、系统性以及可操作性有很大的影响。当前,国内学术界对生态补偿的类型划分还没有统一标准,按照不同划分标准和目的有若干不同类型或表述(见表2-2)。

表2-2 生态补偿的主要类型

分类依据	主要类型	内涵
可持续发展	代内补偿	同代人之间进行的补偿
	代际补偿	当代人对后代人的补偿
补偿空间范围	国内补偿	可进一步划分为各级别区域之间的补偿
	国家间补偿	污染物通过水、大气等介质在国与国之间传递而发生的补偿,或发达国家对历史上的资源殖民掠夺进行补偿

续表 2-2

分类依据	主要类型	内涵
补偿主体	国家补偿	国家是补偿的给付主体
	资源型利益相关者补偿	自然资源的开发利用者或下游地区是补偿的给付主体
	社会补偿	对生态保护有觉悟的非利益相关者是补偿的给付主体
	自力补偿	负有生态保护义务的地方政府、资源利用者是补偿的给付主体
补偿对象性质	保护者补偿	对为生态保护做出贡献者给以补偿
	受损者补偿	对在生态破坏中的受损者进行补偿和对减少生态破坏者给以补偿
政府介入程度	强干预补偿	通过政府的转移支付实施生态保护补偿机制
	弱干预补偿	在政府引导下实现生态保护者与生态受益者之间自协商的补偿
补偿效果	“输血型”补偿	政府或补偿者将筹集起来的补偿资金定期转移给被补偿方
	“造血型”补偿	补偿的目标是增加落后地区发展能力
其他分类	直接补偿	环境破坏责任者直接支付给直接受害者
	间接补偿	环境破坏责任者付款给政府有关部门，然后由政府有关部门给予直接受害者以补偿
	增益补偿	补偿政策主要是为刺激社会成员进行环境保护的积极性，促进生态资源增益而设计
	抑损补偿	补偿政策主要是为抑制生态资源过快的受损而设计

（1）按照可持续发展的理念，划分为代内补偿和代际补偿。

代内补偿指在同代人之间进行的补偿。由于人类分处于不同国家、不同地区，而各地经济、环境、技术的不同，使人们在资源利用上也存在差别，一些人无偿享受或过量使用环境所带来的效益，使其他人受到损害或增加环境支出，这就要求在同代人之间进行补偿。代际补偿指当代人对后代人的补偿。没有任何一项政策或项目会使所有人受益，根据帕累托改进准则，改进的方法就是进行补偿。因此，如果一项政策会危及后代人的利益，就要对后代人进行补偿，防止当代人获益却把费用强加给后代人。

（2）按照补偿空间范围，划分为国内补偿和国家间补偿。

国内补偿指在一国之内进行的生态补偿。各区域、部门在使用环境资源时可能会使其他地区、部门受益或受损,就需要受益地区或部门向受损地区或部门进行经济补偿。另外,致力于环境保护的地区,所取得的成效会使其他地区受益,这些都应得到相应的补偿。国家间补偿指在国家之间进行的生态补偿。由于环境系统的整体性,一个国家在进行环境活动时,有可能使另一个国家受益,也有可能对另一个国家的环境产生严重损害。因此,在国家之间应进行环境补偿。在各国的发展历程中,发达国家凭借其经济、技术等优势,疯狂掠夺发展中国家的环境资源,对发展中国家造成了严重损害。《21 世纪议程》明确规定发达国家每年应拿出其国内生产总值的 0.7%用于官方发展援助,补偿发展中国家的损失,这也是国家间环境补偿的一种。

(3)按照补偿主体,划分为国家补偿、资源型利益相关者补偿、自力补偿和社会补偿。

国家补偿是国家(中央政府或国家机构)承诺的对生态建设给予的财政拨款与补贴、政策优惠、技术输入、劳动力职业培训、提供教育和就业等多种方式的补偿。资源型利益相关者补偿是具有利益关联的生态保护的付出主体(贡献者)与生态保护利益获得者(受益者)之间通过某种给付关系建立起来的物质性补偿关系。主要有自然资源的开发利用者对资源生态恢复和保护者的补偿、下游地区对上游地区的利益相关者的补偿两种形态。自力补偿是负有生态保护义务的地方政府、资源利用者对当地直接从事生态建设的个人和组织通过生态保护义务者履行生态保护义务而实现的物质性补偿关系。社会补偿是对生态保护有觉悟的非利益相关者通过某种形式的捐助或资金募集,与生态保护义务群体之间建立的惠益关系,包括国际、国内各种组织和个人通过物质性的捐赠和捐助。国家补偿、资源利益相关者补偿、自力补偿是发生在直接利益相关者之间的生态补偿,具有强制补偿的性质;而社会补偿属于非直接利益关联者补偿,是自愿补偿并属于道德倡议范围,国家可以通过经济杠杆、道德文化等多种形式进行颂扬和拓展。

(4)按照补偿对象性质,划分为保护者补偿和受损者补偿。

保护者补偿是指对为生态保护做出贡献者给予补偿。生态建设与环境保护是一种公共性很强的"物品",完全依靠市场机制就存在"生产不足"甚至"产出为零"的可能性,那样是不可能提供市场所需要的那么多数量的。因此,需要另外一种机制来解决,可通过补贴那些提供生态环境建设这种公共物品(劳务)的经济主体,以激励他们的保护积极性。受损者补偿是指对在生态破坏中的受损者和对减少生态破坏者给予补偿。给生态环境破坏中的受损者以适当的补偿是符合一般的经济原则和伦理原则的。而对减少生态破坏者给予补偿,是因为有些生态破坏确实是迫于生计。越是贫穷就越是依赖有限而可怜的自然资源,对生态环境的破坏就越严重,经济越是得不到发展。在这种情况下,如果不从外部注入一些资金或建立某种机制就不可能改善生态环境。因此,对减少生态破坏者应给予适当补偿。

(5)按照政府介入程度,划分为政府的强干预补偿和政府的弱干预补偿。

政府的强干预补偿,是指由于生态环境服务的公共物品性质,生态问题的外部性、滞后性、社会矛盾的复杂性和社会关系变异性强等因素,政府成为生态环境服务的主要购买者或补偿资金的主要资助者。政府的弱干预补偿,是指在政府的引导下实现生态保护者与生态受益者之间自愿协商的补偿。政府提供补偿并不是提高生态效益的唯一途径,政府还可以利用经济激励手段和市场手段促进生态效益的提高。

(6)按照补偿效果,划分为“输血型”补偿和“造血型”补偿。

“输血型”补偿,是指政府或补偿者将筹集起来的补偿资金按期转移给被补偿方。这种支付方式的优点是被补偿方在资金的调配使用上拥有极大的灵活性;缺点是补偿资金可能转化为消费性支出,因而不能从机制上帮助被补偿方真正做到“因保护生态资源而富”。“造血型”补偿,是指政府或补偿者以“项目支持”的形式,将补偿资金转化为技术项目安排到被补偿方(地区),或者对无污染产业的上马给予补助以发展生态经济产业。这种方式可以提高落后地区的发展能力,促进其形成造血机能与自我发展机制,使外部补偿转化为自我积累能力和自我发展能力。这种补偿机制通常是与扶贫和地方发展相结合的,优点是可以扶持被补偿方可持续发展,缺点是被补偿方缺少了灵活支付能力,而且项目投资还得有合适的主体。

(7)其他学者的分类。

厉以宁等根据环境破坏责任者是直接支付给直接受害者,还是由环境破坏责任者付款给政府有关部门然后由政府有关部门给予直接受害者以补偿,把生态补偿分为直接补偿和间接补偿。按照厉以宁的分类标准,前者为直接补偿,后者为间接补偿。谢剑斌在研究森林生态效益补偿过程中,把生态补偿类型分为增益补偿和抑损补偿。如果补偿政策主要是为刺激社会成员进行环境保护的积极性,促进生态资源增益而设计,表述为“增益补偿”;如果补偿政策主要是为抑制生态资源过快的受损而设计,则表述为“抑损补偿”。

2.2.4　生态补偿机制

建立生态补偿机制是贯彻落实科学发展观的重要举措,有利于推动环境保护工作实现从以行政手段为主向综合运用法律、经济、技术和行政手段的转变,有利于推进资源的可持续利用,加快环境友好型社会建设,实现不同地区、不同利益群体的和谐发展。

建立生态补偿机制是落实新时期环保工作任务的迫切要求,党中央、国务院对建立生态补偿机制提出了明确要求,并将其作为加强环境保护的重要内容。《国务院关于落实科学发展观加强环境保护的决定》要求:要完善生态补偿政策,尽快建立生态补偿机制。中央和地方财政转移支付应考虑生态补偿因素,国家和地方可分别开展生态补偿试点。国家《节能减排综合性工作方案》也明确要求改进和完善资源开发生态补偿机制,开展跨流域生态补偿试点工作。

为探索建立生态补偿机制,一些地区积极开展工作,研究制定了一些政策,取得了一定成效。但是,生态补偿涉及复杂的利益关系调整,目前对生态补偿原理性探讨较多,针对具体地区、流域的实践探索较少,尤其是缺乏经过实践检验的生态补偿技术方法与政策体系。因此,有必要通过在重点领域开展试点工作,探索建立生态补偿标准体系,以及生态补偿的资金来源、补偿渠道、补偿方式和保障体系,为全面建立生态补偿机制提供方法和经验。

2.2.4.1　生态补偿机制的概念

机制是指客观系统内各要素和各子系统间有规律的运行过程和交互方式。生态补偿机制是以保护生态环境、促进人与自然和谐为目的,根据生态系统服务价值、生态保护成本、发展机会成本,综合运用行政和市场手段,调整生态环境保护和建设相关各方之间利益关系的一种制度安排。主要针对区域性生态保护和环境污染防治领域,是一项具有经济激励作用、与"污染者付费"原则并存、基于"受益者付费和破坏者付费"原则的环境经济政策。

生态补偿机制是一种新型的资源环境管理模式,是保护生态环境的一项创新性政策内容,是实现人与自然和谐、推动绿色发展和可持续发展的重要举措。生态补偿机制就是协调生态补偿各主体和各部门间的相互作用关系,通过规律性的运作将其有机地联系在一起,以顺利推进生态补偿的一种制度安排。生态补偿的主客体、补偿标准和补偿方式被认为是生态补偿机制的核心内容,分别解决"谁补偿给谁""补偿多少""怎么补偿"的具体问题。

2.2.4.2 生态补偿机制的应用领域

从我国国情及环境保护实际形势出发,目前我国建立生态补偿机制的重点领域主要有以下四个方面:

(1)自然保护区的生态补偿。要理顺和拓宽自然保护区投入渠道,提高自然保护区规范化建设水平;引导保护区及周边社区居民转变生产生活方式,降低周边社区对自然保护区的压力;全面评价周边地区各类建设项目对自然保护区生态环境破坏或功能区划调整、范围调整带来的生态损失,研究建立自然保护区生态补偿标准体系。

(2)重要生态功能区的生态补偿。推动建立健全重要生态功能区的协调管理与投入机制;建立和完善重要生态功能区的生态环境质量监测、评价体系,加大重要生态功能区内的城乡环境综合整治力度;开展重要生态功能区生态补偿标准核算研究,研究建立重要生态功能区生态补偿标准体系。

(3)矿产资源开发的生态补偿。全面落实矿山环境治理和生态恢复责任,做到"不欠新账、多还旧账";联合有关部门科学评价矿产资源开发环境治理与生态恢复保证金和矿山生态补偿基金的使用状况,研究制定科学的矿产资源开发生态补偿标准体系。

(4)流域水环境保护的生态补偿。各地应当确保出界水质达到考核目标,根据出入境水质状况确定横向补偿标准;搭建有助于建立流域生态补偿机制的政府管理平台,推动建立流域生态保护共建共享机制;加强与有关各方协调,推动建立促进跨行政区的流域水环境保护的专项资金。

2.2.4.3 生态补偿机制的实施举措

建立和完善生态补偿机制,必须认真落实科学发展观,以统筹区域协调发展为主线,以体制创新、政策创新和管理创新为动力,坚持"谁开发谁保护、谁受益谁补偿"的原则,因地制宜选择生态补偿模式,不断完善政府对生态补偿的调控手段,充分发挥市场机制作用,动员全社会积极参与,逐步建立公平公正、积极有效的生态补偿机制,逐步加大补偿力度,努力实现生态补偿的法制化、规范化,推动各个区域走上生产发展、生活富裕、生态良好的文明发展道路。

(1)加快建立"环境财政"。

把环境财政作为公共财政的重要组成部分,加大财政转移支付中生态补偿的力度。在中央和省级政府设立生态建设专项资金列入财政预算,地方财政也要加大对生态补偿和生态环境保护的支持力度。为扩大资金来源,还可发行生态补偿基金彩票。按照完善生态补偿机制的要求,进一步调整优化财政支出结构。资金的安排使用,应着重向欠发达地区、重要生态功能区、水系源头地区和自然保护区倾斜,优先支持生态环境保护作用明显的区域性、流域性重点环保项目,加大对区域性、流域性污染的防治,以及污染防治新技术、新工艺开发和应用的资金支持力度。重点支持矿山生态环境治理,推动矿山生态恢复与土地整理相结合,实现生态治理与土地资源开发的良性循环。采取“以能代赈”等措施,通过货币帮助或实物补贴,大力支持开发利用沼气、风能、太阳能等非植物可再生燃能源,来保证“休樵还植”,以解决农村特别是西部地区农村燃能问题。

积极探索区域间生态补偿方式,从体制、政策上为欠发达地区的异地开发创造有利条件。加大生态脱贫的政策扶持力度,加强生态移民的转移就业培训工作,加快农民脱贫致富进程。

加大支持西部地区改善发展环境力度。支持西部地区特别是重要生态功能区加快转变经济增长方式、调整优化经济结构、发展替代产业和特色产业,大力推行清洁生产,发展循环经济,发展生态环保型产业,积极构建与生态环境保护要求相适应的生产力布局,推动区域间产业梯度转移和要素合理流动,促进西部地区加快发展。

(2)完善现行保护环境的税收政策。

增收生态补偿税,开征新的环境税,调整和完善现行资源税。将资源税的征收对象扩大到矿藏资源和非矿藏资源。增加水资源税,开征森林资源税和草场资源税,将现行资源税按应税资源产品销售量计税改为按实际产量计税,对非再生性、稀缺性资源课以重税。通过税收杠杆把资源开采使用同促进生态环境保护结合起来,提高资源的开发利用率。同时,加强资源费征收使用和管理工作,增强其生态补偿功能。进一步完善水、土地、矿产、森林、环境等各种资源税费的征收使用管理办法,加大各项资源税费使用中用于生态补偿的比重,并向欠发达地区、重要生态功能区、水系源头地区和自然保护区倾斜。

(3)建立以政府投入为主、全社会支持生态环境建设的投资融资体制。

建立健全生态补偿投融资体制,既要坚持政府主导,努力增加公共财政对生态补偿的投入,又要积极引导社会各方参与,探索多渠道、多形式的生态补偿方式,拓宽生态补偿市场化、社会化运作的路子,形成多方并举,合力推进。逐步建立政府引导、市场推进、社会参与的生态补偿和生态建设投融资机制,积极引导国内外资金投向生态建设和环境保护。按照“谁投资、谁受益”的原则,支持鼓励社会资金参与生态建设、环境污染整治的投资。积极探索生态建设、环境污染整治与城乡土地开发相结合的有效途径,在土地开发中积累生态环境保护资金。积极利用国债资金、开发性贷款,以及国际组织和外国政府的贷款或赠款,努力形成多元化的资金格局。

(4)积极探索市场化生态补偿模式。

引导社会各方参与环境保护和生态建设。培育资源市场,开放生产要素市场,使资源资本化、生态资本化,使环境要素的价格真正反映它们的稀缺程度,可达到节约资源和减少污染的双重效应,积极探索资源使(取)用权、排污权交易等市场化的补偿模式。完善水资源合理配置和有偿使用制度,加快建立水资源取用权出让、转让和租赁的交易机制。探索建立区域内污染物排放指标有偿分配机制,逐步推行政府管制下的排污权交易,运用市场机制降低治污成本,提高治污效率。引导和鼓励生态环境保护者和受益者之间通过自愿协商实现合理的生态补偿。

(5)为完善生态补偿机制提供科技和理论支撑。

建立和完善生态补偿机制是一项复杂的系统工程,尚有很多重大问题亟须深入研究,为建立健全生态补偿机制提供科学依据。例如,需要探索加快建立资源环境价值评价体系、生态环境保护标准体系,建立自然资源和生态环境统计监测指标体系以及"绿色GDP" 核算体系,研究制定自然资源和生态环境价值的量化评价方法,研究提出资源耗减、环境损失的估价方法和单位产值的能源消耗、资源消耗、"三废"排放总量等统计指标,使生态补偿机制的经济性得到显现。还应努力提高生态恢复和建设的技术创新能力,大力开发利用生态建设、环境保护新技术和新能源技术等,为生态保护和建设提供技术支撑。

(6)加强生态保护和生态补偿的立法工作。

环境财政税收政策的稳定实施,生态项目建设的顺利进行,生态环境管理的有效开展,都必须以法律为保障。为此,必须加强生态补偿立法工作,从法律上明确生态补偿责任和各生态主体的义务,为生态补偿机制的规范化运作提供法律依据。应尽快制定《可持续发展法》《西部地区环境保护法》等,对生态、经济和社会的协调发展做出全局性的战略部署,对西部的生态环境建设做出科学、系统的安排。同时修订《中华人民共和国环境保护法》,使其更加关注农村生态环境建设;完善环境污染整治法律法规,把生态补偿逐步纳入法制化轨道。

(7)确定西部生态补偿重点、突破领域。

生态补偿点多面广,任务艰巨。西部生态保护与建设亟须在一些领域重点突破,以点带面,推动生态补偿发展。应按照西部大开发战略的总体部署,以西部地区尤其是西部贫困和生态脆弱区为重点,把生态补偿纳入"十一五"规划,加强规划引导,提出各类生态补偿问题的优先次序及其实施步骤,抓紧研究制定比较完整的生态补偿政策。

(8)加强组织领导,不断提高生态补偿的综合效益。

建立和完善生态补偿机制是一项开创性工作,必须有强有力的组织领导。应理顺和完善管理体制,克服多部门分头管理、各自为政的现象,加强部门、地区的密切配合,整合生态补偿资金和资源,形成合力,共同推进生态补偿机制的加快建立。要积极借鉴国内外在生态补偿方面的成功经验,坚持改革创新,健全政策法规,完善管理体制,拓宽资金渠道,在实践中不断完善生态补偿机制。

2.2.4.4 生态补偿机制的地方试点

1.建立长江流域生态补偿机制

长江流域及其以南地区水资源占全国总量的81%,是南水北调水源地,也是我国重要的生物基因库。建立健全长江流域生态补偿机制,是人口与资源环境协调可持续发展的客观需要,是区域协调发展、地区均衡发展的现实需要,是三峡库区和谐稳定和移民安稳致富的迫切需要。《国务院关于推进重庆市统筹城乡改革和发展的若干意见》强调,要研究建立多层次的生态补偿机制。

建议按照"谁开发、谁保护,谁破坏、谁恢复,谁受益、谁补偿,谁污染、谁付费"的原则建立生态补偿机制。具体包括:落实碳排放补偿机制,量化长江流域清洁空气供给费用补偿;加快推进南水北调工程并选择中线供水方案,让长江中上游清洁水资源更好地惠泽民生;建立下游经济发达地区反哺中上游欠发达地区机制;提高效益林补偿标准;继续实施退耕还林政策,加大退耕还林补偿力度。

2. 地方试点

在探索建立生态补偿机制方面,浙江省一直走在全国前列。继2005年出台《关于进一步完善生态补偿机制的若干意见》、2006年出台《钱塘江源头地区生态环境保护省级财政专项补助暂行办法》之后,2008年又出台了《浙江省生态环保财力转移支付试行办法》,成为全国第一个实施省内全流域生态补偿的省份。

2008年1月,《江苏省太湖流域环境资源区域补偿试点方案》正式实施,规定:建立跨行政区交接断面和入湖断面水质控制目标,上游设区的市出境水质超过跨行政区交接断面控制目标的,由上游设区的市政府对下游设区的市予以资金补偿;上游设区的市入湖河流水质超过入湖断面控制目标的,按规定向省级财政缴纳补偿资金。

3. 试点地区

2011年起,由财政部和环保部牵头组织、每年安排补偿资金5亿元的全国首个跨省流域生态补偿机制试点,在新安江启动实施。各方约定,只要安徽出境水质达标,下游的浙江省每年补偿安徽1亿元。3年来,这一机制让新安江江水变清了,江面变干净了。

2014年安徽省出台了《全面推广新安江流域生态补偿机制试点经验的意见》《关于进一步推深做实新安江流域生态补偿机制的实施意见》等政策。安徽省委、省政府专门成立新安江流域生态补偿机制领导小组。新安江流域成为生态补偿机制建设的先行探索地。

2014年4月14日,随着第一季度山东17市空气质量排名情况的"出炉",山东省大气环境空气质量生态补偿资金清算也于14日公布结果。《山东省2014年第一季度大气环境空气质量生态补偿资金清算汇总表》显示,山东以17市细颗粒物(PM2.5)、可吸入颗粒物(PM10)、二氧化硫(SO_2)、二氧化氮(NO_2)等四类污染物季度平均浓度比去年同期变化情况为考核指标,共补偿各市7 029万元。其中,最少的为烟台市,获补偿资金32万元;最多的为聊城市,获补偿资金950万元。

据了解,根据山东省日前印发的《山东省环境空气质量生态补偿暂行办法》,按照"将生态环境质量逐年改善作为区域发展的约束性要求"和"谁保护、谁受益,谁污染、谁付费"的原则,建立考核奖惩和生态补偿机制。

山东省环保厅有关负责人说:山东省空气质量生态补偿办法规定,市级环境空气质量改善,对全省空气质量改善做出正贡献,省级向市级补偿;市级环境空气质量恶化,对全省空气质量改善做出负贡献,市级向省级补偿。省级统筹实质上建立了环境空气质量恶化城市补偿改善城市的横向机制。

2.3　流域生态补偿的概念及内涵

2.3.1　流域生态补偿的概念

流域是以河流为中心、由分水线包围的区域,是一个从源头到河口的完整、独立、自成系统的水文单元。流域生态补偿涉及水文与水资源学、生态学、资源与环境经济学、环境水力学、管理学、法学等多个学科,很多学者从不同的学科角度探讨了流域生态补偿的概念和内涵。

流域生态补偿是生态补偿在实践领域的扩展,是以水生态系统为媒介,研究流域内区域间由水引起的损益变化引发的补偿问题。流域生态补偿是以实现社会公正为目的,在流域内上下游各个地区之间实施的以直接支付生态补偿金为内容的行为。流域生态补偿是指遵循“谁开发、谁保护,谁受益、谁补偿”的原则,由造成水生态破坏或由此对其他利益主体造成损害的责任主体承担修复责任或补偿责任;由水生态效益的受益主体,对水生态保护主体所投入的成本按受益比例进行分摊。流域生态补偿是对由人类的社会经济活动给流域生态系统和资源造成的破坏及对流域造成的污染的补偿、恢复综合治理,以及对因保护流域生态环境或因流域水污染丧失发展机会的流域内的居民以资金、技术、实物上的补偿或政策上的优惠。一般而言,流域生态补偿是在流域上下游或者流域内用水主体间展开的补偿,目的是维持流域生态系统服务功能的稳定性,保护流域水资源数量和质量。

本书认为:流域生态补偿是通过一定的机制和政策实行流域生态保护的目的,让流域生态保护成果的“受益者”支付相应的费用;通过制度设计解决流域生态环境这一特殊公共物品消费中的“搭便车”现象,激励流域生态环境这种“公共物品”的足额提供;通过制度创新实现流域生态投资者的合理回报,激励流域上下游的人们从事生态保护投资并使生态资本增值。

流域生态补偿的组成见图 2-1。

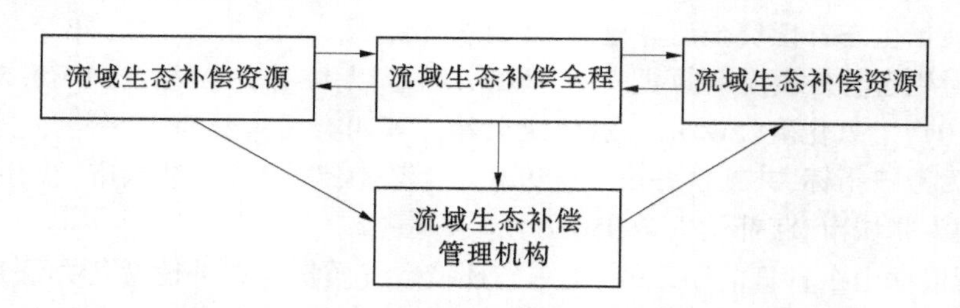

图 2-1　流域生态补偿的组成要素

2.3.2　流域生态补偿的内涵

流域生态补偿的内涵应该包括以下六个方面。

2.3.2.1　补偿目的

流域生态补偿是为了实现上下游地区保护、开发流域生态环境的权利义务的对等。从制度角度上理解,流域生态补偿调整的是人与人之间的关系,即流域上下游之间的利益分配关系,通过制度手段,纠正之前不公平、不公正的权利义务分配关系,形成上下游共同保护,共同开发流域环境的新局面。

2.3.2.2　补偿主体

流域生态补偿主体可以分为以下四个层次:一是政府和公共财政。在无法明确界定生态效益的受益主体或生态系统的损害主体的情况下，由各级政府按照管理权限，通过公共财政对生态系统进行治理和修复，或者对生态系统保护和建设主体的公益性成本给予相应的补偿。二是可以明确界定的生态效益主体，按受益比例补偿生态成本。三是可以明确界定的损害生态系统的行为主体，按损害程度承担治理和修复责任。四是可以明确界定的对其他利益主体造成生态损害的行为主体，按损害程度承担赔偿责任。

2.3.2.3　补偿客体

流域生态补偿客体可以分为以下三个层次：一是流域水生态系统，以国家授权的流域水资源与水环境保护机构为代表者和代言人。二是从事水生态系统保护和建设，并向其他区域和其他利益主体转移水生态效益的行为主体。三是因其他行为主体的社会经济活动而受到水生态环境损害的利益主体。

2.3.2.4　补偿领域

由于生态系统的复杂性和生态服务功能的多样性，流域生态补偿的领域界定为：与水量、水质和水生态、水环境相关的社会经济活动。

2.3.2.5　补偿成本

流域生态补偿成本应综合考虑“人类劳动成本”和“生态成本”对水生态效益的贡献率，并在充分考虑补偿主体的实际承受能力或主、客体双方协商一致的基础上合理确定。

2.3.2.6　补偿方式

流域生态补偿的具体形式多种多样，包括资金补偿、政策扶持、实物补偿、技术支持、股权共有、异地开发、水权交易、产业阶梯开发等，流域生态补偿并没有固定的方式，只要有利于流域生态环境保护都可以利用，但是在具体操作过程中，应该做到因地制宜。

流域生态补偿的概念包含了人与水的关系、人与人的关系两层含义。从本质上讲流域生态补偿属于人与水的关系问题，即区域经济社会系统或特定行为主体对其所消耗的水资源价值或水生态服务功能予以弥补或偿还，通过水资源的有效保护或修复，促进流域水资源的可持续利用，同时，由于水资源效益（正效益或负效益）具有从支流向干流转移、从上游向下游转移的特点，流域生态补偿又包括区域之间和不同利益主体之间开发利用、保护与修复活动的外部效应引起的补偿问题，通过外部效应的内部化，实现区域间水资源利用的公平性。

2.3.3　流域生态补偿的研究意义

研究流域生态补偿对于缓解流域环境外部性所带来的生态压力、解决流域生态建设的资金困境、化解流域生态系统服务功能的供需矛盾等现实问题，从而实现我国流域水资源及其生态环境系统的可持续发展是非常必要的。

2.3.3.1　能够有效地缓解环境外部性带来的生态压力问题

流域生态环境在某种程度上具有公共物品的性质，存在着外部性问题，而外部性问题必然导致市场在资源（包括流域生态环境资源）配置上的失灵。通常情况下，在利益机制的驱使下，一些人只顾自身短期和局部的利益，而忽略整个流域生态环境的长远发展，导致自然资源的浪费或不合理利用，以及生态破坏和环境的污染等。这样，外部不经济性所造成的流域生态在资源配置上的市场失灵，不仅会导致水资源利用的低效率，还会造成流域环境的污染和生态的破坏。因此,政府有必要综合运用经济手段和行政手段对流域生态环境实施补偿,如征收排污费、转让排污指标(许可证),再生利用(押金制度)等,以有效纠正生态环境问题的市场失灵,解决由此引发的生态环境问题。若要避免市场失灵并实现流域内的生态保护与建设,就必须由政府来发挥其宏观指导作用,对包括流域在内的生态系统进行补偿。

2.3.3.2　能够解决流域环境保护与生态建设资金短缺的问题

我国流域的生态区域主要集中在流域上游地区,并且绝大多数分布于欠发达的贫困山区和生态脆弱地区。这些地区仍旧处于传统工农业的发展阶段,资金、技术和人才严重短缺,特别是流域上游地区以自然资源(森林、矿产资源等)开发利用为经济增长点,结果导致生态退化加重、环境恶化加剧。例如,长江、黄河的上游地区天然防护林植被遭受砍伐,破坏严重,造成大面积水土流失,引发山洪、泥石流等灾害,造成人民生命和巨额财产的损失,其主要原因还是缺乏生态保护资金以及生态保护激励机制。这些事例充分说明,资金不足是我国生态保护所面临的主要现实问题,这也严重影响和制约着我国的流域生态保护建设及其可持续发展。因此,解决的好办法是实施生态补偿战略,加大财政转移支付力度,征收生态补偿费,提高水电费,发行环保债券或彩票,探索其他新的补偿方式,积极吸纳更多补偿资金投入流域生态环境的保护与建设。

2.3.3.3　能够化解流域生态系统服务功能的供需矛盾问题

在流域的生态环境建设中,一方面,随着人们生活水平的提高,对自然生态景观、淡水水质等生态环境服务的需求也日益增加,如近年来蓬勃高涨的假日旅游经济、年轻人酷爱的极限漂流运动、炙手可热的公园式房地产、畅销的优质纯净水和矿泉水等;另一方面,多年来粗放式经济的发展、环境法律法规的不完善和贯彻不力以及大众环保意识的相对薄弱,造成了对生态资源环境的严重破坏和浪费现象,导致流域所提供的生态环境服务大幅减少。并且,随着社会和经济的发展,二者的矛盾有愈演愈烈的趋势。一边是不断增加的生态环境服务需求,加剧着生态资源的耗竭和生态环境的进一步退化与恶化;另一边是逐渐缩减的生态环境服务供给,反过来又制约了社会和经济的发展。如果这些矛盾得不到及时解决,那么二者将会陷入相互影响的恶性循环之中。解决这一问题的根本途径是给予包括流域在内的生态系统合理、适当的补偿,尽快恢复生态系统的自我调节、净化等能力,从而使生态环境服务供给能力得到提高,满足我国社会对生态环境服务的需求。

2.3.3.4　能够实现流域生态环境与经济社会的可持续发展

过去,我国是以粗放的方式发展经济,具体表现为高投入、高浪费、高污染、低效率、低产出。而且一直存在资源无价、原料低价、产品高价的扭曲价格体系和对环境资源的无偿或低价占有获得超额利润的现象,而生态环境资源价值没有得到补偿。实践证明。这不仅是以牺牲当前的生态环境利益为代价的,还是损害后代人的生态环境利益的短期行为。如果没有一种有效的生态补偿机制和政策来缓解目前流域内的各种生态环境问题。人类社会的可持续发展将面临严峻的挑战和更大的困境。因此,对包括流域在内的生态系统给予及时、合理和适当的资金、实物、技术或政策上的补偿,将会大大促进流域生态系统自我调节、承载、净化等能力的恢复,从而使得流域生态系统的各项服务功能得以为社会永续利用,实现人与流域生态环境的和谐发展。

2.3.4　流域生态补偿机制

水资源（河流）是社会经济发展的关键自然资源，作为连接体承接流域上下游间的物质和能量流动，流域内各生态系统相互作用，维持着有规律的动态平衡。若在人类干扰下，流域内天然的生态循环被打破，水生态系统受到影响，自然恢复能力开始丧失，产生了负外部性，则可通过生态补偿协调各用水主体间的利益关系，恢复流域生态系统的平衡。流域生态补偿机制便是这样一种围绕水资源可持续利用和保护的生态补偿制度。

流域生态补偿机制是以保护流域生态环境，促进流域内人与自然和谐共处、上下游协调发展为目的，依据生态系统服务价值、生态保护成本、发展机会成本，应用政府和市场手段，调节流域内上下游之间以及与其他生态保护利益相关者之间利益关系的公共制度。生态补偿机制作为一种制度安排，其根本任务就是要解答“谁来补、补给谁、补多少、怎么补”这个核心问题。在流域中，流域内所有的自然、社会、经济要素因水结成了复杂的利益网络。在制定和开展流域生态补偿的过程中，如何界定流域生态补偿的主体和客体（解答“谁来补、补给谁”的问题）；如何测算流域生态补偿标准（解答“补多少”的问题），以及以何种方式（解答“怎么补”的问题）开展流域生态补偿等问题。

一般而言，流域生态补偿中的利益相关者分析方法被广泛用来界定流域生态补偿中的主客体，通过访谈走访、开展问卷调查和农户补偿意愿调查等方式对相关利益群体在流域生态补偿中的责任、权利、义务和利益关系进行科学分析，结合流域水环境功能区域划分、水资源分配比例以及河流断面水质水量情况来确定不同层次的流域生态补偿主客体。因此，建立流域生态补偿机制，一方面有利于协调流域上下游生态保护与经济发展的不均衡；另一方面有利于激励全社会保护生态环境的积极性，对大力促进生态文明建设、保障资源和经济可持续发展具有重要的现实意义。

2.4　理论基础

生态补偿机制是一门多学科交叉的理论。外部性理论提供了解决生态补偿问题的思路；公共物品理论强调通过制度设计激励生态服务的定额供给；生态资本理论从原理上提供了计算补偿额的方法；可持续发展理论描绘了生态补偿的最终目标。

2.4.1　外部性理论

生态环境具有明显的外部性，对社会、经济有着重大影响。人类在生态环境中进行实践活动，这些实践活动通过生态环境显现出各种各样的正外部性或负外部性，这些外部性实质上就是环境成本或收益的外溢。外部性导致破坏生态环境的行为数总是大于社会最优水平，而保护生态环境的行为数总是小于社会最优水平，这就需要采取一定的方法和措施，将生态环境的这些外部性进行内部化，从而实现社会最优的终极目标。而生态补偿的核心理念是外部效应的内部化，通过对损害或保护资源环境的行为进行收费或补偿，提高该行为的成本或收益，从而激励损害或保护行为的主体减少或增加因其行为带来的外部不经济性（或外部经济性），达到保护环境资源的目的。

2.4.2 公共物品理论

公共物品是相对于私人物品而言的,指那种不论个人是否愿意购买,都能使这个社会的每一个成员获益的物品,具有非竞用性、非排他性、消费的不可分割性等特点。自然资源环境及其所提供的生态服务具有公共物品属性,如河流等资源型“产品”和水库、人工湖、生态水利工程、生态保护区等生态项目“产品”。

公共物品属性决定了自然资源环境及其所提供的生态服务面临供给不足、拥挤和过度使用等问题。生态环境补偿就是通过相关的制度安排,确定不同类型公共物品的产权主体,确定排他性占有公共物品使用者的权利和义务,以调整相关生产关系来激励生态服务的供给、限制公共物品的过度使用和解决拥挤问题,从而确定相应的制度安排。在具体实践中,关键问题是不同类型公共物品的哪一部分利益或损失需要得到补偿,这对于生态环境补偿制度框架设计至关重要。

2.4.3 生态资本理论

生态资本是指能够带来经济效益与社会效益的生态资源和生态环境,主要包括以下四个方面:

(1)自然资源总量和环境自净的能力,即能够直接进入社会目前的社会生产与再生产全过程的各种自然资源和环境。

(2)生态潜力,即各种自然资源和环境在质量和再生量方面的变化趋势。

(3)生态环境质量,即指作为人类生存和社会发展所必需的,由生态系统的水、土地和大气等各种生态因子组成的环境资源状况。

(4)生态系统的使用价值,即生态系统作为一个完整的系统而呈现出来的各种环境要素的总体状况对人类生存和社会发展的有用性。随着人类生产活动范围的扩大和破坏力度的加深,生态环境质量不断下降,逐渐成为制约当前经济和社会发展的“短板”,从而使得采取各种手段和方式进行生态环境恢复成为当前社会的迫切需求。生态补偿机制通过制度创新给予了投资者合理的回报,激励投资者们投资生态保护并使生态资本得到增值。

2.4.4 可持续发展理论

可持续发展是指既能够满足当代人的需求,而又不能危害到后代人满足其需求能力的发展。可持续发展理论主要表现在时间上的可持续性和空间上的协调性。可持续发展作为我国乃至世界各国的长期发展战略,包含生态环境资源可持续发展、经济可持续发展和社会可持续发展三个方面。该理论将环境问题的重视程度提高到与经济社会发展问题同等重要的地位,强调经济发展要与环境保护必须保持在相互协调的水平,要求各个地区在经济和社会发展的过程中寻找环境问题的解决方法,从而实现经济、社会和生态环境的协调发展和共同进步。该理论要求人类必须摆脱传统的发展模式,从生态系统的整体性出发来考虑和解决环境问题,制定经济发展与环境保护相互协调的发展政策,以生态环境的改善作为实现可持续发展目标的保障。可持续发展理论作为新的发展模式,指明了人类未来发展的方向,也确定了生态环境补偿的目标。

第3章　国内外流域生态补偿实例及启示

20世纪70年代末期生态补偿机制被引入流域管理领域,其最早起源于德国1976年实施的Engriffsregelung政策和美国田纳西州流域管理计划,后者是1986年开始实施的保护区计划,为减少土壤侵蚀对流域周围的耕地和边缘草地的土地拥有者进行补偿,自此国外很多国家和地区进行了大量的生态补偿实践,采取了一系列的生态补偿措施。我国是从20世纪90年代末期开始关注流域生态补偿的理论与实践探索。

3.1　国外流域生态补偿实例及启示

国外对流域生态补偿的相关研究与实践开展得比较早,在理论、技术和制度建设上积累了不少成功经验。许多研究对流域生态补偿的标准测量算法进行了探讨,已经形成了许多理论和方法,但还没有形成统一标准。通常将流域保护服务分为水质与水量保护和洪水控制三个方面。国际流域环境服务付费的驱动力来源于需求方和供给方。从买者、卖者、中介者分类来看,政府仍发挥着重要作用,但不是绝对作用。在国外,尤其是发达的市场经济国家,对流域生态服务的付费往往是由下游的私人部门提出的,如在英国国际环境与发展研究所的案例中,52%是由需求方驱动的。

国外对生态补偿标准的研究更加侧重于补偿意愿和补偿时空配置的研究。哥斯达黎加的埃雷迪市在征收"水资源环境调节费"时,以土地的机会成本作为对上游土地使用者的补偿标准,而对下游城市用水者征收的补偿费只占他们支付意愿的一小部分。美国Catskill/Delaware流域确保相关利益群体参与生态补偿方案的制订,美国政府借助竞标机制和遵循农户自愿原则来确定与各地自然和经济条件相适应的补偿标准。这种方式确定的补偿标准实际上是农户与政府博弈后的结果,能化解许多潜在的矛盾。

3.1.1　实例

国外流域生态补偿中发挥了政府的主导作用,如美国、加拿大、澳大利亚、德国、日本等发达国家,通过征收水资源税或排污费的形式,开展流域生态补偿。而委内瑞拉、巴西、澳大利亚、菲律宾等国家,通过建立自然保护区或国家公园的方式,改善流域水资源水质水量。国外流域生态补偿典型案例见表3-1。

国外流域生态补偿实践中比较成功的案例有:美国密西西比河流域生态补偿、美国田纳西河流域生态补偿、德国易北河流域生态补偿、澳大利亚流域生态补偿等。

表 3-1　国外流域生态补偿典型案例

案例	生态补偿方式	生态补偿目的	生态补偿效果
美国田纳西河流域	政府通过购买流域水源地生态保护土地,建立自然保护区。影响水源地水环境的农业用地,实施土地休耕,并对农业用地的农场主进行补贴,土地休耕时间一般为 10~15 年	减少流域水土流失、改善流域水质	解决了城市饮用水安全及西北太平洋鲑鱼的减少等生态问题
美国纽约 Catskills 河流域	纽约通过 10 年对流域上游土地拥有者、农民和伐木公司进行 10 亿~15 亿美元补贴,改变流域上游地区土地经营方式,以保护水环境。补贴主要通过水资源生态税,以及发行公债或基金的方式筹集	改善了 Catskills 流域的水质,确保了纽约饮用水水质	增强了流域水源涵养能力,改善了水质,解决了城市饮用水问题
德国易北河流域	根据德国和捷克两国的易北河治理协议,德国支付捷克 900 万马克,用于沿岸城市建设污水处理厂,处理城市污水。德国在易北河沿岸,建立了 7 个国家公园和 200 个自然保护区,以实现对流域水环境的保护	改善易北河的水质	河水的水质恢复到了治理协议规定的标准
厄瓜多尔基多水资源保护	政府通过建立保护基金,对流域农场主改变土地经营方式,进行生态保护的补偿。基金最初来源于生产、生活用水户征收的费用及用水户的捐款,如供排水系统企业支付其销售收入的 1%给基金	改善流域向基多供水的水质水量	提升了流域的供水质量,满足了生产生活的用水
哥伦比亚流域的生态付费	流域生态补偿的资金,主要由政府财政预算的 1%、水电公司销售额的 6%、水资源项目投资额的 1%构成。主要用于对流域私有土地主进行生态补偿或政府直接购买流域土地进行管理	使私有土地主改变流域土地利用方式,提高供水的质量	供应清洁水资源

续表 3-1

案例	生态补偿方式	生态补偿目的	生态补偿效果
菲律宾流域森林保护付费	通过森林保护基金,给予森林保护区补偿,补偿金额为 0.03~0.04 美元/m^3	改善流域水质和水资源量	流域水质水量得到改善,能够满足下游工业、商业和居民用水
南非水资源项目	通过国家财政预算每年 4 亿兰特,自来水事务和森林部门水税每年 0.23 亿~0.48 亿兰特,提高用水户水价,水项目部分销售收入,国际援助资金用于水资源生态补偿	清除外来入侵植物,恢复水环境功能	缓解了城市的用水紧张
法国毕雷威泰尔(Perrier Vittel S. A.)矿泉水公司	矿泉水公司以 230 美元/hm^2 的土地利用补偿金额,给 Rhin-Meuse 流域的奶牛农场补偿,以减少对水环境的污染。此外,为保护水源地生态,公司出资 900 万美元,购买了水源地 1 500 hm^2 的农业用地,改变土地经营方式,保护水资源的生态环境	将土地的使用权交给愿意改进土地利用、减少化肥和农药使用的用户,以减少对水源污染	提升了水源地的供水质量,公司获得了优质的水资源
哥斯达黎加水电公司(Energia Global)	水电公司和政府分别以 18 美元/hm^2 和 30 美元/hm^2 的土地补偿费用,共同建立生态基金。基金用于给予流域上游农户补偿,弥补其土地经营方式转变的损失,以及林业生态保护。非营利组织 NGO,参与生态保护的运作	改善流域水质和水量,减少泥沙淤积	提高了水源地的水源涵养能力,减少了河流的泥沙含量,改善了水质
哥伦比亚 Cauca 河流域	Cauca 河流域的农业种植农户,成立了水资源保护协会,并建立了生态保护基金。将在用水户的水资源费里,提取 1.5~2 美元/L,用于流域上游生态保护的补偿费用	增加 Cauca 河流域的水量,解决河流沿岸的干旱问题	通过生态保护的补偿,提高流域上游的森林覆盖率,改善了生态环境

3.1.1.1　美国密西西比河流域生态补偿

美国密西西比河流域生态补偿是常见的典型案例,政府在密西西比河流域委托维克斯堡水道实验站开展生态模型试验,以水利、水电和水运三个环节为重点工程项目,进行科学布局规划和优化设计比选,为做好工程设计、施工和日常维护工作提供有力保障。密西西比河流经 11 个自治州,第二次世界大战以后,由于人口的快速增长、工业污染物的大量排放等原因,河流污染日趋严重,密西西比河水质急剧恶化,流域内的有机污染物浓度高,河岸周边废弃物比比皆是。为解决密西西比河流域污水直接排放和乱扔垃圾等问题,在流域的评价管理体系的基础上,联邦和流域各州政府自1972年开始,依次建立流域综合管理机构、清洁水的周转基金及水污染预警机制。其中,清洁水的周转基金主要由各州政府建立,作为贷款提供给特定的部门或相关计划,收回本金和利息后,再次进行资金运转,得到较大的利润。经过一系列管理政策的实施,密西西比河近年来在流域的综合管理方面取得了非常显著的成绩:水质污染不仅得到了有效治理,洪水灾害防治和发电结合也带来较大的经济效益。

3.1.1.2　美国的田纳西河流域生态补偿

美国的田纳西河流域生态补偿是成功的补偿范例,通过成立田纳西流河域管理局,大力发展流域交通、电力和水利防洪等公益事业,流域的综合经济发展和流域环境资源保护实现了互利双赢。田纳西河主要流经7个州。由于长期缺乏治理,盲目开采和过度砍伐树木,田纳西河流域部分地区近年来水土资源大量流失,洪涝灾害频繁发生。为解决田纳西河流域生态发展问题,在各州地方管理制度的基础上,美国联邦政府于1933年成立田纳西河流域管理局。田纳西河流域的生态补偿在提高农业产出和农民收入的基础上,综合管理土地资源,大力提倡植树造林。其补偿金的支付方式分为直接补偿支付和间接补偿支付:①管理局对面向流域周围的耕地和边缘草地的土地拥有者直接支付以进行经济补偿;②管理局通过研究可高效利用的化肥,倡导流域内各地农民使用,间接给农民带来经济效益以进行补偿。田纳西河流域管理局的建立,使原先流域水土流失严重的区域得到大大改善,洪涝灾害区域得到了有效综合治理,提高了流域水资源综合利用效率,达到了生态补偿的主要预期效果。

3.1.1.3　德国易北河流域的水生态保护补偿

德国易北河流域的水生态保护补偿政策是跨国境流域生态补偿的重要实践。德国和捷克达成协议,由德国政府投资并在捷克城市地区建造大型污水处理厂,出台多项相关流域法律政策以促进相应地区水质安全达标。易北河流域主要流经捷克和德国,其中捷克位于该河上游,德国位于中下游。因长期未治理,易北河上游流域的土壤水质严重恶化。为改善流域水质现状,在基本资源管理体制的基础上,两国政府通过财政公共支付的方式,从经济发达地区直接向其他经济欠发达地区转移并支付资金进行生态补偿。其中的财政补偿资金主要有两种支付方式:通过扣除划归各州销售税的25%后,余下的75%据各州居民人数直接按比例分配支付给各州;财政较富裕的州按照统一的标准进行计算后分拨给财政不富裕的其他州。捷克和德国共同为在易北河流域开展生态环境综合治理专门成立了战略双边合作小组,共同研究流域治理决策。通过德国和捷克双方的共同努力,易北河流域的总体水质基本达标,流域周边地区的居民饮用水也基本得到了有效保障,实现了两国互利共赢的发展目的。

3.1.1.4　澳大利亚流域生态补偿

澳大利亚的墨累—达令河流域采用了市场化的生态补偿,设立专门的河流管理机构,实行水分蒸发信贷和水权交易。墨累—达令河流域位于澳大利亚的东南部,主要流经首都直辖区及北部包括新南威尔士、维多利亚、昆士兰、南澳大利亚州等五个主要的政府行政区域。为解决不同行政区对河流的开发运用及保护管理方式的差异,在生态环境管理经验的基础上,澳大利亚政府及河流沿岸的各州政府采用市场化特征进行生态补偿。政府决定联合有关部门制定治理协议,共同做出决策,整体综合治理。设立专门的河流生态管理机构,统筹协调对河流的生态资源综合利用管理问题,实现区域合作发展共赢;通过进行水分蒸发信贷交易,上游河流区域的植树造林资金主要来源于下游土地受益者按一定的价格进行支付的资金,进行横向生态补偿;实行水权交易,明确生态用水。通过一系列的联合协议治理,墨累—达令河流域的生态补偿取得了显著效果,河流沿岸地区的水文状况不断改善,促进了生态补偿制度的进一步发展和完善。

3.1.2　特点

在传统意义上政府是生态环境服务主要的购买者或资助者,所以其具有公共物品性质。在生态环境服务上,人们在政府购买模式出现经济学中所谓政策失灵时,探索出了许多新的手段。在上述案例中,国外流域生态环境补偿一般有政府与市场两种主要手段,有时以政府补偿为主,有时以市场补偿为主,或者是两者的相互融合。

(1)政府在推动流域生态环境补偿市场化中扮演着十分重要的角色。

保护重要水源历来是政府的责任,但在政府主导的公共财政政策不能有效发挥作用时,推动建立流域生态补偿机制就显得非常有必要,而在推进流域生态补偿市场化进程中,政府的作用又是十分明显的,政府有能力将所有的公共企业联系起来成为一个共同体,政府部门还是流域生态补偿最重要的购买者,政府也会通过政策有效地引导私人企业、土地拥有者、国际非政府组织和社团在提供水源保护和筹资等方面发挥重要作用。这些政府部门通常包括水利、电力供应和旅游,它们通常都有一个很明确的意愿,那就是希望维持流域的水环境质量。政府既是流域资源的最主要拥有者,又是流域资源的主要供给者。

(2)以政府主导的公共财政政策在流域生态环境补偿市场化中发挥了重要作用。

德国易北河流域生态补偿的实践可以证明,横向财政转移支付在流域生态补偿中扮演了重要角色,发挥了重要的作用,并取得了非常好的效果,横向转移支付的补偿方式有利于实现生态保护与区域发展的公平。

(3)较多案例开展了"一对一"补偿方式的探索。

"一对一"交易的双方原则上是不会发生变化的,只有一个或少量潜在的类似于某一个中小流域的卖家,同时只有一个或少数潜在的类似于某城市市政供水企业的买家。交易的双方直接协商,或者通过中介来帮助达成协议。该中介可能是政府部门、非政府组织或者咨询公司,构成了这种支付方式的突出特点。但"一对一"交易是"一对一"补偿方式的重要前提。它常见于小的流域上下游之间、受益方较少并且指向性强、提供者容易组织起来小规模的团体。

(4)交易费用是决定选择哪种生态补偿方式的关键因素。

交易费用是以市场为依托的支付方式中的一个重要因素,在小规模的流域生态环境服务中,交易双方明确且数量较少,使交易费用就越小,所以极易成功。当交易涉及的流域较大且交易成本较高时,会阻碍交易活动的顺利开展。市场贸易需要市场基础设施建设,包括市场硬件和市场交易制度、生态环境服务的标准化和认证等。

(5)基于市场的生态环境补偿与政府主导下的生态环境补偿适用性分析。

选择使用公共支付或是基于市场的支付方式,在一定程度上会受到购买对象特点和性质的限制。在小规模的流域上下游之间,当受益方少且不改变、提供方的数量在可控制的范围内时,基于市场的支付方式如“一对一”的交易方式展现出了优势。

流域保护市场的关键不是竞争而是合作,流域生态功能不能和购买者分离这个原因至关重要。加之在补偿市场化实践中,发现国外极其重视补偿方式的透明还有灵活度,为保证补偿工作有序、有效开展,还出台对应的法律制度保障和相关政策配套支撑。

3.1.3　启示

流域具有流动性、跨区域性、整体性等特征,各国流域管理体制的调整在总方向和主要措施上存在着趋于一致的现象,各国对流域生态补偿机制的选择和建构也表现出某种程度的趋同性。因此,在大清河流域(唐河)生态补偿实践中,应该结合流域实际,借鉴具有可操作性的国外经验和做法。

第一,流域生态补偿超出了单一学科、纯学术研究的范畴,具有集自然科学与社会科学、研究与管理为一体的特点。因此,应综合多学科优势共同研究建立全方位、多层次的大清河流域(唐河)生态补偿机制。

第二,在大清河流域(唐河)生态补偿机制的设计过程中,一定要正确处理政府和市场的关系,不要人为地把两者割裂开来。从世界各国的成功经验来看,各国都充分利用市场机制来推动生态补偿的进程。在大清河流域(唐河)中,应充分利用市场机制来推动生态补偿机制的实施进程,改变我国当前生态补偿由政府主导的局面。在我国现阶段市场机制发育还不成熟的情况下,政府的作用和模式应该首先到位,并积极培育引入市场模式。

第三,国家政策与地方政策应保持一致。地方补偿政策的实现要与国家政策相结合,否则在补偿政策执行的过程中就会产生分歧。同时,不管是采取公共支付方式,还是基于市场的生态环境服务购买,对于生态补偿目标的实现都不是只制定单一政策就可以达到的,必须配合其他政策共同实施。因此,在大清河流域(唐河)生态补偿机制的建立与完善过程中,一定要注意国家政策和地方政策的相容性。

第四,完善省际间协商补偿机制。以协商为主要手段的流域治理协调机制在美国、澳大利亚、德国流域水环境治理中广泛应用,甚至取得主导性地位。流域政府间委员会、协会、理事会、论坛等各种协商治理机制的实现形式在跨国流域管理中均普遍存在。协商机制充分尊重了流域内各州(省)的自主权益,并且坚持了平等和真诚沟通的原则,常常可以克服水资源负外部性所带来的负面效果。公众的积极参与在协商机制中是必不可少的,这是因为公众往往是水资源破坏的受害者或者是制造者,建立公众参与协商的平台,疏通公众与各级政府之间沟通的渠道,充分发挥其监督作用,将有利于克服流域水资源配置使用的负外部性。

第五,政策法律框架下的项目运作是实现生态补偿的主要方式。必须要有法律保障和配套政策的实施,如美国的补偿计划都是在相关法律框架下实施的。因此,大清河流域(唐河)建立生态补偿机制,最主要的是构筑生态补偿的区域机制框架。

3.2　国内流域生态补偿实例及启示

我国关于生态补偿的研究和实践始于20世纪90年代初期,90年代末开始流域生态补偿的研究,进入21世纪,流域生态补偿逐渐成为研究重点。近年来,国内学者研究成果中主要包含以下三类补偿标准及其相应的测算办法:

(1)以下游获得的环境效益作为补偿标准。上游进行生态治理和保护,对下游具有明显的外部正效益;下游地区应当以上游生态治理和保护所带来的环境效用价值作为补偿依据,并采取重置成本法和损失补偿法等进行测算。

(2)以流域内各行政区生态建设成本与生态效益差额作为获得或支付生态补偿的标准。如果上游地区生态建设成本大于获得的生态效益,下游地区就要以上游地区生态建设成本与生态效益差额作为补偿标准向上游支付生态补偿资金。

(3)以生态重建成本作为补偿标准,即将受到损害的流域生态环境质量恢复到受损以前的环境质量所需要的成本,以上下游的生态受益程度和生态支付意愿为依据,在相关行政区之间进行分摊。

3.2.1　实例

国内的生态补偿虽然起步较晚,但是受重视程度不断提高,发展速度较快,不少地区已经开始了实践探索,同样取得了宝贵的成果。因此,非常有必要对国内流域生态补偿典型实践案例进行深入分析研究,总结其成功的经验,并借鉴这些成功经验研究一套适合大清河流域(唐河)生态补偿机制的实施方案。

国内流域生态补偿实践中比较成功的案例有:新安江流域强制和自愿相结合的补偿模式、东江源地区生态补偿、九洲江流域上下游横向生态补偿和“引滦入津”上下游横向生态补偿等。

3.2.1.1　新安江流域生态补偿

对跨越浙江省、安徽省的新安江流域,上下游如何履行好保护和治理的责任,两省政府曾多年博弈。早在2005年,两省就开始了对建立新安江流域生态补偿机制的商谈。2010年底,国家财政部、环保部启动了全国首个跨省大江大河流域水环境保护试点——新安江流域生态补偿机制试点,并于2011年正式实施。这标志着新安江流域综合治理进入了一个崭新的历史阶段。2012年,财政部与环保部、浙江省与安徽省“两部两省”正式签订协议,全国首个跨省流域生态补偿机制试点正式实施。中央政府每年拨付3亿元资金给安徽省,主要用于上游的产业结构综合优化、水生态环境综合保护和水污染综合治理等多方面的相关工作。浙江省、安徽省分别同意提供1亿元,以地表水环境质量Ⅱ类为综合考核标准,若上一年度水质质量达标,浙江省将拨付1亿元资金给安徽省;未达标则由安徽省拨付1亿元给浙江省。2016年12月8日,在经过四轮会商最终达成共识后,安徽、浙江两省在长三角峰会上签订了第二轮试点协议。2018年11月2日,安徽、浙江两省签署了《关于新安江流域上下游横向生态补偿的协议》,标志着新安江流域生态补偿机制完成第三轮续约。

3.2.1.2 东江源地区生态补偿

东江源区由于常年开采稀土,矿区地下水污染严重、生态环境脆弱。江西省与广东省共同安排省级专项资金,借鉴我国新安江流域生态补偿管理经验,对上下游流域进行横向生态补偿。由中央政府提供3亿元,依据考核结果给予江西奖励资金;广东省和江西省分别出资1亿元,依据横跨浙江省与江西省的省界断面处的具体水质标准达标情况进行财政补偿。若考核中的断面水质质量年度平均值能够达到Ⅲ类地表水环境质量标准并逐年实现改善,则应由广东省将其补偿资金划归江西省,否则由江西省将其补偿资金划归广东省。在省级层面成立负责流域管理的专职机构后,流域管理制度更加明晰,双方明确了水权管理的机制,对供水、分水、管理水资源等进行宏观调控和统一协调。下游较为发达的广东省以共建工业园、投资产业基金的方式带动了上游地区的发展。

3.2.1.3 九洲江流域生态补偿

九洲江发源于广西,上游畜禽养殖产业发达,养殖用水造成的污染严重影响了下游广东省居民的饮用水安全。为此广西、广东两省(区)决定分别出资3亿元设立九洲江流域地区水环境补偿资金。中央财政部门依据年度考核结果,水质达标则每年拨付广西3亿元。目前,政府在沿河岸一定范围内设置禁养区,补偿拆迁养殖场,村镇范围内建立污水处理厂,促进养殖产业向绿色产业转型升级。九洲江跨省(区)断面水质现在已经稳定达到Ⅲ类水质,在跨省(区)生态补偿基础上的流域综合治理初见成效。

3.2.1.4 "引滦入津"上下游生态补偿

"引滦入津"工程是我国第一个跨区域的引水工程。根据专项补偿实施方案,河北省、天津市3年(2016—2018年)内以每年各1亿元的财政资金投入额度,共同出资设立引滦入津水环境保护补偿专项资金,用于实施引滦水源环境保护治理工程,中央财政则根据年度考核结果视任务目标完成实际情况决定拨付给上游省份一定额度的资金。引滦入津水环境补偿方案实施后,上游河北省滦县潘家口水库与下游大黑汀水库的养鱼池及网箱清理工作完成较好,缓解了下游河道淤积、水体水质富营养化的严重问题。水质改善后,基本达到水环境功能需求。该试点流域的成果对协同解决上游贫困问题和下游水质问题有重大意义,进一步促进了京津冀协同发展。

3.2.1.5 总结分析

自2005年"十一五"规划开始,国家将生态补偿机制建设列为年度工作要点,并提出建立生态补偿机制的要求,地方开始探索建立流域生态保护补偿制度。2005年,北京与张家口、承德签订《关于加强经济与社会发展合作备忘录》,拉开了流域上下游地方政府主动探索建立水环境保护生态补偿制度的序幕。

2007年之后,在《关于开展生态补偿试点工作的指导意见》与《水污染防治法(修订)》的共同推动下,以流域水环境防治为主旨、以共建共享为抓手的跨区域补偿制度框架开始进入建设阶段。财政部、原环保部联合印发《新安江流域水环境补偿试点实施方案》,标志着我国跨省流域补偿制度建设正式落地。相比此前的北京密云水库上游实施的"稻改旱"工程、天津建立的"引滦入津"水源地补偿专项资金和江西设立的"五河一湖"补偿专项资金等地方初期探索,新安江流域补偿试点解决了前期跨省流域补偿"规范不明、机制不全、标准不一、协调不清"的制度框架设计问题,释放了积极的示范效应。同年 12 月,陕西、甘肃两省渭河沿岸的 6 市 1 区签订了《渭河流域环境保护城市联盟框架协议》,自主探索了"以生态保护为初衷、以省际协商为平台、以市县权责为约束、以地方财政为支持"的跨省流域补偿制度。为解决生态保护补偿机制与制度瓶颈,我国于 2013 年起相继印发的《中共中央关于全面深化改革若干重大问题的决定》《关于加快推进生态文明建设的意见》《生态文明体制改革总体方案》《关于健全生态保护补偿机制的意见》《关于统筹推进自然资源资产产权制度改革的指导意见》中,明确了生态补偿与自然资源有偿使用、生态保护修复、国土空间规划等自然资源领域生态文明制度之间的关联,并着重部署了流域补偿试点及其制度建设工作。此后,为贯彻中央要求,着力破解流域补偿实践中"协商机制、部门协同、技术配套、资金保障、考核制度、多元参与"等重点难点问题,国家发展改革委、财政部、自然资源部、生态环境部、水利部等部门陆续发布《关于加快建立流域上下游横向生态保护补偿机制的指导意见》《建立市场化、多元化生态保护补偿机制行动计划》《生态综合补偿试点方案》,有力推动了长江、闽江、东江、新安江等一批试点工作(见表 3-2),为完善流域生态补偿机制提供了借鉴。

表 3-2　国内流域生态补偿案例

案例	生态补偿方式	生态补偿目的	生态补偿效果
长江流域退耕还林(草)项目	政府直接向涉及的农户和地区进行垂直补偿,如生态移民、异地安置等	建立绿色生态屏障,促进长江流域生态系统的自我修复	生态改善成效显著;短期内部分地区的收入有所减少,生态移民的长期可持续发展问题突出,资金连续投入难度大,项目管理成本高
福建省闽江流域生态补偿项目	地处闽江下游的福州市每年向闽江上游的三明市和南平市划拨约 1 000 万元的流域生态建设经费;同时三明市和南平市每年各自配套 500 万元资金,用于上游生态保护	福州市对上游地区拨付水污染治理资金补偿费,以改善流域水质	闽江水质改善明显。但是,现有的补偿方式单一,资金有限,尚无法满足上游地区的实际需求。同时,上游贫困地区多,用于环境治理的财力有限
东江源生态补偿工程项目	广东省政府每年从东深供水工程利润中安排 1 000 万元用于河源市东江流域水源涵养林建设	通过对东江上游地区支付生态资金,保障广东省和香港地区的用水安全	目前,省际间横向流域生态补偿机制尚未建立,生态补偿金额不足,江西省内上游的 3 个县(贫困县)的生态保护资金压力大
浙江省"义乌—东阳"水权交易	通过建立水权市场,东阳市将境内横锦水库 5 000 万 m^3 水的永久使用权,以 4 元/m^3 有偿转让给下游义乌市,并加收 0.1 元/m^3 综合管理费	确保东阳市为义乌市提供充裕的高质量水资源	义乌降低了获取高质量稳定水资源的成本,东阳取得了更高的水资源经济效益,双方通过水权交易市场实现了"双赢"

续表 3-2

案例	生态补偿方式	生态补偿目的	生态补偿效果
新安江流域强制和自愿相结合的补偿模式	中央财政拿出3亿元,这3亿元无条件划拨给安徽,用于新安江治理。3年后,若两省交界处的新安江水质变好了,浙江地方财政再划拨安徽1亿元,若水质变差,安徽划拨浙江1亿元,若水质没有变化,则双方互不补偿	保护浙江母亲河钱塘江的正源——新安江的水质	能够加强省际间合作协商,发挥各省的自愿性因素,共同治理保护流域,同时引入监督机制,保证补偿协议得到执行
九洲江流域上下游横向生态补偿	2014—2017年由两省政府各出资3亿元,设立粤桂九洲江流域跨省水环境保护合作资金,考核监测断面及其水质的分年度考核目标。中央政府还将对广西实行奖励性补偿	水质:达到Ⅲ类水质标准	实现养殖废弃物资源化利用
引滦入津上下游横向生态补偿	根据补偿方案,河北、天津共同出资设立引滦入津水环境补偿资金,资金额度为两省市在2016—2018年每年各出1亿元,共6亿元。中央财政依据考核目标完成情况确定奖励资金,拨付给上游省份用于污染治理	水质:达到Ⅱ类水质标准	集中解决网箱养殖历史难题,缓解了下游河道淤积、水体水质富营养化的严重问题
密云水库上游潮白河流域水源涵养区横向生态补偿	北京市将以水量、水质、上游行为管控三方面指标,对密云水库上游潮白河流域河北省承德市、张家口市相关县(区)进行生态保护补偿,对污染治理工作成效进行奖励	水质:3+1项水质指标,要求达到Ⅱ~Ⅲ类水质标准或优于2017年水平; 水量:原则不低于2000年以来平均值	补偿基准中明确水量考核标准

3.2.2 特点

3.2.2.1 我国流域生态补偿的特点

通过对我国流域生态补偿典型案例剖析可知,我国流域生态补偿主要有以下几大特点。

1. 省级政府层面确立并主导水环境生态补偿制度的实施

近年来,各省逐步意识到流域生态补偿机制是促进当地水环境保护和污染防治的重要经济手段,积极开展流域生态补偿机制建设,陆续以省政府或财政、生态环境等部门名义印发建立水环境生态补偿制度的政策性文件,对生态补偿机制的实施进行了制度性安排,并随着全国环境管理政策的变化和各省水环境管理要求的改变对生态补偿制度进行了调整。

2. 补偿范围各有侧重

不同省份按照自身环境管理要求和自身实际情况各有侧重。部分省份可能起步晚，按照“试点先行，分步推进”，补偿范围是省域内重点河流；部分省份流域环境补偿机制建立较早，补偿范围已扩大至全省域；有的省份考虑省内重点湖泊的水质保护和改善，补偿范围为省域内重点湖泊的入湖河流。

3. 补偿形式多样化

目前国内各省现行的补偿形式主要有三类：第一类是江苏省、贵州省实施的“双向补偿”模式，是指“同一断面上游市来水超标，则由上游市直接赔偿下游市，上游市来水达标，则由下游市直接补偿上游市”。第二类是辽宁省、北京市、云南省实施的“单向补偿”模式，是指“断面上游市来水超标，则由上游市赔偿下游市，结余资金由省级统一分配或奖励水质改善地区”。第三类是河南省、黑龙江省、福建省、江西省、湖南省实施的“省级统一扣缴和分配”模式，是指“省级环境保护主管部门对生态补偿金数额进行统一核算，省级财政部门对各相关市生态补偿金进行统一扣缴、管理和分配”。

4. 补偿标准个性化

各省综合当地生态保护成本、发展机会成本以及自身条件因素，采用的生态补偿标准也存在差别。首先，各省生态补偿资金扣缴标准比较成熟和明确，主要采用以下几种方式进行核算：一是根据考核污染物超标倍数，按照固定梯度核算，如湖南省等；二是根据考核污染物通量，按照单位污染物固定额度核算，如云南省、贵州省等；三是按地方财政收入和用水量折算的一定比例进行核算，如福建省等；四是根据设置目标或入境水质确定出境水质的恶化程度进行核算，如北京市、辽宁省等；五是整合现有国家和省级专项资金，如江西省、福建省等。各省流域生态补偿资金的奖励标准的确定还不完善，处于摸索阶段的省份较多。明确奖励补偿标准的有河南省、黑龙江省、湖南省，其中河南省按照出水水质达标率确定补偿资金奖励额度；黑龙江省和湖南省按照出水水质改善程度确定奖励额度；福建省、江西省提出按照因素法进行补偿资金分配，但尚未有明确标准；辽宁省、贵州省、云南省提出对水质保持良好的地区进行奖励，但尚未明确奖励标准。

5. 部门分工明确化

各省为保证生态补偿机制的顺利实施，对生态补偿实施过程中各环节都明确责任部门。省级环境保护主管部门负责水质监测、生态补偿金数额的核算以及生态补偿资金支持项目的监督检查，省级财政部门负责补偿资金的扣缴、奖励和分配以及补偿资金使用的监督管理，相关市政府负责本市生态补偿金的支出、收取和使用。

6. 资金使用统一化

为实现实施流域生态补偿机制的初衷“加强水污染防治工作，改善本省流域水环境质量”，各省流域补偿资金最终均用于省域内水环境改善工作，包括水污染防治（含监管能力建设及运营）、水资源管理、水资源节约、饮用水源地保护、水土保持、生态保护、城镇垃圾污水处理设施建设及运营、安全饮水等生态保护与环境治理支出及省政府确定的其他水环境保护项目等。

3.2.2.2 我国流域生态补偿工作的重点

通过对各案例取得的成功经验和遇到的难点及障碍进行分析研究,可归纳总结出推进我国流域生态补偿工作需重点解决的几个问题。

1. 界定流域生态环境补偿主体和补偿对象

从上面的案例分析可以看出,明确补偿主体与补偿对象,即解决"谁补偿谁"的问题是建立流域环境生态环境补偿机制的关键。必须明确界定哪些地区、行业和群体是流域水环境的受益地区和受益主体;哪些地区、行业和群体是流域生态保护的贡献地区和主体;哪些地区、行业和群体是流域生态破坏的地区和主体。只有明确补偿主体和受偿主体,政策设计才具有针对性。由于流域生态服务功能的外部效应具有公益性,以及生态服务消费中的非竞争性和非排他性,上游地区实施生态建设,整个干流经过地区的企业、居民和政府都是流域受益主体。对于受益主体较多,且不容易界定主要受益者的生态环境补偿,应发挥财政政策的力量;对于有明显受益主体和客体的,可通过市场交易的方式,政府给予必要的引导和扶持来建立流域生态环境补偿机制。

2. 明确补偿双方的责任、权利和义务

如果上游的水环境符合相应功能区的要求,且下游的水资源符合规定,下游就要对上游进行补偿。如果上游水资源不符合规定,下游可要求上游赔偿。因此,流域生态环境补偿机制将补偿主体和受偿主体的权利和责任统一在了一起。建立流域生态环境补偿机制必须明确补偿双方的责任、权利和义务。

3. 实施流域生态环境补偿的绩效评估

建立明确的流域水生态保护标准,作为生态环境补偿的基础。按照水生态保护标准进行考核,作为生态环境补偿(赔偿)的依据。建立明确的流域水生态保护标准,作为生态环境补偿的基础。按照水生态保护标准进行考核,作为生态环境补偿(赔偿)的依据。

4. 完善建立流域生态环境补偿长效机制的法律和政策

我国只有《中华人民共和国森林法》和《中华人民共和国水污染防治法》中涉及有关生态补偿的内容,缺乏生态环境补偿的综合性立法。以福建省为例,闽江、晋江和九龙江三个流域的生态环境补偿试点由于没有法律法规的有效支撑,难以保证能够长期坚持下去。因此,必须以法律的形式来保障生态环境补偿长效机制的建立和完善。

5. 积极探索市场化生态环境补偿模式

我国的流域生态环境补偿以政府主导型为主,多数由政府埋单,给国家和地方政府带来一定的压力。要积极探索市场化生态环境补偿模式,着力培育水权市场。要明晰水权(水资源使用权),这是进行交易的前提条件。水权的初始分配涉及地区间、使用者之间的公平问题,需要多方协商,统筹考虑。

3.2.3 启示

通过对我国流域生态补偿以及补偿机制现状分析,可以发现不同地区都能寻找到属于适合当地发展的水资源利用补偿方法,这些补偿案例的经验和做法都能对大清河流域(唐河)生态补偿机制的建立和完善提供十分重要的借鉴意义。

3.2.3.1 注重政府的主导作用

从过去我国水资源利用生态补偿实践试点案例看,政府在这中间所起的作用不可小觑,甚至是决定补偿工作成败的关键力量。政府主导作用表现在:为流域水资源生态补偿制定相关的法律规范和制度,在实行跨区域流域水资源利用生态补偿进行宏观调控,为流域水资源利用生态补偿提供政策和资金上的支持,解决难以由市场自发进行流域水资源生态环境保护的问题。

根据过去我国开展的不同形式水资源利用生态补偿实践,政府在建立和推动流域水资源利用生态补偿实施方面发挥了主导性作用,通过财政支付实施生态建设或生态补偿工程,抑或是通过税收政策来提高破坏生态的成本。但政府责任不明了、横向管理体制不健全、补偿方式单一等问题严重制约了我国流域水资源生态补偿工作的进展程度。因此,要更加注重发挥政府在大清河流域(唐河)水资源利用生态补偿的主导性作用,强化流域生态保护管理部门的责任,强化政府部门之间的协调能力,结合实际探索多元化的流域水资源利用生态补偿手段,引导利益既得者搞好生态保护与建设活动。

3.2.3.2 合理明确的资金补偿标准是关键

补偿标准是流域生态补偿的核心,关系到流域生态补偿机制的执行难易和补偿效果。在测算大清河流域(唐河)生态补偿标准时不仅要考虑到生态建设的直接成本,更要关注上游地区为保护生态环境而丧失经济发展的机会成本。只有科学、合理地确定流域生态补偿标准,才能顺利构建生态补偿机制,形成“谁受益,谁补偿”的生态补偿格局,促进大清河流域(唐河)生态机制的实施。

3.2.3.3 完善的政策法律体系是重要保障

综观流域生态补偿实践之所以能够取得成功,主要原因是有完善配套的流域生态补偿政策法律体系作保障,它们普遍认同完善的政策法律体系是流域水资源利用生态补偿的基础和前提。大清河流域(唐河)生态补偿工作不是简单的执行某一政策法律,政策法律只是表明国家或地方政府保护生态的决心,仅仅做一些原则性或结论性的规定。但采用哪种方式来完成政策目标,都需要结合实际的项目来确定。无论是财政支付还是通过市场来购买服务,要实现大清河流域(唐河)生态补偿目标,靠制定单一的政策是不可能完成的,必须将其他相关政策作出调整来配合。

目前我国关于流域生态补偿的法律法规还不是很完善,特别是期盼已久《生态补偿条例》迟迟没有出台,导致相关利益者的权利责任不明了以及补偿方式、补偿标准和补偿内容不确定。立法跟不上生态环境保护和建设的需要,只是在某些方面以政策的形式来调整,缺乏有效的法律支撑。所以,必须总结成功经验,对我国有关法律进行全面梳理,并补充缺失的法律,保证大清河流域(唐河)生态补偿工作能依法进行,通过完善法律法规,建立长效补偿机制。

3.2.3.4 重视市场交易的作用

根据流域生态补偿实践经验,有的是政府主导生态补偿实施方式,有的是以市场为主导来实现流域生态补偿。虽然我国现行的以政府主导的流域生态补偿在开始阶段效果显著,但是随着补偿工作的深入,难以保证不会出现“政府失灵”的情况。在建立大清河流域(唐河)生态补偿机制过程中,一定不能把政府与市场完全分割开。对于大清河流域

(唐河)上下游展开生态补偿,也可以考虑以市场贸易的方式实现,市场起主导作用,政府在此时可以配合性地做些工作同时做好交易市场监管工作。

当然,为了在大清河流域(唐河)生态补偿中充分发挥市场机制的作用,应当做好以下工作:一是营造配套的政策环境,我国市场机制起步较晚,还未建立完善的市场,流域生态补偿市场也缺乏相应的政策环境;二是方式多元化,目前基于市场交易的生态补偿方式比较单一;三是构建交易平台,交易平台是付费者和受偿者通过市场谈判实现利益均衡的重要媒介。通过引入市场机制和市场竞争,提高公民保护流域生态环境的主动性,进一步完善流域生态补偿机制。

3.2.3.5 实施"双向补偿"是趋势

目前在我国流域生态补偿的实践当中,"单向补偿"占了主要地位,而"单向补偿"的缺陷在于,各地环保意识还有待加强,在经济发展为中心的指导思想下,上游排污现象严重,宁可支付扣罚费用,也不能阻碍经济前进的步伐。而对于水质保持良好的市县来说,促进水体保护使得经济发展受损却没有得到相应补偿,长此以往,环境保护积极性可能下降。长期以来,使得整个流域的污染状况无法得到根本性治理。

因此,在建立大清河流域(唐河)上下游横向生态补偿机制时,不仅要对断面上游来水超标时进行扣罚,也要考虑来水达标时对上游市县进行奖励补偿,同时促进良好水体保护和不达标水体改善,体现"保护优先,防治并举"的环境管理思想。通过建立"双向补偿"机制,能够合理优化资源配置,有助于明确上下游地区的权利义务和责任,促进上下游地区水质环境改善,最终实现大清河流域(唐河)经济社会的可持续发展。

3.2.3.6 建立流域合作管理制度

流域生态系统是一个整体,要实现建立整个流域的生态补偿机制,一个地区或一个部门是不可能完成的,只有通过部门合作、上下游之间相互配合才能奏效,因此大清河流域(唐河)生态补偿要打破地域界限,以整个流域为立足点建立长效合作机制。以全流域合作推动生态补偿机制建立,达到利益共享、责任共担的目的,可为建立流域合作管理制度提供参考,从而解决流域内相关部门缺乏合作、目标不明、标准不一等突出问题。

流域生态补偿是一项涉及多方利益的复杂系统工程。为了兼顾各方利益,得出更加科学的、民主的流域综合治理方案,已有案例十分注重在流域管理和治理等方面发挥利益相关者的作用,以提高流域利益相关者参与治理的积极性。在大清河流域(唐河)生态补偿管理方面,应该学习这些经验,在流域管理过程中建立科学论证制度和听证制度,同时保持信息公开、决策和规划透明,从而得出科学的、民主的决策,以实现全流域生态补偿效果的公平。

3.3 国内外流域生态补偿实践对比分析

通过对目前国内外流域生态补偿实践典型案例的总结分析可以看出,国际上存在两种补偿模式,即市场补偿和政府补偿。国外主要以市场补偿为主,国内由于市场经济不够成熟,主要以政府补偿为主。两种补偿模式各有利弊,政府补偿能够确保资金到位,保障能力强,但是却受到行政区域的限制;市场补偿相对于政府补偿来讲更容易实现,但是却受到水权的限制，必须在水权清晰且交易成本低的前提下进行。

国内外生态补偿实践的主要区别见表 3-3。

表 3-3　国内外生态补偿实践的区别

	内涵	范围	标准	途径	补偿效果
国外生态补偿	一种自愿性的交易	涉及的利益相关者较少，范围较小	补偿标准通过交易双方的谈判解决，补偿效果较好，很少存在补偿标准过低导致没有达到刺激保护环境积极性的问题	以市场补偿为主	较好
国内生态补偿	非自愿性的交易，范围更广泛	补偿范围广，涉及的补偿对象多	生态补偿标准主要由政府制定，往往存在标准过低，流域上下游经济发展悬殊的问题	以政府补偿为主	有时难以达到预期效果

第 4 章 山西省流域生态补偿机制及政策

4.1 山西省流域生态补偿的必要性

生态补偿是目前资源、生态及环境经济学领域的研究重点和前沿问题。生态补偿(compensation)是以保护和可持续利用生态系统服务为目的、以经济手段为主,调节相关者利益关系的制度安排。更详细地说,生态补偿机制是以保护生态环境,促进人与自然和谐发展为目的,根据生态系统服务价值、生态保护成本、发展机会成本,运用政府和市场手段,调节生态保护利益相关者之间关系的公共制度。

从现有的研究成果来看,生态补偿涉及的领域包括森林、土地、矿场和流域,涉及的内容包括退耕还林、退耕还草、矿产资源开发的补偿和流域生态补偿等。其中,流域生态补偿是生态补偿理论研究的重要内容和理论分支。流域生态补偿是生态补偿中相对复杂的领域,并且实施跨区域流域生态补偿更为困难。它涉及中央政府与地方政府之间、流域上下游地方政府之间、政府与企业和农户之间等多元利益主体在跨区域生态补偿机制中的行为特征及决策策略。

山西省位于海河流域的上游和黄河流域的中游,省内河流大多属于自产外流型水系,被誉为“华北水塔”。山西水资源匮乏,根据山西省第二次水资源评价结果,山西省水资源总量仅占全国的 0.5%,人均占有水量为 381 m^3,远远低于全国平均水平 2 200 m^3/人。

近年来,随着经济的不断发展,全省废污水及污染物排放量总体较大,根据山西省水资源评价规划,2015 年全省 397 个入河排污口的废污水入河总量为 10.02 亿 t,化学需氧量的入河总量为 17.10 万 t,氨氮的入河总量为 2.44 万 t。根据《2018 年山西省水资源公报》,2018 年对全省主要河流重点河段水质进行评价(站点 25 处,黄河流域 14 处,海河流域 11 处)。评价结果表明,Ⅰ类水质的河段 1 处,Ⅱ类水质 6 处,Ⅲ类 2 处,Ⅳ类 2 处,劣Ⅴ类 9 处(占评价河段总数的 36%)。河流主要超标项目为氨氮、石油、总磷、化学需氧量、五日生化需氧量等(见表 4-1)。总体上看,各河流上游河段污染程度较轻,城市附近和工业发达地区河段污染严重,且污染的项目多,超标倍数大。山西省水资源匮乏,污水排放量大,加之河道天然来水量少、自净能力差,这些因素为山西省水环境保护工作带来了更为严峻的考验,同时也提出了更高的要求。

山西省水生态与环境不断恶化的根本原因就是水的无偿使用、过度利用和缺乏生态与环境投资回报机制。生态补偿是进行生态环境保护与建设的重要手段,是对因保护环境而丧失发展机会的区域进行补偿,对环境破坏者进行惩罚,同时对环境受益者征收一定费用,从而促进人们的生态保护意识,提高生态环境保护水平。因此,对山西省流域生态补偿机制的研究是非常必要的。

表 4-1　2018 年度全省重点河段水质状况

流域	河流	重点河段	水质级别		主要超标项目
			上年度	本年度	
黄河流域	汾河	静乐	Ⅱ	Ⅱ	
		寨上	Ⅴ	Ⅳ	五日生化需氧量
		兰村	Ⅱ	Ⅱ	
		小店桥	劣Ⅴ	劣Ⅴ	氨氮、汞、五日生化需氧量
		义棠	劣Ⅴ	劣Ⅴ	氨氮、挥发酚、总磷
		临汾	劣Ⅴ	劣Ⅴ	氨氮、总磷、化学需氧量
		柴庄	劣Ⅴ	劣Ⅴ	氨氮、化学需氧量、总磷
	沁河	沁源	Ⅰ	Ⅰ	
		飞岭	Ⅲ	Ⅲ	
		润城	劣Ⅴ	Ⅴ	氨氮
	丹河	韩庄	劣Ⅴ	劣Ⅴ	石油类、氨氮、五日生化需氧量
	白水河	钟家庄	劣Ⅴ	Ⅳ	氨氮、总磷
	涑水河	张留庄	劣Ⅴ	劣Ⅴ	五日生化需氧量、化学需氧量、总磷
	三川河	石盘	劣Ⅴ	劣Ⅴ	氨氮、挥发酚、总磷
海河流域	桑干河	东榆林水库	Ⅳ	Ⅳ	总磷
		固定桥	劣Ⅴ	劣Ⅴ	氨氮、五日生化需氧量、总磷
	御河	堡子湾	Ⅴ	Ⅳ	氟化物
		艾庄	劣Ⅴ	劣Ⅴ	氨氮、五日生化需氧量、总磷
		利仁皂	劣Ⅴ	Ⅴ	化学需氧量、五日生化需氧量、总磷
	滹沱河	界河铺	Ⅲ	Ⅱ	
		济胜桥	Ⅴ	Ⅱ	
		南庄	Ⅱ	Ⅱ	
	桃河	阳泉	Ⅲ	Ⅲ	
		白羊墅	劣Ⅴ	Ⅳ	氨氮、总磷
	浊漳河	石梁	Ⅳ	Ⅲ	
水库		册田水库	劣Ⅴ	劣Ⅴ	总磷、氟化物、高锰酸盐指数
		漳泽水库	Ⅳ	Ⅳ	总磷
		后湾水库	Ⅲ	Ⅱ	
		关河水库	Ⅲ	Ⅱ	
		汾河水库	Ⅱ	Ⅱ	
		汾河二库	Ⅱ	Ⅱ	
		文峪河水库	Ⅲ	Ⅲ	

4.2　山西省跨界断面生态补偿政策回顾

通过对前述我国流域生态补偿典型案例进行剖析可知,我国的流域生态补偿工作虽开展相对较晚,但是发展速度较快,一些地区的补偿工作也进展得比较顺利。总体来讲,目前我国开展的流域生态补偿实践以跨界断面水质目标考核模式居多。所谓跨界断面水质目标考核模式,是监测流域的行政交界断面。如果上游地区提供的水质达到目标要求,则下游地区必须向上游地区提供生态补偿;如果未达到目标要求,则上游地区必须向下游地区提供污染赔偿。

山西省的流域生态补偿机制也是以主要河流的跨界断面水质考核生态补偿机制为主要模式开始实行的。

4.2.1　《关于实行地表水跨界断面水质考核生态补偿机制的通知》(晋政办函〔2009〕177号)

为加快改善山西省水环境质量,确保山西省水污染防治规划和"十一五"主要污染物削减目标责任书水质目标的按期完成,2009年9月14日山西省人民政府办公厅印发了《关于实行地表水跨界断面水质考核生态补偿机制的通知》(晋政办函〔2009〕177号)。通知规定自2009年10月1日起在全省对主要河流实行跨界断面水质考核生态补偿机制。通知中就有关生态补偿机制的问题具体如下。

4.2.1.1　考核范围及考核污染物

考核范围为各设区市行政区域内主要河流的出市界水质考核断面(含国家考核的出省界水质断面),考核污染物为化学需氧量。

4.2.1.2　对水质断面不达标的市扣缴生态补偿金

当河流入境水质达标(或无入境水流)时,考核断面的化学需氧量浓度监测结果没有超过考核标准,不扣缴生态补偿金;超过考核标准5 mg/L及以下,按照(监测值/考核值×10万元)扣缴生态补偿金;超标5 mg/L以上10 mg/L及以下,按照(监测值/考核值×50万元)扣缴生态补偿金;超标10 mg/L以上,按照(监测值/考核值×100万元)扣缴生态补偿金。同一个设区市范围内,所有考核断面生态补偿金按月累计扣缴。

当考核断面所在河流入境水质超过考核标准,按照下列公式对考核断面实际监测浓度进行折算,扣除入境水质影响后进行考核。

$$C_{折算} = C_{实测} - \frac{\sum_{i=1}^{n}(C_{i入境} - C_{i入境标})Q_{i入境}}{Q_{实测}} \tag{4-1}$$

式中:$C_{折算}$为考核断面扣除上游超标影响后的折算浓度;$C_{实测}$为考核断面实际监测浓度;$C_{i入境}$为上游第i条支流入境断面实际监测浓度;$C_{i入境标}$为上游第i条支流入境断面目标浓度(按照出境考核断面目标计算);$Q_{i入境}$为上游第i条支流入境断面的实测流量;$Q_{实测}$为考核断面的实测流量。

考核断面断流时,本月不计考核;考核断面具备监测条件而未能监测时,本月按照该断面上次实际监测数据计算考核。

4.2.1.3　对水质断面改善的市增加生态补偿奖励

全省扣缴的生态补偿金全部用于奖励跨界断面水质明显改善、实现考核目标地市。同一个设区市范围内,对所有考核断面按月累计奖励。奖励额度根据水质改善情况,每个断面 200 万~500 万元,其中:

(1)在河流入境水质达标(或无入境水流)的情况下,所考核市跨市出境断面的水质与考核目标相比实现跨水质级别改善时,奖励 200 万元。

(2)在河流入境水质超标的情况下,考核断面化学需氧量浓度监测结果较入境水质改善,实现水质考核目标的,奖励 300 万元;实现跨水质级别改善的,奖励 500 万元。

具体奖励额度可根据当年扣缴生态补偿金总额,由省环保厅、省财政厅调整,报省人民政府批准。全省扣缴的生态补偿金当年奖励和结余部分全部用于跨流域水污染综合整治,以及考核断面水质监测补助、考核断面水质自动监测站建设和运行补助,不得用于平衡财政预算。上年已实现水质目标的城市,不列入奖励范围。但水质较上年实现跨水质级别改善的,给予奖励。

4.2.1.4　生态补偿金的扣缴程序

省环保厅负责核定各断面每月水质和扣缴补偿金数额或奖励资金数额,通报各设区市人民政府,同时抄送省财政厅。年终先由省环保厅督促有关市上解应该上缴的生态补偿金,仍不上解的,再由省财政年终结算时统一扣缴。

各设区市人民政府应根据环境保护和水污染防治规划制订水环境保护任期目标和年度计划,认真组织落实,切实改善出市断面水质。对未完成水质考核目标的地市,在扣缴生态补偿金的同时,按照有关规定对当地人民政府负责人实施考核。

4.2.2　《关于完善地表水跨界断面水质考核生态补偿机制的通知》(晋环发〔2011〕109 号)

为促进山西省水环境质量持续改善,根据山西省地表水跨界断面水质考核工作实践及国家对山西省“十二五”水污染防治规划要求,2011 年 5 月 9 日山西省环境保护厅联合山西省财政厅对地表水跨界断面水质考核生态补偿机制进行了修订,新的机制从 2011 年 4 月 1 日起实行。具体如下。

4.2.2.1　考核范围及考核污染物

各市行政区域内主要河流的相关市(省)、县(市、区)界水质考核断面,省环保厅可根据需要进行调整。考核污染物为 COD、氨氮两项。

4.2.2.2　对水质断面不达标的市扣缴生态补偿金

(1)考核断面水质 COD、氨氮监测浓度均不超过考核标准时,不扣缴生态补偿金;当有监测指标超过考核标准时,按照水质差的一项指标扣缴,超过考核目标 50%(含)及以下,按照 50 万元标准扣缴生态补偿金;超过考核目标 50%至 100%(含)时,按照 100 万元标准扣缴生态补偿金。超过考核目标 100%以上时,按照 150 万元标准扣缴生态补偿金。同一市范围内,所有考核断面生态补偿金按月累计扣缴。

(2)无入境水流影响时,数据采用 COD、氨氮实测监测结果进行考核;有入境水质影响时,按照式(4-1)对考核断面实际监测浓度进行折算,扣除入境水质影响后进行考核。

(3)考核断面断流时,本月不计考核。因河道复杂、意外事故等特殊情况引起的水质变化,由相关市提供有效证明,经省环保厅进行核实并经技术评估后根据实际情况减免扣缴,发生事故责任单位由有关部门按照相关法律进行处理。

(4)因人为导致考核断面采样监测时断流、改道、结冰等情况引起水量及水质发生变化,干扰考核工作的,一经核实,当月扣缴该考核断面200万元。省环保厅每月不定期对地表水水质污染严重的流域进行明查暗访,发现问题依法处理,情节严重时限期治理并全省通报。

4.2.2.3　对水质改善明显的市进行奖励

(1)在无入境河流时所考核断面COD、氨氮的实测浓度值(或有入境水流时扣除入境水流影响后的COD、氨氮折算浓度值)与功能区目标相比保持或改善的断面给予奖励。同一市范围内,对所有考核断面按月累计奖励。

(2)上年实现水质目标(有来水时折算浓度值),连续3个月维持上年水质目标的,奖励10万元。

(3)当月比上年同期实测浓度(有来水时折算浓度值)实现水质级别改善时,跨一级别奖励50万元。

(4)其他应该奖励的特殊情况,由相关市提交奖励申请,经专家组技术评估认可时给予奖励。

(5)国控考核断面国家考核时未达到国家标准时,扣除该断面全年奖励。

(6)发生水污染事故的市、水污染防治执法不到位、整改措施不落实、限期治理不完成者,除执行相应法规处罚外,对该市减免奖励。

4.2.2.4　扣缴及奖励程序

省环保厅负责核定各断面每月水质和扣缴补偿金资金数额或奖励资金数额,通报各市政府,同时抄送省财政厅。年终先由省环境保护厅督促有关市上解生态补偿金,仍不上解的,再由省财政厅年终结算时统一扣缴。

4.2.3　《关于完善地表水跨界断面水质考核生态补偿机制的通知》(晋环发〔2013〕75号)

为促进山西省水环境质量持续改善,根据地表水跨界断面水质考核工作实践及国家“十二五”水污染防治规划要求,经山西省人民政府同意,2013年8月22日山西省环境保护厅联合山西省财政厅对地表水跨界断面水质考核生态补偿机制进行修订。新的考核机制2013年9月1日起实行,具体如下。

4.2.3.1　考核范围及考核污染物

各设区市及扩权强县、试点县行政区域内主要河流的相关跨界断面,考核指标为化学需氧量和氨氮2项。省环保厅可根据需要对考核断面及考核指标进行适时调整。

4.2.3.2　对水质断面不达标的市(县)扣缴生态补偿金

(1)考核断面水质COD、氨氮监测浓度均不超过考核标准时,不扣缴生态补偿金;当有监测指标超过考核标准时,按照水质差的一项指标扣缴,超过考核目标50%(含)及以下时,按照50万元标准扣缴生态补偿金;超过考核目标50%~100%(含)时,按照100万元标准扣缴生态补偿金;超过考核目标1~5倍(含)时,按照150万元标准扣缴生态补偿金;超过5~10倍(含)时,按照200万元标准扣缴生态补偿金;超过10倍以上时,按照300万元标准扣缴生态补偿金。同一市(县)范围内,所有考核断面生态补偿金按月累计扣缴。

(2)无入境水流影响时,数据采用COD、氨氮实测监测结果进行考核;有入境水质影响时,按照式(4-1)对考核断面实际监测浓度进行折算,扣除入境水质影响后进行考核(折算超标,实测不超不扣缴)。

(3)考核断面断流时,本月不计考核。因河道整治、减排工程建设等特殊情况引起的水质变化,由相关市(县)提供有效证明,经省环保厅进行核实并技术评估后根据实际情况减免扣缴,发生事故责任单位由有关部门按照相关法律进行处理。

(4)因人为导致考核断面监测采样时断流、改道、稀释等情况引起水量、水质发生变化,干扰考核工作的,一经核实,取消该市(县)当月全部考核断面奖励,被干扰断面除正常扣缴外,另外扣缴200万元,并免除下游对应考核断面当月扣缴补偿金。

4.2.3.3　对水质改善明显的市(县)进行奖励

(1)在无入境河流时所考核断面COD、氨氮的实测浓度值(或有入境水流时扣除入境水流影响后的COD、氨氮折算浓度值)与考核目标(国家考核断面为功能区目标)相比保持或改善的断面给予奖励。同一市范围内,对所有考核断面按月累计奖励。

(2)保持水质目标奖励。连续3个月水质保持考核目标的,奖励10万元;全年水质保持考核目标的,奖励100万元。(无监测数据的不作为保持水质目标,当月有其他奖励的,取高额奖励)

(3)水质改善奖励。当月比上年同期实现水质改善时给予奖励。由不达标到达标奖励100万元;达标后跨一级别奖励50万元;Ⅲ类水以上跨一级别奖励20万元,同一断面累计奖励。(折算改善,实测超标不奖)

(4)其他应该奖励的特殊情况,由相关市提交奖励申请,经专家组技术评估认可后给予奖励。

(5)国控考核断面国家考核未达到国家要求时,取消该断面全年奖励。

(6)发生水污染事故的市(县)、水污染防治执法不到位、整改措施不落实、限期治理不完成者,除执行相应法规处罚外,取消该市(县)当月全部奖励。

4.2.3.4　生态补偿金上缴程序

省环保厅负责核定各断面每月水质和扣缴补偿金资金数额或奖励资金数额,通报各市和扩权强县人民政府,同时抄送省财政厅。年终先由省环保厅督促有关市和扩权强县上缴生态补偿金,仍不上缴的,再由省财政厅在年终结算时统一扣缴。

4.2.3.5　资金使用

根据省环保厅的断面年度考核结果,省财政厅将奖励资金下达有关市(县),奖励资金和省级扣缴的生态补偿金全部用于跨流域水污染综合整治,考核断面水质监测补助、考核断面水质自动监测站建设和运行补助,规范监测断面,水污染事故隐患区域防治,水质考核复查复测监察、水质评估及与考核工作密切相关的其他经费,不得用于平衡财政预算。

4.2.4 《关于优化地表水跨界断面完善水质考核机制的通知》(晋环发〔2016〕6号)

为促进山西省水环境质量持续改善,结合地表水跨界断面水质考核工作实践,2016年7月8日山西省环境保护厅联合山西省财政厅对《关于完善地表水跨界断面水质考核生态补偿机制的通知》(晋环发〔2013〕75号)进行了修订,新的考核机制从2016年7月起实行,具体如下。

4.2.4.1 考核范围及考核指标

各设区市及扩权强县试点县行政区域内主要河流的相关跨界断面,考核指标和目标考核因子为化学需氧量与氨氮2项,省环保厅可根据对断面设置及考核方法、考核指标进行适时调整。

4.2.4.2 对水质断面不达标的市(县)扣缴生态补偿金

(1)考核断面水质化学需氧量、氨氮监测浓度均不超过考核标准时,不扣缴生态补偿金;当有监测指标超过考核标准时,按照水质差的一项指标扣缴,超过考核目标50%(含)及以下时,按照30万元标准扣缴生态补偿金;超过考核目标50%~100%(含)时,按照100万元标准扣缴生态补偿金;超过考核目标1~5倍(含)时,按照150万元标准扣缴生态补偿金;超过5~10倍(含)时,按照300万元标准扣缴生态补偿金;超过10倍以上的,按照500万元标准扣缴生态补偿金。同一市(县)范围内,所有考核断面生态补偿金按月累计扣缴。

(2)无入境水流影响时,数据采用化学需氧量、氨氮实测监测结果进行考核;有入境水质影响时,按照式(4-1)对考核断面实际监测浓度进行折算,扣除入境水质影响后进行考核(折算超标,实测不超不扣)。

(3)考核断面断流时,本月不计考核。

(4)因人为导致考核断面监测采样时断流、改道、稀释等情况引起水量、水质发生变化,干扰考核工作的,一经核实,减轻污染指数的考核断面除正常扣缴外,另外扣缴200万元,并免除对应加重污染指数的考核断面当月扣缴补偿金。

(5)若考核断面存在其他污染物超标,采取单因子评价法进行评价后,按照本款前5条扣缴生态补偿金。

4.2.4.3 对水质改善明显的市(县)进行奖励

(1)在无入境河流时所考核断面化学需氧量、氨氮的实测浓度值(或有入境水流时扣除入境水流影响后的化学需氧量、氨氮折算浓度值)与考核目标相比保持或改善的断面给予奖励。同一市范围内,对所有考核断面按月累计奖励。

(2)保持水质目标奖励。连续3个月水质保持考核目标的,奖励10万元;全年水质保持考核目标的奖励100万元(无监测数据的不作为保持水质目标)。

(3)水质改善奖励。当月比上年同期实现水质改善时给予奖励。由不达标到达标奖励100万元;达标后跨一级别奖励30万元(Ⅱ类~Ⅰ类水质不属跨级)。同一断面累计奖励(折算改善,实测超标不奖)。

(4)国控考核断面未达到国家要求时,取消该断面全年奖励。

(5)发生水污染事故的市(县)取消该市(县)当月全部奖励。

4.2.4.4 **生态补偿金上缴程序**

省环保厅负责核定各断面每月水质和扣缴补偿金资金数额或奖励资金数额,通报各市和扩权强县人民政府,同时抄送省财政厅。年终先由省环保厅督促有关市和扩权强县上缴生态补偿金,仍不上缴的,再由省财政厅在年终结算时统一扣缴。

4.2.4.5 **资金使用**

根据省环保厅的断面年度考核结果,省财政厅将奖励资金下达有关市(县),奖励资金和省级扣缴的生态补偿金全部用于跨流域水污染综合整治、水污染事故隐患区域防治,考核断面水质监测补助、考核断面水质自动监测站建设和运行补助,规范监测断面、水质考核复查复测监察、水质评估及与考核工作密切相关的其他经费。

4.2.4.6 **完善市县跨界断面水质考核机制**

各市(县)环保局要根据辖区水污染防治工作实际,在辖区内实施跨界断面水质考核生态补偿机制,并将工作实施进展情况及时上报省环保厅。

4.2.5 《关于健全生态保护补偿机制的实施意见》(晋政办发〔2016〕172号)

实施生态保护补偿是调动各方面积极性、保护好生态环境的重要手段,是生态文明体制改革和生态文明制度建设的重要内容。长期以来,山西省高强度的资源开发和粗放的发展方式导致生态环境脆弱、历史遗留欠账较多,水土流失严重、水资源短缺、植被覆盖率低等问题不容忽视。近年来,各市、各部门积极探索、实践,生态保护补偿机制建设取得了一定进展,但总体来看,生态保护补偿的范围偏小、标准偏低,生态补偿政策的规范性、科学性不足,在一定程度上影响了生态环境保护成效。为贯彻落实《国务院办公厅关于健全生态保护补偿机制的意见》(国办发〔2016〕31号),进一步健全山西省生态保护补偿机制,经省委、省政府同意,2016年12月21日山西省人民政府办公厅提出《关于健全生态保护补偿机制的实施意见》(晋政办发〔2016〕172号),具体如下。

4.2.5.1 **总体要求**

1. 指导思想

全面贯彻党的十八大和十八届三中、四中、五中、六中全会精神,深入学习贯彻习近平总书记系列重要讲话精神,坚持“四个全面”战略布局,牢固树立创新、协调、绿色、开放、共享发展理念,按照党中央、国务院决策部署及省委、省政府工作要求,以体制创新、政策创新和管理创新为动力,完善转移支付制度,逐步扩大补偿范围,合理提高补偿标准,探索建立符合省情的多元化生态保护补偿机制,有效调动全社会参与生态环境保护的积极性,促进生态文明建设迈上新台阶。

2. 基本原则

(1)权责统一、合理补偿。谁受益、谁补偿。科学界定保护者与受益者的权利和义务,推进生态监测与服务功能评估体系、生态保护补偿标准体系和沟通协调机制建设,加快形成受益者付费、保护者得到合理补偿的运行机制。

(2)体制创新、制度推进。以政府为主导,全社会参与,分清事权、明确责任,兼顾各方利益。既要积极稳妥又要大胆创新体制机制,拓宽补偿渠道,通过经济、法律等手段,加大政府购买服务力度,引导社会公众积极参与。

(3)科学保护、合理开发。正确处理资源开发与环境保护的关系,坚持在保护中开发、在开发中保护。经济发展必须遵循自然规律,做到近期与长远结合,不以牺牲生态环境为代价换取眼前利益和局部利益。

(4)统筹兼顾、转型发展。将生态保护补偿与实施山西省主体功能区规划、集中连片贫困地区脱贫攻坚等有机结合,逐步提高重点生态功能区等区域基本公共服务水平,促进全省绿色转型发展。

(5)试点先行、稳步实施。将试点先行与逐步推广、分类补偿与综合补偿有机结合,大胆探索,稳步推进不同领域、区域生态保护补偿机制建设,不断提升生态保护成效。

(6)协调配合、整体推进。妥善处理全局与局部、生态环境保护与经济社会发展、资源开发利用与群众增收的关系,强化部门协同,注重财税、金融、投资、消费等政策与生态保护补偿政策的配套,加强协调配合。

3. 目标任务

到2020年,实现森林、草原、湿地、荒漠、水流、耕地等重点领域和禁止开发区域、重点生态功能区等重要区域生态保护补偿全覆盖,补偿水平与全省经济社会发展状况相适应,跨地区、跨流域补偿试点示范取得一定进展,多元化补偿机制初步建立,基本建立符合山西省省情的生态保护补偿制度体系,促进形成绿色生产方式和生活方式。

4.2.5.2 分领域重点任务

1. 森林

在科学监测评估的基础上,分林种、分区域建立地方公益林补偿标准动态调整机制。启动市、县地方公益林生态效益补偿制度。探索建立省级退耕还林生态保护补偿长效机制,退耕后营造的林木凡符合国家及地方公益林区划界定标准的,分别纳入中央及地方财政森林生态效益补偿。完善以政府购买服务为主的公益林管护机制,鼓励管护人员组建社会化专业管护队伍,在公平、公正、公开的前提下与社会力量平等竞争,参与政府购买服务。(省林业厅牵头,省财政厅、省发展改革委配合)

2. 草原

按照国家部署,开展基本草原划定工作,将基本草原纳入生态保护补偿范围。加大对退化天然草地改良的支持力度。实施新一轮草原生态保护补助奖励政策,提高禁牧补助标准。加强重点区域生态保护补偿,实施退牧还草,加大对人工饲草地和牲畜棚圈建设的支持力度,适时提高补助标准。充实草原管护公益岗位。(省农业厅牵头,省财政厅、省发展改革委配合)

3. 湿地

建立和完善省级湿地保护制度,研究制定湿地保护修复方案,探索建立省级湿地生态效益补偿制度和各地政府湿地保护补助奖励制度。探索开展山西省退耕还湿试点工作。积极争取国家的生态效益补偿和退耕还湿项目支持。(省林业厅牵头,省农业厅、省水利厅、省环保厅、省住房城乡建设厅、省财政厅、省发展改革委配合)

4. 荒漠

开展沙化土地封禁保护试点,将生态保护补偿作为试点重要内容。将已经治理和未治理的沙化土地全部纳入封禁保护范围,严禁一切加剧生态脆弱的破坏行为。治理成功的荒漠化区域,在封禁的前提下纳入森林补偿范围。将封禁与生态保护补偿作为试点重要内容,逐步推行以政府购买服务为主的管护机制。研究制定鼓励企业、大户、农民等社会力量参与防沙治沙、沙区造林绿化的优惠政策及措施,切实保障参与者的权益。(省林业厅牵头,省农业厅、省水利厅、省财政厅、省发展改革委配合)

5. 水流

在重要河流源头区、集中式饮用水水源地、重点岩溶泉域保护范围、七条河流蓄滞洪区和敏感河段及水生态修复治理区、国家重要水功能区、水土流失重点预防区和重点治理区,全面开展生态保护补偿,适当提高补偿标准。加大水土保持生态效益补偿资金筹集力度。积极推进水产种质资源保护区建设和生态补偿工作。(省水利厅牵头,省环保厅、省住房城乡建设厅、省农业厅、省财政厅、省发展改革委配合)

6. 耕地

完善耕地保护补偿制度。建立以绿色生态为导向的农业生态治理补贴制度,在采煤沉陷区、地下水漏斗区、生态严重退化地区,对接落实国家实施耕地轮作休耕的有关补偿政策,积极探索给予农民资金补助。继续实施耕地质量保护与提升补助项目,做好耕地质量监测工作。逐步争取将25°以上陡坡地退出基本农田纳入退耕还林还草范围。抓好低毒生物农药和粮田施用商品有机肥补贴试点,探索有效奖补政策,扩大补贴范围。(省国土资源厅、省农业厅、省林业厅分别牵头,省发展改革委、省环保厅、省水利厅、省住房城乡建设厅、省财政厅配合)

7. 矿区

结合煤炭开采行业生产经营环境,探索构建矿山生态补偿资金的稳定渠道。鼓励各市借鉴太原西山地区生态建设模式,通过多元化的资金筹措,加大矿区生态环境补偿力度。加强矿区环境信息采集和统计,推进矿区生态破坏和环境污染调查,为矿区生态补偿提供有力支撑。(省环保厅牵头,省国土资源厅、省煤炭厅、省财政厅配合)

4.2.5.3 推进体制机制创新

1. 建立稳定投入机制

多渠道筹措资金,加大生态保护补偿力度。积极争取国家生态补偿试点,将符合条件的重点领域和重点区域纳入国家级重点生态试点、示范范围。建立和完善各级财政生态保护补偿资金投入机制,继续完善省以下转移支付制度,完善山西省《省对县级生态转移支付办法》,根据山西省财力情况逐步加大省对县级生态转移支付力度。综合考虑不同区域生态功能和生态保护成效,完善资金分配和激励约束机制。落实森林、草原、渔业、风景名胜区等资源有偿使用收入的征收管理办法。按照“谁投资、谁受益”的原则,完善生态资源开发利用机制,积极推进政府和社会资本合作,鼓励社会资金参与生态建设投资,拓宽生态补偿市场化、社会化运作渠道。(省财政厅牵头,省发展改革委、省国土资源厅、省环保厅、省住房城乡建设厅、省水利厅、省农业厅、省林业厅、省地税局配合)

2. 完善重点生态区域补偿机制

在重点生态功能区及其他环境敏感区、脆弱区划定并严守生态保护红线,开展红线管控配套制度研究。加大对吕梁山水源涵养及水土保持生态功能区、中条山水源涵养及水土保持生态功能区、五台山水源涵养生态功能区、太行山南部和太岳山水源涵养与生物多样性保护生态功能区等省级重点生态功能区的支持保护力度。健全省级自然保护区、省级风景名胜区、省级森林公园、省级地质公园、地质遗迹保护区、湿地公园、重要水源地等各类禁止开发区域的生态保护补偿政策。(省发展改革委、省财政厅、省环保厅牵头,省国土资源厅、省住房城乡建设厅、省水利厅、省农业厅、省林业厅、省扶贫开发办配合)

3. 推进横向生态保护补偿

鼓励生态受益地区与保护生态地区、流域下游与上游通过资金补偿、对口协作、产业转移、人才培训、共建园区、生态移民等方式建立横向补偿关系。积极向国家争取跨省河流所涉及下游区的横向补偿相关政策。在省域内重点河流探索开展横向生态保护补偿试点,探索建立流域上游地区与下游地区有效的协商平台和补偿机制。根据经济社会发展和生态环境保护需求,不断扩大横向补偿范围和补偿内容。完善地表水跨界断面水质考核生态补偿机制,以汾河水库饮用水源地生态环境保护补偿机制为重点,开展重点流域横向生态保护补偿试点。(省财政厅牵头,省发展改革委、省国土资源厅、省环保厅、省住房城乡建设厅、省水利厅、省农业厅、省林业厅配合)

4. 健全配套制度体系

探索建立依据国家生态保护补偿标准的省级补偿标准体系。根据各领域、不同类型地区特点,以生态产品产出能力为基础,完善测算方法,分别制定补偿标准。健全购买社会服务的资源管护体系。加强森林、荒漠、湿地、草地、耕地、矿区等生态监测能力建设,完善重点生态功能区、全省重要水功能区、跨界流域断面水量水质重点监控点位布局和自动监测网络,建立和完善监测评估指标体系。研究建立生态保护补偿统计指标体系和信息发布制度。加强生态保护补偿效益评估,积极培育生态服务价值评估机构。建立自然资源开发使用成本评估机制,将资源所有者的权力和生态环境损害等纳入自然资源及产品价格形成机制。建立健全自然资源资产产权制度,建立统一的确权登记系统和权责分明的产权体系。积极开展深化生态保护补偿理论和生态服务价值等课题研究,提高科技支撑能力。(省发展改革委、省财政厅、省环保厅牵头,省国土资源厅、省住房城乡建设厅、省农业厅、省水利厅、省林业厅、省统计局配合)

5. 创新政策协同机制

研究建立生态环境损害赔偿、生态产品市场交易与生态保护补偿协同推进生态环境保护的新机制。稳妥有序地开展生态环境损害赔偿制度改革试点,加快形成损害生态者赔偿的运行机制。健全生态保护市场体系,完善生态产品价格形成机制,使保护生态者通过生态产品的交易获得收益,发挥市场机制促进生态保护的积极作用。建立用水权、排污权、碳排放权初始分配制度,完善有偿使用、预算管理、投融资机制,培育和发展交易平台。进一步深化排污权有偿使用和交易试点工作,逐步推进用水权、碳排放权交易,培育和发展交易平台,加强交易管理,激活交易市场,推进重点行业、重点流域、重点区域开展交易。落实对绿色产品研发生产、运输配送、购买使用的财税支持和政府采购政策。(省发展改革委、省财政厅、省环保厅牵头,省国土资源厅、省住房城乡建设厅、省水利厅、省国税局、省地税局、省林业厅、省农业厅配合)

6. 结合生态保护补偿推进精准脱贫

在沿黄山区、太行山区、晋北风沙源区等生态环境极其脆弱区、连片贫困地区和生存条件差、生态区位重要地区，结合生态环境保护和治理，探索生态脱贫新路子。积极争取国家生态保护补偿资金、国家重点生态工程项目和资金，向贫困地区倾斜，向建档立卡贫困人口倾斜。重点生态功能区转移支付要考虑贫困地区的实际状况，加大投入力度，扩大实施范围。加大贫困地区新一轮退耕还林还草力度。支持贫困县开展统筹整合使用财政涉农资金试点，进一步提高资金使用效益。规范生态管护人员聘用管理办法，利用生态保护补偿和生态保护工程资金使当地有劳动能力的贫困人口通过生态保护增加收入。贫困地区开展水电、矿产等资源开发，赋予土地被占用的村集体股权，让贫困人口分享资源开发收益。（省林业厅、省财政厅、省扶贫开发办牵头，省发展改革委、省国土资源厅、省环保厅、省水利厅、省农业厅配合）。

7. 加快推进政策法规建设

贯彻落实国家生态保护补偿法律法规制度，鼓励各部门研究出台森林、荒漠、湿地、河流、耕地、矿区等重点领域的生态补偿制度性、规范性文件，不断推进生态保护补偿制度化和法制化。（省发展改革委、省财政厅、省法制办牵头，省国土资源厅、省环保厅、省住房城乡建设厅、省水利厅、省农业厅、省地税局、省林业厅、省统计局配合）

4.2.5.4　加强组织实施

1. 强化组织领导

各地、各部门要加强跨区域生态保护补偿指导协调，组织开展政策研究、实施效果评估等工作，研究解决生态保护补偿机制建设中的重大问题，加强对各项任务的统筹推进和落实。各市、县人民政府要从本地实际出发，把健全生态保护补偿机制作为推进生态文明建设的重要抓手，列入重要议事日程，明确目标任务，制定科学合理的考核评价体系，实行补偿资金与考核结果挂钩的奖惩制度，推进各项任务的落实和完成。省直各部门要及时总结国家及山西省各类生态补偿试点示范情况，提炼可复制、可推广的经验。

2. 狠抓督促落实

省直有关部门要积极与国家有关部委对接，掌握各领域生态保护补偿最新政策动向，争取政策资金支持。各地、各有关部门要根据本实施意见，结合实际情况，制发具体配套文件，并及时通报相关情况。省发展改革委、省财政厅要会同有关部门对本实施意见的推进情况进行监督检查和跟踪分析，适时向省人民政府报告。各级审计、监察部门要依法加强审计和监察。切实做好环境保护督察工作，督察行动和结果要同生态保护补偿工作有机结合。对生态保护补偿工作落实不力的，启动追责机制。

3. 加强舆论宣传

充分发挥新闻媒体作用，依托现代信息技术，通过典型示范、展览展示、经验交流等形式，加强生态保护补偿政策宣传，及时回应社会关切的问题。引导全社会树立生态产品有价、保护生态有责的意识，自觉抵制不良行为，营造珍惜环境、保护生态的良好氛围。

4.2.6　《关于印发〈山西省地表水跨界断面生态补偿考核方案（试行）〉的通知》（晋环水〔2017〕124号）

为持续改善山西省地表水环境质量，运用经济手段推动地方政府履行水环境保护主体责任,根据《国务院办公厅关于健全生态保护补偿机制的意见》,结合山西省地表水跨界断面水质考核生态补偿工作实践,2017 年 8 月 23 日山西省环境保护厅、山西省财政厅制定了《山西省地表水跨界断面生态补偿考核方案(试行)》。方案自 2017 年 10 月 1 日起实施,具体如下。

4.2.6.1　总体要求

建立地表水跨界断面生态补偿考核机制是完善重点流域生态功能区转移支付经济政策,进一步落实水污染防治目标经济责任制的有效手段。《国务院办公厅关于健全生态保护补偿机制的意见》《财政部、环保部、发展改革委、水利部关于加快建立流域上下游横向生态保护补偿机制的指导意见》以及新修订的《中华人民共和国水污染防治法》都明确提出建立健全跨地区、跨流域生态补偿机制。

建立生态补偿机制要以"环境质量只能变好,不能变差""污染者付费、保护者受奖""下游监督上游"等原则为指导,将流域跨界断面的水质水量作为补偿基准,科学选择对断面水质影响最为显著的监测指标为考核因子,合理确定考核断面与考核目标,按照水质优劣程度确定扣缴和奖励梯级标准,在注重生态保护、环境治理、产业优化与转型的同时,结合"河长制""党政同责,一岗双责"等行政措施,强化地方政府属地管理责任。

4.2.6.2　考核范围与内容

考核范围:各市、县(市、区)行政区域内主要河流的地表水跨界断面。

考核因子:化学需氧量、氨氮、总磷和流量。

考核目标:根据国家与省政府签订的目标责任书、省政府与各市人民政府签订的目标责任书和《山西省水污染防治工作方案》,确定相应考核目标。

4.2.6.3　水质保护考核

(1)对水质不达标的断面扣缴补偿金。考核断面监测浓度值(折算入境水质影响)超过考核目标时,按照超标倍数最高的指标按月扣缴补偿金。超过考核目标 10%(含)及以下时,按照 20 万元标准扣缴补偿金;超过考核目标 10%~100%(含)时,按照 100 万元标准扣缴补偿金;超过考核目标 1~5 倍(含)时,按照 200 万元标准扣缴补偿金;超过考核目标 5~10 倍(含)时,按照 300 万元标准扣缴补偿金;超过考核目标 10 倍以上的,按照 500 万元标准扣缴补偿金。

(2)对水质达标但同比恶化的断面扣缴补偿金。考核断面水质达标,但监测浓度值(折算入境水质影响)与上年同期浓度相比恶化时,每恶化一个水质类别按照 100 万元标准按月扣缴补偿金。

(3)对水质改善的断面奖励补偿金。考核断面监测浓度值(折算入境水质影响)与上年同期浓度相比改善时,按照水质类别奖励补偿金(水质低于 2014 年水质的断面不予奖励)。改善一个水质类别按月奖励 100 万元;年终考核退出劣Ⅴ类或改善至优良水体一次性奖励 1 000 万元。

(4)来水影响折算。有入境水影响时,按照式(4-1)对考核断面实际监测浓度进行折算,扣除入境水质影响后进行考核。

4.2.6.4　水量保持考核

(1)对水量减少的断面扣缴补偿金。考核断面监测流量值(折算入境水量影响)与上年同期相比减少时，依水量减少程度按月扣缴补偿金。水量减少 0.1 m^3/s（含）及以下时，按照 10 万元标准扣缴补偿金；水量减少 0.1～0.5 m^3/s（含）及以下时，按照 20 万元标准扣缴补偿金；水量减少 0.5～1 m^3/s（含）及以下时，按照 50 万元标准扣缴补偿金；水量减少 1～5 m^3/s（含）及以下时，按照 100 万元标准扣缴补偿金；水量减少 5 m^3/s 以上时，按照 200 万元标准扣缴补偿金。

（2）对水量增加的断面奖励补偿金。考核断面监测流量值（折算入境水量影响）与上年同期相比增加时，依水量增加程度按月奖励补偿金。水量增加 0.1 m^3/s（含）及以下时，按照 10 万元标准奖励补偿金；水量增加 0.1～0.5 m^3/s（含）及以下时，按照 20 万元标准奖励补偿金；水量增加 0.5～1 m^3/s（含）及以下时，按照 50 万元标准奖励生态补偿金；水量增加 1～5 m^3/s（含）及以下时，按照 100 万元标准奖励生态补偿金；水量增加 5 m^3/s 以上时，按照 200 万元标准奖励生态补偿金。

（3）来水补入折算。有入境水量时，按照下列公式对考核断面水量情况进行折算：

$$Q_{折} = Q_{出} - \sum_{i=1}^{n} Q_{入i} \tag{4-2}$$

式中：$Q_{折}$ 为考核断面折算流量；$Q_{出}$ 为考核断面实际流量；$Q_{入i}$ 为上游 i 条支流来水入境断面实际流量。

4.2.6.5　生态补偿金核定扣缴程序

省环保厅负责按月核定各市跨界断面考核生态补偿金扣缴与奖励结果，通报各市人民政府，同时抄送省财政厅，年终，省财政厅依据省环保厅出具的考核结果汇总情况报告，通过结算统一进行扣缴与奖励。

市环保局负责按月核定各县跨界断面水质水量考核扣缴与奖励结果，通报各县（市、区）人民政府，同时抄送市财政局。鼓励同流域上下游政府间协商建立横向生态补偿机制。

4.2.6.6　资金使用

扣缴资金全部用于水污染防治重点工程、生态基流调蓄保障、水污染风险防控以及考核断面水质水量监测等。奖励后的结余生态补偿资金的 30%重点针对良好水体保护地区在农村环境综合整治、畜禽养殖污染治理等方面予以补偿。

4.2.7　《关于落实〈山西省地表水跨界断面生态补偿考核方案〉相关工作的通知》（晋环水〔2017〕147 号）

为严格落实《山西省环保厅、山西省财政厅关于印发〈山西省地表水跨界断面生态补偿考核方案（试行）〉的通知》（晋环水〔2017〕124 号）文件要求，2017 年 9 月 22 日山西省环境保护厅将配套相关工作通知如下。

4.2.7.1　监测设置

全省设置地表水跨省、市界断面共 59 个。

4.2.7.2　其他

（1）环保行政主管部门不定期抽查监测机构监测质量保证执行情况，定期评估其监测工作绩效。

(2)折算超标但实测达标不扣缴,折算当奖但实测超标不奖励(全年退出劣Ⅴ类与进入Ⅲ类水体的断面除外)。

(3)水质类别按照单因子评价法进行评价。断面断流时考核水量,不考核水质;同市所有考核断面水质水量考核生态补偿结果按月累计汇总。

(4)上游市发生水污染预警后,上级环保主管部门组织下游市进行监测监察、应急措施等工作,视情况奖励下游50万~500万元。

(5)各市在对本区域地表水跨县(市、区)界断面进行考核时按照《山西省地表水跨界断面生态补偿考核方案》执行。从10月起,不按规定落实“市考县”工作,不上报考核结果的市,在正常考核的基础上,按月扣缴500万元,并向市政府通报。

4.2.8 《关于建立省内流域上下游横向生态保护补偿机制的实施意见》(晋财建二〔2019〕195号)

为贯彻落实习近平总书记在山西视察时重要讲话和财政部等四部委《关于加快建立流域上下游横向生态保护补偿机制的指导意见》(财建〔2016〕928号)以及《山西省关于健全生态保护补偿机制的实施意见》(晋政办发〔2016〕172号)精神,落实省委、省政府全面加强生态环境保护坚决打好污染防治攻坚战的一系列战略部署,调动流域上下游地区生态保护积极性,加快建立省内流域上下游横向生态保护补偿机制,推进生态文明体制建设,2019年12月12日山西省财政厅、山西省生态环境厅、山西省发展和改革委员会、山西省水利厅联合提出《关于建立省内流域上下游横向生态保护补偿机制的实施意见》(晋财建二〔2019〕195号)。

4.2.8.1 指导思想

全面贯彻党的十九大和十九届二中、三中、四中全会精神,深入落实贯彻习近平生态文明思想和习近平总书记在山西视察时重要讲话精神,以“四个全面”战略布局为统领,以“创新、协调、绿色、开放、共享”五大发展理念为指导,坚定不移走“绿水青山就是金山银山”的绿色发展之路。按照党中央、国务院决策部署,围绕山西省生态环境现状,以省内流域上下游地区经济社会协调可持续发展为主线,以流域水资源保护和水质改善为主要目标,强化政策引导和沟通协调,充分调动流域上下游地区的积极性,形成“成本共担、效益共享、合作共治”的流域保护和治理长效机制,促进流域生态环境质量改善。

4.2.8.2 基本原则

(1)公平对等,合理补偿。流域上游地区应妥善处理经济社会发展与资源节约、环境保护的关系,在发展的过程中充分考虑上下游的共同利益,坚持节约用水、保护优先的原则,同时享有水质改善、水量保障带来利益的权利;下游地区应充分尊重上游地区为保护水环境和保障水资源放弃发展机会而付出的努力,并在省级相关部门的组织协调下,对上游地区予以合理的资金补偿,同时享有水质恶化、上游过度用水的受偿权利。

(2)市县为主,省级引导。流域上下游市、县(市、区)政府作为责任主体,通过自主协商,建立“环境责任协议制度”,通过签订协议明确各自的责任和义务。省财政厅、省生态环境厅、省发展改革委和省水利厅作为第三方,共同对生态保护补偿政策实施给予指导。省财政厅对重点流域的横向生态保护补偿给予引导支持,推动建立长效机制。

（3）试点先行，分步推进。从2019年起，在省内流域上下游市、县（市、区）探索开展自主协商横向生态保护补偿机制，到2021年基本建成。2020年率先在汾河流域有条件的地区实施上下游横向生态保护补偿，相关市、县在2020年底前签订补偿协议，并报省财政厅等四部门备案。鼓励其他饮用水源保护等受益对象明确、双方补偿意愿强烈的相邻县（市、区）同时开展。

4.2.8.3　主要内容

（1）明确补偿基准。将流域跨界断面的水质水量作为补偿基准，以山西省监测数据为考核依据。坚持污染者付费，流域跨界断面水质只能更好，不能更差。各地可选取COD、氨氮、总磷、流量以及用水总量、用水效率、泥沙等监测指标，也可根据实际情况，选取其中部分指标。国家和省已明确断面水质目标的，补偿基准应高于国家和省要求，具体由流域上下游地区双方自主协商确定。

（2）科学选择补偿方式。除资金补偿外，流域上下游地区可根据当地实际需求及操作成本，探索开展对口协作、产业转移、人才培训、共建园区等补偿方式。鼓励流域上下游地区开展排污权交易和水权交易。

（3）合理确定补偿标准。流域上下游地区应当根据流域生态环境现状、保护治理和节约用水成本投入、水质改善的收益、下游支付能力、下泄水量保障等因素，每年依据流量协商确定。

（4）建立联防共治机制。流域上下游地区应当建立联席会议制度，按照流域水资源统一管理要求，协商推进流域保护与治理，联合查处跨界违法行为，建立重大工程项目环评共商、环境污染应急联防机制。流域上游地区应有效开展节约用水、农村环境综合整治、水源涵养建设和水土流失防治，加强工业点源污染防治，实施河道清淤疏浚等工程措施。流域下游地区也应当积极推动本行政区域内的生态环境保护治理和节约用水，并对上游地区开展的流域保护治理和节约用水工作、补偿资金使用等进行监督。

（5）签订补偿协议。上述补偿基准、补偿方式、补偿标准、联防共治机制等，应通过流域上下游市、县（市、区）政府签订具有约束力的协议等方式进行明确。

4.2.8.4　保障措施

（1）省级财政对省内跨区域上下游横向生态补偿给予奖励。对达成协议的流域地区，省财政给予财政奖励，奖励额度将根据流域上下游地方政府协商的补偿标准、不同流域保护和治理中承担的事项等因素确定。对率先达成补偿协议的县（市、区）优先给予奖励，鼓励早建机制。

（2）加强跨界断面水质水量监测。流域上下游地方政府共同制订跨界断面水质水量监测方案，按照统一的标准规范开展监测和评价，并确保监测信息联网共享，为开展横向生态保护补偿提供客观权威的水质水量监测数据。

4.2.8.5　组织实施

（1）做好工作指导。省财政厅会同省生态环境厅、省发展改革委和省水利厅等部门强化对流域上下游横向生态保护补偿机制建设的业务指导，加强监督考核，及时跟踪机制建设情况，积极协调出现的新问题，不断丰富和完善补偿机制内容，确保工作有序开展。省财政厅负责筹措、下达省级财政奖励资金，协调、配合相关部门对达成协议的流域地区进行业务指导,牵头开展绩效评估等工作;省生态环境厅负责全省流域环境保护和水质监测工作,提供流域地区河流断面监测数据;省发展改革委负责指导协调有关部门开展流域保护与治理相关规划编制等工作;省水利厅负责流域治理、生态水量、用水调度与监测等工作;各市要综合考虑各自流域内上下游市、县(市、区)实际,积极探索自主协商机制,选取试点县(市、区)开展试点工作。

(2)加强组织实施。各市要明确工作任务及时间表,积极推动本行政区域内流域上下游地方政府尽快达成横向生态保护补偿协议。对跨市域的流域,加强与上下游地方政府的协调沟通,探索适合本流域实际的补偿模式。各地财政、生态环境、发展改革、水利部门按照各自职责,做好相应工作。

(3)完善绩效考核。对纳入横向生态保护补偿机制的流域地区,省级财政部门将会同有关部门对相关地区流域上下游横向生态保护补偿工作开展情况进行绩效评估,其结果将作为省级奖励资金的重要依据。

4.2.9 《关于印发〈汾河流域上下游横向生态补偿机制试点方案〉的通知》(晋财建二〔2020〕162号)

为深入贯彻落实习近平总书记在山西视察时重要讲话以及在黄河流域生态保护和高质量发展座谈会上的重要讲话精神,探索建立汾河流域上下游生态补偿新机制和新模式,协同推进黄河流域大保护、大治理,促进打赢污染防治攻坚战,加速美丽山西建设步伐,根据财政部等四部委《支持引导黄河全流域建立横向生态补偿机制试点实施方案》(财资环〔2020〕20号)、《山西省关于健全生态保护补偿机制的实施意见》(晋政办发〔2016〕172号)、《中共山西省委全面深化改革委员会2020年重大改革项目及责任分工》(晋办发〔2020〕1号)和省财政厅等四部门《关于建立省内流域上下游横向生态保护补偿机制的实施意见》(晋财建二〔2019〕195号)精神等要求,结合全省流域实际,山西省财政厅、山西省生态环境厅、山西省水利厅制定了《汾河流域上下游横向生态补偿机制试点方案》,方案已经省人民政府同意,具体内容如下。

4.2.9.1 总体要求

1. 指导思想

以习近平新时代中国特色社会主义思想为指导,深入贯彻习近平生态文明思想和习近平总书记"三篇光辉文献"及视察山西重要讲话、重要指示精神,牢固树立"绿水青山就是金山银山"的理论,全面落实省委"四为四高两同步"的总体思路和要求,以持续改善流域生态环境质量为核心,立足汾河流域各地生态保护治理任务的不同特点,遵循"保护责任共担、生态效益共享、流域环境共治"的原则,以强化联防联控、流域共治和保护协作,搭建起"全面覆盖、区域公平、权责对等、共建共享"的合作平台,加快实现以高标准保护推动流域高质量发展,保障山西"母亲河"长治久清。

2. 基本原则

(1)绿色发展、生态优先。牢固树立绿色发展理念,将生态优先融入山西省汾河流域生态保护的各方面、全过程。以开展生态补偿机制建设为重要抓手,支持实施汾河流域水生态保护修复,努力实现保护与发展共赢,使绿水青山产生巨大的生态效益、经济效益和社会效益。

（2）统筹兼顾、协同推进。根据汾河流域特点和生态环境保护要求，全面建立覆盖全流域、统一规范的生态补偿机制。采取省级支持、地方为主的原则，协同推进，共同建立生态保护补偿制度。积极鼓励地方开展多元化生态补偿探索。

（3）权责对等、讲求实效。生态环境具有公共产品属性。汾河流域范围内6市同饮一河水，既是保护者，也是受益者，即应共同承担流域保护治理责任，也应享有提供良好生态产品而获得补偿的权利。坚持"水生态环境质量只能变好不能变差""污染者付费、保护者受奖""用水总量不超限"为目标导向，客观全面对流域所在地区生态环境治理、保护、修复进行考核，并结合考核结果对水质改善、水资源贡献大、节约用水贡献突出的地区加大补偿，反之进行扣减，充分体现对良好生态产品的利益补偿。

3. 工作目标

力争到2025年，基本建立起汾河流域上下游相邻两市水生态双向补偿机制，实现汾河流域生态环境治理体系和治理能力进一步完善和提升，生态功能逐步恢复，水资源得到有效保护和节约集约利用，干流和主要支流水质稳中向好，全流域生态环境保护取得明显成效。

4.2.9.2　主要内容

1. 实施范围和期限

1）实施范围

汾河流域上下游横向生态保护补偿机制实施范围为上中下游沿汾6个设区市，包括忻州、太原、晋中、吕梁、临汾、运城以及万家寨水务控股集团有限公司。

2）实施期限

本方案实施期限为2021～2025年。实施期内根据试点情况，逐步完善政策措施和机制建设，探索建立流域生态补偿标准核算体系，完善目标考核体系、改进补偿资金分配办法，规范补偿资金使用。

2. 实施内容

在沿汾6市范围内，建立汾河流域上下游横向生态保护补偿机制。在现有的地表水跨界断面生态补偿考核机制和汾河生态水水费补助机制的基础上调整优化，明确上下游补偿基准，将流域上下游交接断面的水质、生态流量作为补偿依据；根据全省发展实际，设立汾河流域横向生态保护补偿金，科学建立补偿方式，客观全面对流域所在地区确定水质和生态流量目标，科学计算分配补偿金，实现汾河上下游横向生态补偿。同时，鼓励各市、县开展多元化生态补偿探索。

3. 生态保护补偿资金筹集分配及使用

试点期间内，省级财政和沿汾各市财政每年共同出资设立汾河流域横向生态保护补偿金，并按照统一的原则进行筹集、分配，积极争取中央财政黄河流域生态补偿机制建设引导资金支持、紧紧围绕促进汾河流域生态环境质量改善这个核心，建立起横向生态补偿机制，推动补偿资金用到生态保护和治理的"刀刃"上。

1）生态保护补偿金筹集

（1）对沿汾6市水质目标完成情况和生态流量保障情况计算出资额度。原则上跨界断面水质和生态流量均达标由下游出资,其中一项不达标由上游出资。

(2)积极争取中央财政黄河流域生态补偿机制建设引导资金支持一部分,省级财政每年通过水污染防治专项和汾河生态供水水费资金中安排一部分,用于对汾河流域各市落实横向生态补偿机制的激励。

2)生态保护补偿金分配

汾河流域横向生态保护补偿金按照因素法进行测算分配,突出体现对良好生态产品贡献大、节水效率高、水质改善突出的地区加大资金补偿的原则,分配测算的因素主要考虑各沿汾6市在汾河流域生态环境保护和高质量发展方面做出的工作和努力程度以及取得的成效,资金分配与出资额度不挂钩,实现经济利益在市级间横向转移,体现生态价值分配导向。主要因素如下:

(1)水质指标,包括沿汾6市跨界断面水质达标、超标等情况。

(2)生态流量指标,采用沿汾6市跨界断面的生态流量。分配原则按照跨界断面水质、生态流量均达标则上游获得补偿,其中一项未达标则下游获得补偿。

3)生态保护补偿金使用

目前,汾河流域生态保护和治理任务较重,试点期间,生态保护补偿资金主要统筹用于推进山西省黄河流域生态保护和高质量发展相关方面。使用范围重点包括如下几个方面:

(1)水环境治理:围绕全面改善汾河流域水生态环境,用于汾河流域水污染防治重点工程、水污染风险防控、农村污水处理、重点工业源和工业园区污染防治、主要水污染物减排、入河排污口整治与监测执法等。

(2)水资源保护与节约集约利用:突出对良好水体的保护,推动饮用水源地保护、地下水污染防治,发展节水产业和技术。

(3)环境治理能力建设:包括流域水环境保护监管能力建设、生态环境状况监测与调查,以及与汾河流域生态环境质量改善的其他支出。重要河流生态流量保障,汾河生态水水费补助。

(4)生态保护与修复:包括地下水超采区综合治理、岩溶泉域生态保护与修复、水土流失综合治理等。

沿汾各市在上述重点支持范围内确定实施的项目,原则上必进入环保、水利项目库管理,按照各自资金管理办法执行。

4.2.9.3　工作要求

1. 落实任务措施

(1)沿汾6市政府要履行好汾河流域生态保护和高质量发展的主体责任,加强规划和推进实施,应结合各自实际,编制本地区生态补偿的工作方案及资金筹集机制,将补偿机制建设向流域所在的县(市、区)延伸。落实市场主体责任,发挥企业在污染治理中的主体作用。按照资金跟着项目走的原则,分配使用好补偿资金,强化项目库建设,采取有效措施推进各项重点任务和项目落地,确保生态效益、经济效益和社会效益同步提升。

(2)省生态环境厅联合省水利厅、省财政厅出台方案实施细则,明确补偿基准,合理确定补偿因素及目标,科学选择补偿方式及相关内容;同时,明确各部门和各市在共同推进汾河流域横向生态补偿机制中的权利责任。

(3)省生态环境厅、省水利厅、省财政厅会同有关部门,充分利用现有成果,统筹整合相关数据,汇总集成汾河流域水质、生态流量、节水效率、资金绩效以及经济社会发展等相关情况,服务于试点补偿机制建设。

2. 鼓励多元探索

省级财政积极支持汾河流域相邻两市、县(市、区)在干流或者重点支流建立起横向生态补偿机制,省财政将根据地方补偿的实际力度在分配生态保护补偿金时给予奖励。鼓励流域上下游开展市场化的补偿探索,包括排污权交易、水权交易、对口帮扶、"飞地经济"等多种模式,推动形成多元化的生态补偿机制。

3. 强化绩效管理

加快推动预算绩效管理在污染防治领域全覆盖。省财政厅会同省生态环境厅、省水利厅对补偿机制实施全面绩效管理,坚持以改善水环境质量为核心的目标导向,定期组织专家或第三方机构对生态环保补偿资金使用开展绩效评价,在一定范围内公开绩效评价结果,进一步完善资金分配机制,突出结果导向,将资金花到"刀刃"上。

4.2.9.4　实施保障

1. 加强监督指导

省财政厅、省生态环境厅、省水利厅根据各自职责,强化对机制建设的业务指导,统筹推进相关方案编制和实施、补偿资金使用监管等。沿汾6市严格生态保护补偿金使用范围,及时跟踪了解和掌握政策执行情况,加强对政策执行实际效益的评估,确保各项工作落实到位。

2. 建立协同机制

充分发挥山西省生态保护补偿工作厅际联席会议制度作用,共同推进汾河流域生态补偿各项任务的落实。省财政厅、省生态环境厅、省水利厅按照职责分工,推动资金预算执行、水质监测、水资源监测等信息共享,建立相互通报机制,共同研究解决生态保护补偿机制推进中遇到的困难与问题。汾河流域各市建立上下游之间沟通协商机制,加强环境污染应急联合防治,协力推进流域保护与治理。

3. 严格监测数据提取

确保资金分配依据的相关指标数据权威、全面、客观、准确。水质改善情况指标、生态流量指标以省生态环境厅提供的数据结果为依据。生态水供水量情况指标以省水利厅提供的相关水资源指标数据为依据。年度预算执行情况以及各地机制建设进度相关情况以省财政厅提供的结果为依据。

4.2.10　《关于修订〈山西省地表水跨界断面生态补偿考核方案(试行)〉的通知》(晋环发〔2021〕6号)

《山西省地表水跨界断面生态补偿考核方案(试行)》从2017年10月实施以来,有效地调动了地方政府水污染防治的积极性,全省水环境质量大幅改善。为进一步完善地表水跨界断面生态补偿考核机制,实现全省水环境质量稳步向好,省生态环境厅、省财政厅结合工作实际,对《山西省地表水跨界断面生态补偿考核方案(试行)》进行了修订。

为持续改善山西省地表水环境质量,运用经济手段推动地方政府履行水环境保护主体责任,根据《国务院办公厅关于健全生态保护补偿机制的意见》,结合山西省地表水跨界断面水质考核生态补偿工作实践,制定了《山西省地表水跨界断面生态补偿考核方案》,于2021年2月1日起实施。

4.2.10.1 总体要求

建立地表水跨界断面生态补偿考核机制是完善重点流域生态功能区转移支付经济政策,进一步落实水污染防治目标经济责任制的有效手段。《国务院办公厅关于健全生态保护补偿机制的意见》《财政部 环境保护部 发展改革委 水利部关于加快建立流域上下游横向生态保护补偿机制的指导意见》以及新修订的《中华人民共和国水污染防治法》都明确提出建立健全跨地区、跨流域水环境生态保护补偿机制。

建立水环境生态保护补偿机制要以"环境质量只能变好,不能变差""污染者付费、保护者受奖""下游监督上游"等原则为指导,将流域跨界断面的水质水量作为补偿考核指标,科学选择对断面水质影响最为显著的监测指标为考核因子,合理确定考核断面、考核目标及生态补偿金扣缴、奖励标准,注重生态环境保护与高质量发展同推进,同时结合"河(湖)长制""党政问责,一岗双责"等行政措施,强化地方政府属地管理和保护责任。

4.2.10.2 考核范围与内容

考核范围:各市行政区域内主要河流的地表水跨市界断面及出省断面。

考核因子:化学需氧量、高锰酸盐指数、氨氮、总磷和流量(设有化学需氧量自动监测设备的断面不考核高锰酸盐指数、未设化学需氧量自动监测设备的断面不考核化学需氧量)。

考核目标:根据国家与省政府每年确定的各断面水质目标,确定相应考核目标。

考核依据:水质数据原则以水质自动监测站监测数据为依据。流量数据原则以水质自动监测站监测数据为依据,无流量监测数据的断面以有关部门官方数据为依据,同时加快建设完善流量自动监测体系。

4.2.10.3 水质保护考核

1. 对水质不达标的断面扣缴补偿金

考核断面监测浓度月均值超标或当月日均值达标率低于80%(含80%)时,按照式(4-2)对考核断面按月扣缴补偿金,其中氨氮和总磷超标扣缴补偿金额基数为50万元,化学需氧量超标扣缴补偿金额基数为80万元,高锰酸盐指数超标扣缴补偿金额基数为80万元。

$$P_{扣缴} = 50 \times \sum_{i=1}^{n_{氨氮}} R_{i_{氨氮}} + 50 \times \sum_{i=1}^{n_{总磷}} R_{i_{总磷}} + 80 \times \sum_{i=1}^{n_{化学需氧量/高锰酸盐指数}} R_{i化学需氧量/高锰酸盐指数} \tag{4-3}$$

式中:$P_{扣缴}$为考核断面因水质不达标当月扣缴金额,万元;$R_{i氨氮}$为当月第i天考核断面氨氮超标倍数;$R_{i总磷}$为当月第i天考核断面总磷超标倍数;$R_{i化学需氧量/高锰酸盐指数}$为当月第i天考核断面化学需氧量或高锰酸盐指数超标倍数;n为超标天数。

当上游入境水质超标时,用式(4-3)计算考核断面超标倍数,再按照式(4-2)对考核断面按月扣缴补偿金,R不能为负值。

$$R = \frac{C_{实测} - \sum_{j=1}^{n} (C_{j入境} - C_{j入境标}) Q_{j入境} / Q_j - C_{标}}{C_{标}} \quad (4\text{-}4)$$

式中：R 为考核断面剔除上游影响后水质指标超标倍数，$R \geqslant 0$；$C_{实测}$ 为考核断面监测浓度，mg/L；$C_{j入境}$ 为上游第 j 条支流入境断面监测浓度，mg/L；$C_{j入境标}$ 为上游第 j 条支流入境断面目标浓度，mg/L；$Q_{j入境}$ 为上游第 j 条支流入境断面的月均流量，m^3/s；Q_j 为考核断面的月均流量，m^3/s；$C_{标}$ 为考核断面目标浓度，mg/L。

水质自动站无故停运导致无水质监测数据时，每停运 1 d 扣缴生态补偿金 10 万元。各市要督促运维方加强水质自动监测站的运行维护，因故停运时要及时向省级生态环境监测部门报备与抢修，连续 3 d 仍未恢复运行的要按规定对断面进行手工采样，并将监测结果报省级生态环境监测部门。

2. 全年同比恶化断面扣缴补偿金

年终考核水质同比恶化成劣Ⅴ类或退出优良水体各扣缴 1 000 万元。

3. 对水质改善的断面奖励补偿金

年终考核水质达标，同比每提升一个水质类别奖励补偿金额 200 万元；年终考核水质达标，同比退出劣Ⅴ类或改善至优良水体各奖励补偿金额 1 000 万元，并不再按照同比提升水质类别进行奖励。

4.2.10.4　流量保持考核

1. 对流量减小的断面扣缴补偿金

考核断面月均监测流量与上年同期相比减小时，按照式(4-5)对考核断面按月扣缴，扣缴补偿金额基数为 100 万元。

$$P_{扣缴} = 100 \times (Q_0 - Q_1)/0.2 \quad (4\text{-}5)$$

式中：$P_{扣缴}$ 为考核断面因流量同比减少当月扣缴金额，万元；Q_0 为考核断面上年同期月均流量，m^3/s；Q_1 为考核断面当年当月月均流量，m^3/s。

2. 对流量增加的断面奖励补偿金

考核断面月均监测流量与上年同期相比增大时，按照式(4-6)对考核断面按月奖励，奖励补偿金额基数为 50 万元。

$$P_{奖励} = 50 \times (Q_1 - Q_0)/0.2 \quad (4\text{-}6)$$

式中：$P_{奖励}$ 为考核断面因流量同比增加当月奖励金额，万元；Q_1 为考核断面当年当月月均流量，m^3/s；Q_0 为考核断面上年同期月均流量，m^3/s。

4.2.10.5　生态补偿金核定扣缴程序

省生态环境厅负责按月核算各市跨界断面考核生态补偿金扣缴与奖励结果，通报各市人民政府，同时抄送省财政厅。年终，省财政厅依据省生态环境厅出具的奖惩结果汇总报告[财政体制政策试点县(市)要单列]，对各设区市和财政体制政策试点县(市)扣缴与奖励资金统一进行结算。

各市结合本地实际对各县[包括辖区内财政体制政策试点县(市、区)]同步开展地表水跨界断面生态补偿考核，年底前，将全年考核结果报送省财政厅和省生态环境厅。

鼓励同流域上下游政府间协商建立横向生态补偿机制。

4.2.10.6 资金使用

扣缴资金纳入省级水污染防治专项资金，奖励资金严格按照《省级水污染防治专项资金管理办法》的相关规定使用。

4.2.11 《关于落实山西省地表水生态补偿跨界考核有关工作安排的函》(晋环函〔2021〕55号)

《山西省生态环境厅 山西省财政厅关于修订〈山西省地表水跨界断面生态补偿考核方案(试行)〉的通知》(晋环发〔2021〕6号)(简称《方案》)于近期印发，为做好山西省地表水跨界断面生态补偿考核工作，2021年2月5日山西省生态环境厅就有关工作安排通知如下。

4.2.11.1 考核断面

对各市行政区域内主要河流的跨市界断面及出省界断面梳理后，按照《方案》的要求，确定46个跨省、市界断面作为山西省地表水生态补偿跨界考核断面。考核断面将根据地表水水质自动站建设运行情况进行动态调整。

4.2.11.2 有关工作要求

(1)水质监测。根据《方案》，水质数据原则采用自动监测数据。对于水质自动站因故停运或缺测时，各市应及时向省生态环境监测和应急保障中心报备，按照职责组织运维方抢修，同时要求运维方通过人工采样、上机操作的方式保障断面每日监测。连续3 d无水质自动监测数据时，省生态环境监测和应急保障中心组织有关部门按日对跨界考核断面水质考核因子开展手工监测。

(2)流量监测。根据《方案》，对于设有流量自动监测设备的断面，流量数据原则采用自动监测数据。对未设流量自动监测设备或因其他原因造成无法自动监测流量的跨界考核断面由省生态环境监测和应急保障中心组织有关部门自2021年2月起按月规范开展流量手工监测。

(3)数据报送。省生态环境监测和应急保障中心自2021年3月起，每月15日前向省生态环境厅盖章报送上月全省地表水生态补偿跨界考核断面化学需氧量、高锰酸盐指数、氨氮、总磷和流量等考核因子日均、月均监测数据，次年1月底前盖章报送上年年均监测数据及水质类别，断面无监测数据的情况需备注原因。

4.2.11.3 考核核算说明

(1)年终考核不剔除上游影响。

(2)考核断面无2020年月均流量数据时，以2018年、2019年两年同期均值代替。

4.2.12 《关于对〈汾河流域上下游横向生态补偿机制试点方案实施细则〉(征求意见稿)》征求意见的函

为落实《关于印发〈汾河流域上下游横向生态补偿机制试点方案〉的通知》(晋财建二〔2020〕162号)，推动汾河流域上下游横向生态补偿机制实施，促进汾河流域水生态环境保护和水资源配置，2021年3月26日山西省生态环境厅组织起草了《汾河流域上下游横向生态补偿机制试点方案实施细则(征求意见稿)》，具体内容如下。

4.2.12.1　目的和依据

为保护汾河流域水生态环境，统筹山水林田湖草沙系统治理，加快美丽山西建设步伐，配套山西省财政厅等三部门《关于印发〈汾河流域上下游横向生态补偿机制试点方案〉的通知》（晋财建二〔2020〕162号），制定本实施细则。

4.2.12.2　概念解释

本实施细则所指流域上下游横向生态补偿是以保护水资源、水环境和水生态安全，促进人与自然和谐发展为目的，综合运用经济手段，调节流域内河流上中下游之间、水生态环境保护者与受益者及破坏者之间的经济利益关系的公共制度。

4.2.12.3　适用范围和期限

实施范围为汾河流域上中下游沿汾6个设区市，包括忻州、太原、晋中、吕梁、临汾、运城。

实施期限为2021—2025年，实施期内可根据试点情况，逐步完善政策措施和机制建设。

4.2.12.4　补偿测算节点

补偿测算节点为实施范围内6个市行政区域汾河干流及主要支流的地表水跨市界断面和入黄断面，共计13个断面，分别为汾河干流河西村、韩武村、王庄桥南、上平望、庙前村5个断面，以及岚河曲立断面、太榆退水渠西贾村断面、潇河郝村断面、白石南河美锦桥断面、磁窑河安固桥断面、文峪河南姚断面、段纯河官桑园断面、浍河小韩村断面8个支流断面。

4.2.12.5　生态补偿方式

凡补偿测算断面月均水质、水量达到目标的，按照达标情况，由下游市对上游市给予奖励补偿；凡补偿测算断面月均水质、水量任一指标不达标的，按照不达标情况，由上游市对下游市给予损害补偿。

入黄断面庙前村由运城市和省财政之间建立生态补偿关系。

4.2.12.6　补偿测算指标

补偿测算指标包括水质指标、水量指标，其中，水质指标为按照《地表水环境质量标准》（GB 3838—2002）确定的水质类别，水量指标为生态流量（m^3/s）。

4.2.12.7　水质水量目标

补偿测算目标包括水质目标、水量目标。

水质目标根据“十四五”期间国家制定的山西省河流断面水质目标以及省政府根据全省水生态环境保护工作要求制定的各市河流断面水质目标确定。

水量目标参照省政府令262号“汾河流量不低于每秒十五个立方”的规定要求，除河西村断面不设定流量目标外，汾河干流其余4个断面月均流量目标为15 m^3/s；8个支流断面月均流量目标为2016—2020年流量月均值。

水质、水量目标实行动态管理机制。

4.2.12.8　生态补偿计算

生态补偿金按月核算，按年结算。生态补偿资金按以下计算方式予以计算：

1. 达标情形

河西村断面月均水质和目标持平,由太原市给予忻州市 500 万元补偿资金;月均水质较目标提升 1 个水质类别,由太原市给予忻州市 1 000 万元补偿资金。

除河西村断面外,其余断面月均流量达标,月均水质和目标持平,则上下游市之间互不补偿;干流断面月均流量达标,月均水质较目标每提升 1 个水质类别,则下游市给予上游市 1 000 万元补偿资金;庙前村断面月均流量达标,月均水质较目标每提升 1 个水质类别,则由省财政给予运城市 1 000 万元补偿资金;支流断面月均流量达标,月均水质较目标每提升 1 个水质类别,则下游市给与上游市 300 万元补偿资金。

2. 不达标情形

1)水质不达标情况

干流断面月均水质较目标每恶化 1 个水质类别,则上游市给予下游市 1 000 万元补偿资金;庙前村断面月均水质较目标每恶化 1 个水质类别,则运城市给予省财政 1 000 万元补偿资金;支流断面月均水质较目标每恶化 1 个水质类别,则上游市给予下游市 300 万元补偿资金。

2)水量不达标情况

除河西村断面外,若断面月均流量不达标,按照实测月均流量值与目标流量值之差结合补偿标准,确定上游市对下游市,以及运城市对省财政的补偿金额。计算方法如下:

上游市对下游市的补偿金额=(断面目标流量值-断面实测月均流量值)×补偿标准

补偿标准为 500 万元/(m^3/s)。

3)水质、水量均不达标情况

除河西村断面外,断面月均水质、水量均不达标时,上游市对下游市,以及运城市对省财政的补偿金额为以上两种情况的补偿金额之和。

4.2.12.9 生态补偿金核定扣缴程序

省生态环境厅按月对汾河流域横向生态补偿情况进行核算,并将核算结果通报各市政府,同时抄送省财政厅。年底,省财政厅根据核算结果对各市生态补偿资金进行划转。

4.2.12.10 生态保护补偿资金使用

生态保护补偿资金主要用于推进汾河流域生态保护和高质量发展,使用范围重点包括水环境治理、水资源保护与节约集约利用、水生态保护与修复、环境治理能力建设、重要河流生态流量保障等方面。

4.2.12.11 生态流量省级保障情形

省水利厅组织万家寨水务控股集团有限公司按照汾河年度生态流量调度要求实施汾河生态调水,年底由省生态环境厅按照补水情况核算生态补水水费,并通报省财政厅,省财政厅负责支付生态补水费用、生态补水水费计算方法如下:

生态补水水费=(生态流量实际供水量-不满足调度要求水量)×水费标准

不满足调度要求水量指未按时或未按照生态流量要求调度的水量;超出生态流量调度要求的水量,视为满足农业、工业及其他用水保障,其水资源成本由万家寨水务控股集团有限公司向用水户收取,不纳入生态补水成本。

4.2.12.12　生态流量市级保障情形

沿汾6市有生态补水需求的，直接与万家寨水务控股集团有限公司商议生态补水事宜，水费由相关市和万家寨水务控股集团有限公司之间结算。

4.2.12.13　各方职责

（1）实施范围内各市人民政府要履行好汾河流域生态保护和高质量发展的主体责任，编制本地区的生态补偿工作方案，推动建立汾河流域本辖区内各县（市、区）汾河干流和支流上下游横向生态补偿机制，严格生态保护补偿资金的使用范围，确保生态环境、经济和社会效益同步提升。

（2）省财政厅负责统筹协调全流域生态补偿工作，积极支持汾河流域相邻两市、县（市、区）在干流或者重点支流建立起横向生态补偿机制，负责汾河流域上下游横向生态补偿资金的分配与监管，监督生态补偿资金使用，及时调度生态补偿资金年度预算执行情况以及各地机制建设进度相关情况，组织开展生态补偿机制全面绩效管理。

（3）省生态环境厅负责提供水质指标数据，确定水量实际核查数据，负责核算生态补偿资金和省级生态补水水费。

（4）省水利厅负责提供水量指标及生态供水量数据，负责组织万家寨水控集团有限公司实施汾河生态调水，严控非法取水。

（5）万家寨水务控股集团有限公司负责按照汾河年度生态流量调度要求实施汾河生态调水，配合流域内各市开展生态流量保障工作。

4.2.12.14　协同联动

汾河流域各市建立上下游之间沟通协商机制，加强环境污染应急联合防治，协力推进流域保护与治理。

4.2.12.15　实施日期

本实施细则自发布之日起实施。

4.3　山西省跨界断面生态补偿机制实践

4.3.1　跨界断面生态补偿政策设计及实践

为了促进水环境的持续改善，2009年山西省环保厅制定并实施了《地表水跨界断面水质考核生态补偿机制》（晋政办函〔2009〕177号），在山西省全省11个地市（太原、大同、朔州、忻州、阳泉、吕梁、晋中、长治、晋城、临汾、运城）实施了地表水跨界断面生态补偿政策，并在实施过程中根据遇到的问题、阻碍及实施效果等做了多次的调整和完善，先后有2011年5月的晋环发〔2011〕109号、2013年8月的晋环发〔2013〕75号、2016年7月的晋环发〔2016〕6号、2017年8月的晋环发〔2017〕124号、2017年9月的晋环发〔2017〕147号、2021年1月的晋环发〔2021〕6号、2021年2月的晋环发〔2021〕55号。在进一步的完善过程中对断面进行了一些必要的调整和增设，细化了监测要求，增加了考核指标，对全部考核断面目标进行了修订（见表4-2），取得了以下积极成效。

（1）考核范围不断扩大。从初始的市界断面水质考核扩展到市界、县界、省界断面水质考核。

表 4-2　山西省跨界断面考核政策

年份	考核范围	考核指标	扣缴标准	奖励标准	资金使用方向
2009	主要河流的出市界水质考核断面(含国家考核的出省界水质断面)	COD	当河流入境水质达标(或无入境水流)时,考核断面的COD浓度监测结果没有超过考核标准,不扣缴;超过考核标准5 mg/L及以下时,按照($\frac{监测值}{考核值}$×10万元)扣缴;超标5 mg/L以上10 mg/L及以下时,按照($\frac{监测值}{考核值}$×50万元)扣缴;超标10 mg/L以下时,按照($\frac{监测值}{考核值}$×100万元)扣缴	在河流入境水质达标(或无入境水流)的情况下,水质实现跨水质级别改善时,奖励200万元;在河流入境水质超标的情况下,考核断面化学需氧量较入境水质改善,实现考核目标,奖励300万元;实现跨水质级别改善的,奖励500万元	全部用于奖励跨界断面水质明显改善、实现考核目标的地市
2011	主要河流的相关市(省)、县(市、区)界水质考核断面	COD、氨氮	考核断面水质COD、氨氮浓度均不超过考核标准时,不扣缴;当有监测指标超过考核标准时,按照水质差的一项指标扣缴,超过考核目标50%(含)及以下时,按照50万元扣缴;超过考核目标50%~100%(含)时,按照100万元扣缴;超过考核目标100%以上时,按照150万元扣缴	保持水质目标奖励:上年实现水质目标,连续3个月维持上年水质目标的,奖励10万元;当月比上年同期实测浓度实现水质级别改善时,跨一级别奖励50万元; 其他应该奖励的特殊情况,由相关市提交申请,经专家组技术评估认可时给予奖励	

续表 4-2

年份	考核范围	考核指标	扣缴标准	奖励标准	资金使用方向
2013	各设区市及扩权强县试点县行政区域内主要河流的相关跨界断面	COD、氨氮	考核断面水质 COD、氨氮浓度均不超过考核标准时，不扣缴；当有监测指标超过考核标准时，按照水质差的一项指标扣缴，超过考核目标 50%（含）及以下时，按照 50 万元扣缴；超过考核目标 50%~100%（含）时，按照 100 万元扣缴；超过考核目标 1~5 倍（含）时，按照 150 万元扣缴；超过考核目标 5~10 倍（含）时，按照 200 万元扣缴；超过 10 倍以上时，按照 300 万元标准扣缴	保持水质目标奖励：连续 3 个月维持上年水质目标的，奖励 10 万元；全年水质保持考核目标的奖励 100 万元。 水质改善奖励：当月比上年同期实现水质改善时给予奖励，由不达标到达标奖励 100 万元；达标后跨一级别奖励 50 万；Ⅲ类水以上跨一级别奖励 20 万元，同一断面累计奖励。 国控考核断面国家考核未达到国家要求时，取消该断面全年奖励	全部用于跨流域水污染综合整治、考核断面水质监测补助、考核断面水质自动监测站建设和运行补助，规范监测断面、水污染事故隐患区域防治，水质考核复查复测监察、水质评估及与考核工作密切相关的其他经费不得用于平衡财政预算
2016	各设区市及扩权强县试点县行政区域内主要河流的相关跨界断面	COD、氨氮	考核断面水质 COD、氨氮浓度均不超过考核标准时，不扣缴；当有监测指标超过考核标准时，按照水质差的一项指标扣缴，超过考核目标 50%（含）及以下时，按照 30 万元扣缴；超过考核目标 50%~100%（含）时，按照 100 万元扣缴；超过考核目标 1~5 倍（含）时，按照 150 万元扣缴；超过 5~10 倍（含）时，按照 300 万元扣缴；超过 10 倍以上时，按照 500 万元标准扣缴	保持水质目标奖励：连续 3 个月水质保持考核目标的，奖励 10 万元；全年水质保持考核目标的奖励 100 万元。 水质改善奖励：当月比上年同期实现水质改善时给予奖励。由不达标到达标奖励 100 万元；达标后跨一级别奖励 30 万元（Ⅱ类到Ⅰ类水质不属跨级）。 同一断面累计奖励：国控考核断面未达到国家要求时，取消该断面全年奖励，发生水污染事故的市（县）取消该市（县）当月全部奖励	全部用于跨流域水污染综合整治、水污染事故隐患区域防治，考核断面水质监测补助、考核断面水质自动监测站建设和运行补助，规范监测断面、水质考核复查复测监察、水质评估及与考核工作密切相关的其他经费

续表 4-2

年份	考核范围	考核指标	扣缴标准	奖励标准	资金使用方向
2017	各市、县(市、区)行政区域内主要河流的地表水跨界断面	化学需氧量、氨氮、总磷和流量	水质:考核断面监测浓度值超过考核目标时,按照超标倍数最高的指标按月扣缴。超过10%(含)及以下时,按照20万元扣缴;超过10%~100%(含)时,按照100万元扣缴;超过考核目标1~5倍(含)时,按照200万元扣缴;超过5~10倍(含)时,按照300万元扣缴;超过10倍以上时,按照500万元标准扣缴。考核断面水质达标,但监测浓度与上年同期相比恶化,每恶化一个水质类别扣缴100万元。 水量:对水量减少的断面扣缴补偿金,减少0.1 m^3/s(含)及以下,按照10万元标准扣缴;水量减少0.1~0.5 m^3/s(含)及以下时,按照20万元扣缴;水量减少0.5~1 m^3/s(含)及以下时,按照50万元扣缴;水量减少1~5 m^3/s(含)及以下时,按照100万元扣缴;水量减少5 m^3/s 以上时,按照200万元扣缴	水质:考核断面与上年同期相比,浓度改善时,按照水质类别奖励(水质低于2014年水质断面的不予奖励),改善一个水质类别按月奖励100万元;年终考核退出劣V类或改善至优良水体一次性奖励1 000万元。 水量:对水量增加的断面奖励,流量与上年同期相比增加时,给予奖励,水量增加0.1 m^3/s(含)及以下时,按照10万元标准奖励;水量增加0.1~0.5 m^3/s(含)及以下时,按照20万元标准奖励;水量增加0.5~1 m^3/s(含)及以下时,按照50万元标准奖励;水量增加1~5 m^3/s(含)及以下时,按照100万元标准奖励;水量增加5 m^3/s 以上时,按照200万元标准奖励	全部用于水污染防治重点工程、生态基流调蓄保障、水污染风险防控以及考核断面水质水量监测等。奖励后的结余生态补偿资金的30%重点针对良好水体保护地区在农村环境综合整治、畜禽养殖污染治理等方面给予补偿

续表 4-2

年份	考核范围	考核指标	扣缴标准	奖励标准	资金使用方向
2021	各市行政区域内主要河流的地表水跨市界断面及出省断面	化学需氧量、高锰酸盐指数、氨氮、总磷和流量	水质：对水质不达标的断面扣缴补偿金，考核断面监测浓度月均值超标或当月日均值达标率低于 80%时（含 80%），氨氮和总磷超标扣缴补偿金额基数为 50 万元；化学需氧超标扣缴补偿金额基数为 80 万元；高锰酸盐指数超标扣缴补偿金额基数为 80 万元；水质自动站无故停运一天扣缴生态补偿金 10 万元；年终考核水质同比恶化成劣Ⅴ类或退出优良水体各扣缴 1 000 万元。 流量：对流量减小的断面扣缴补偿金。考核断面月均监测流量与上年同期相比减少时，按照公式 $P_{扣缴}=100\times[(Q_0-Q_1)/0.2]$ 对考核断面按月扣缴，扣缴补偿金额基数为 100 万元	水质：年终考核水质达标，同比每提升一个水质类别奖励 200 万元；年终考核水质达标，同比退出劣Ⅴ类或改善至优良水体各奖励 1 000 万元，并不再按照同比提升水质类别进行奖励。 流量：对流量增加的断面奖励补偿金。考核断面月均监测流量与上年同期相比增大时，按照公式 $P_{奖励}=50\times[(Q_0-Q_1)/0.2]$ 对考核断面按月奖励，奖励补偿金额基数为 50 万元	扣缴资金纳入省级水污染防治专项资金，奖励资金严格按照《省级水污染防治专项资金管理办法》的相关规定使用

(2)考核指标不断完善。2009年实施初期仅对化学需氧量进行考核,2011年新增了氨氮考核指标,2017年在化学需氧量、氨氮的基础上增加了总磷和流量考核指标。2021年又增加了对高锰酸盐指数的考核。

(3)扣缴标准不断细化。2009—2016年只有对水质的扣缴标准,从实施以来一直采取梯度扣缴的方式,实施初期的扣缴标准按照污染物超标的倍数分为3档,分别于2013年和2016年将扣缴标准提升为4档和5档;同时,不断加大对严重污染断面的扣缴力度。从2017年后,同时按照水质和水量的达标或恶化情况进行扣缴。2017年水质扣缴标准仍然为5档,对各档位污染物超标倍数和扣缴标准进行了调整;对水量减少的情况分5档进行扣缴。2021年给出了基于断面水质超标倍数和水量减少的具体扣缴生态补偿金的计算公式,实施过程中更易于操作。

(4)奖励标准不断严格。实施初期,出境考核断面的水质只要优于入境考核断面的水质就有奖励,目前,奖励调整为与自身相比提升一个水质类别或退出劣V类或改善至优良水体的,奖励要求更加严格,奖励额度也加大了。2017年后增加了对流量增加的断面进行奖励。

(5)资金使用方向不断拓宽。2009年政策实施以后,全省各市获得的生态补偿资金要求全部用于跨流域水污染综合整治和断面监测等;2017年增加了生态基流调蓄保障、水污染风险防控等。目前,扣缴资金纳入省级水污染防治专项资金,奖励资金严格按照《省级水污染防治专项资金管理办法》的相关规定使用。

4.3.2 跨界断面生态补偿政策实施效果

4.3.2.1 资金扣缴、奖励及分配情况

2010—2016年,全省跨界断面生态补偿累计扣缴19.397 7亿元,总体来说呈上升趋势;奖励金额累计为4.598 0亿元,其中2010年奖励最多,为1.100 0亿元。2012—2016年,累计分配给各市6.019 5亿元,为全省开展水环境污染防治工程建设、改善断面水质提供了资金支持。

4.3.2.2 环境效益情况

根据山西省环境质量公报,2008—2019年,山西省地表水质整体上得到了显著提升,Ⅰ~Ⅲ类断面比例2019年比2008年上升了41.5%,劣V类断面比例2019年比2008年下降了42.3%(见图4-1)。同时,2018年全省化学需氧量较2015年削减15.94%,较2015年重点工程减排量达2.9万t;氨氮排放量较2015年削减12.97%,较2015年重点工程减排量达0.34万t。2016年与2009年相比,全省地表水评价断面的化学需氧量、氨氮平均浓度分别下降了60.5%和66.9%。这与山西省建立和实施地表水跨界断面水质考核生态补偿机制,有效调动了各级政府水污染防治工作的积极性密切相关。

4.3.3 跨界断面生态补偿机制优化的方向

山西省地表水跨界断面生态补偿政策实施以来,取得了一定成效。但是由于这项工作涉及的利益关系复杂,对规律的认知水平有限,在实践中也存在一些矛盾和问题。因此,需要结合国家政策导向和流域生态补偿理论,对山西省跨界断面生态补偿机制进行改

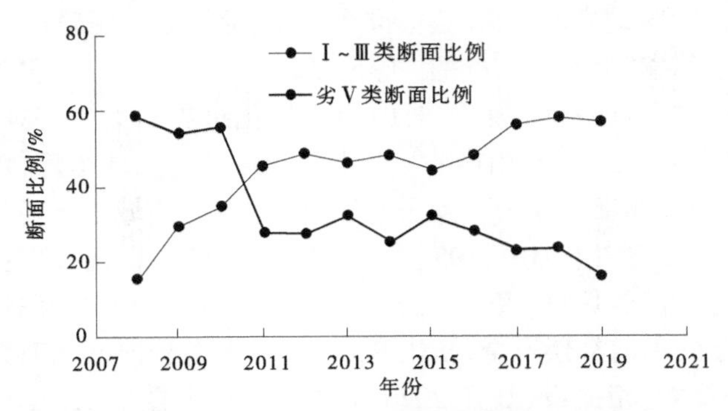

图4-1　2008—2019年山西省Ⅰ~Ⅲ类、劣Ⅴ类断面比例变化情况

进和优化。优化方向主要归纳为以下几方面。

4.3.3.1　补偿责任需进一步明确

“区际公平、权责对等”是生态补偿的基本原则,在实际操作过程中,补偿责任往往难以明确,真正的补偿主体和客体关系难以确认。山西省在实施地表水跨界断面生态补偿机制的过程中,省级层面对各市进行统一扣缴和奖励,使得受益者未进行直接补偿,受损者得不到赔偿,流域生态补偿资金到达真正需要补偿的相关主体手中的困难增大,难以形成有效的激励机制,对全省水质提升有一定的限制。因此,需进一步明确流域上下游各方的责任,形成“谁破坏、谁赔偿,谁受益、谁补偿”的生态补偿格局,促进补偿机制的顺利实施。

4.3.3.2　补偿方式需进一步丰富

山西省地表水跨界断面生态补偿机制采用政府纵向补偿,补偿方式单一,存在着以下不足:

(1)重财政纵向转移支付,轻财政横向转移支付,这与流域生态环境破坏与保护的跨区域性相偏离。

(2)忽视了市场补偿的探索与使用。因此,需要按照补偿理论和实际进一步丰富山西省地表水跨界断面生态补偿方式,实现对流域生态环境的共同治理。

(3)补偿制度需进一步清晰。目前,山西省的流域生态补偿实践都是以政府及相关行政机关发布的政策文件和部门规章的方式进行的,这些行政命令的权威性和约束性不足,并且缺乏科学完善的管理方法与监督程序。因此,针对全省流域上下游生态保护机制的调整和完善,需要从法律制度设计方面来确定生态补偿的内容,建立流域上下游生态补偿监督管理体制和资金使用监督制度,规范和保障生态补偿机制的实施。

4.4　山西省横向生态补偿机制的进展

流域生态补偿机制作为一种重要的环境管理手段,在党和国家的重视及引导下,近年来各地积极探索流域生态保护补偿机制建设,取得了初步成效。

“十一五”以来,我国已有20多个省(市、区)相继出台了省域内或跨省域流域生态保护补偿相关的政策和措施,探索了多种补偿标准及补偿模式。各省流域生态补偿具有补偿范围各有侧重、补偿形式多样化、补偿标准个性化、部门分工明确化、资金使用方向统一化等特征。其中,江苏省、贵州省实施的“上下游双向补偿”模式和辽宁省、北京市实施的“上游超标补偿下游的单向补偿”模式,对山西省优化跨界断面生态补偿机制、建立横向补偿机制具有借鉴意义。2019 年山西省财政厅、山西省生态环境厅、山西省发展和改革委员会和山西省水利厅四部门联合下发了《关于建立省内流域上下游横向生态保护补偿机制的实施意见》(晋财建二〔2019〕195 号),以“公平对等,合理补偿;市县为主,省级引导;试点先行,分步推进”为原则,着力于推进流域上下游之间的相互补偿,不再单一依靠中央、省级财政给予的纵向补偿资金,指出 2020 年率先在汾河流域有条件的地区实施上下游横向生态保护补偿,相关市、县在 2020 年底前签订补偿协议。2020 年 12 月山西省财政厅、山西省生态环境厅和山西省水利厅联合下发了《汾河流域上下游横向生态补偿机制试点方案》(晋财建二〔2020〕162 号),对汾河流域上下游实施横向生态补偿的基本原则、工作目标、主要内容、工作要求和实施保障都做了政策性规定。2021 年 3 月为推动汾河流域上下游横向生态补偿机制实施,山西省生态环境厅下发了关于对《汾河流域上下游横向生态补偿机制试点方案实施细则(征求意见稿)》和《关于建立汾河干流生态流量保障工作机制的通知(征求意见稿)》征求意见的函,对汾河流域上下游横向生态补偿机制实施的内容做了更为具体的规定。

第 5 章　流域生态补偿标准核算方法

5.1　流域生态补偿测算方法的研究意义

从国内外研究进展来看,生态补偿已经成为国际上生态与环境经济学研究领域的重点。由于我国处于经济发展的重要时期,主要流域地区对水资源的需求日益突出,而流域生态的综合环境治理和经济管理手段尚处于探索性阶段。总体而言,目前流域生态补偿研究相对滞后于森林、土地等资源的补偿研究。水资源作为一种可补充但不可替代的重要资源,合理开发和使用流域水资源,以及对其生态服务功能进行科学合理的补偿,具有突出的现实意义。

近年来,国内外学者对生态补偿进行了积极的探索,取得了一定成果。目前,国外对生态补偿的研究集中于公路建设、森林资源、种群栖息地、海湾环境、生物多样性等领域的特定研究对象,国内对流域生态补偿的研究大量集中在生态补偿理论内涵、类型模式、运行机制等理论体系方面。但是,对流域生态补偿的技术手段和标准方法研究的文献尚显不足,这主要是由于生态补偿的测算涉及多个学科(资源与环境经济学、公共财政学、环境科学等)和领域(生态评价、社会保障、财政支付等)。因此,流域生态补偿测算方法没有统一的标准,且测算技术难度较大。生态补偿量的计算和测定是流域生态区际补偿的前提,这一问题已经成为当前国内外生态补偿研究领域急需解决的关键问题之一。

5.2　流域生态补偿量计算的理论方法

对于涉及流域水资源的经济评价和损失计量,国内一些学者积极探索,不断研究。根据前人的研究成果,现将生态环境经济评价技术方法分为三类,见表 5-1。

表 5-1　适用于生态补偿的评价方法

技术类型		具体方法	技术特点和适用范围
价值评价的普适技术	市场价格法	生产力变化法	传统费用-效益分析法的延续,是基于环境变化通过生产过程影响生产者的产量、成本和利润,或通过消费品的供给与价格变动影响消费者福利
		疾病成本法	需要明确因果关系及其对社会净福利的影响,是基于潜在的损坏函数,即污染(暴露)程度对健康的影响关系
		人力成本法	将个人视为经济资本单位,考察其生产力的损失,是对死亡的个体所损失的市场价值的现值的近似分析
		机会成本法	基于对那些无法定价或者非市场化用途的资源,其成本可以采用机会成本来比照、衡量的价值

续表 5-1

技术类型		具体方法	技术特点和适用范围
价值评价的普适技术	实际或潜在支出市场价格法	费用分析法	用以评估减缓生态环境影响所消耗的成本,对于难以用货币确定收益的项目非常有用
		防护费用法	认为避免的损失相当于获得的效益,即预防性支出或减缓性支出用作环境潜在危害最小成本的主观评价
		置换成本和重新安置成本法	置换一项有形设备的成本作为衡量预防环境变化的潜在收益的方法
		恢复费用法	计算采取措施将恶化了的生态环境恢复到原来的状况所需费用的一种直接方法
		影子工程法	用类似功能的替代工程价值来代替该工程的生态价值
价值评价的可选技术	替代市场价格技术	旅行费用法	广泛用于评价没有市场价格的自然景点或环境资源的娱乐和服务价值
		环境代替市场交易品法	应用私人交易的物品替代为某些环境服务或向公众提供的物品
	意愿调查评估法	投标博弈法	要求对一个假设情况做出评估,描述对不同水平的环境物品或服务的支付意愿或接受的赔偿意愿
		比较博弈法	要求被调查者在不同的环境物品组合与相应数量的货币间选择、通过不断提高(或降低)价格水平,可以估计被调查者对边际环境质量变化的支付意愿
		零成本选择法	向参与调查者提供两个或多个方案,其中每个方案都是可取的而且成本为零,用以比较环境物品的价值
		德尔菲法	向专家询问,将结果所选择的价值和对选择的解释一起在成员内部传阅,再重新考虑定价值,直至专家的选择出现在某个“均值”附近
价值评价的可用技术	内涵资产定价法	资产与其他土地价值	基于人们赋予环境的价值可以从他们购买的具有环境属性的商品(如某些资产与土地)的价格中推断出来
		工资差额法	在其他条件相同时劳动者会选择工作环境较好的职业或工作地点,为此厂商不得不以工资、工时、休假等方面给劳动者以环境污染的补偿。利用工资水平的差距可以作为衡量环境质量的货币价值方法
	宏观经济模型	线性规划法	主要考虑稀缺资源的分配在满足一系列约束条件或其他次要目标的条件下,实现预定目标或一系列目标的优化
		自然资源核算法	建立绿色环境资源核算体系,计算自然资源资本的价值

虽然以上方法不一定都适用于生态补偿,但其中一些主要的方法还是具有一定的适用性,并且在我国生态补偿价值评价上得到了不同程度的运用,但运用范围较窄,尚未形成明确统一的计算模型方法。这主要是上述方法针对的是生态价值和环境损失的评估,而这种非市场价值的评估,在实践中存在着一定的障碍。

5.3　流域生态补偿标准测算流程

流域生态补偿测算方法没有统一的标准,测算技术难度较大,测算具体流程详见图 5-1。

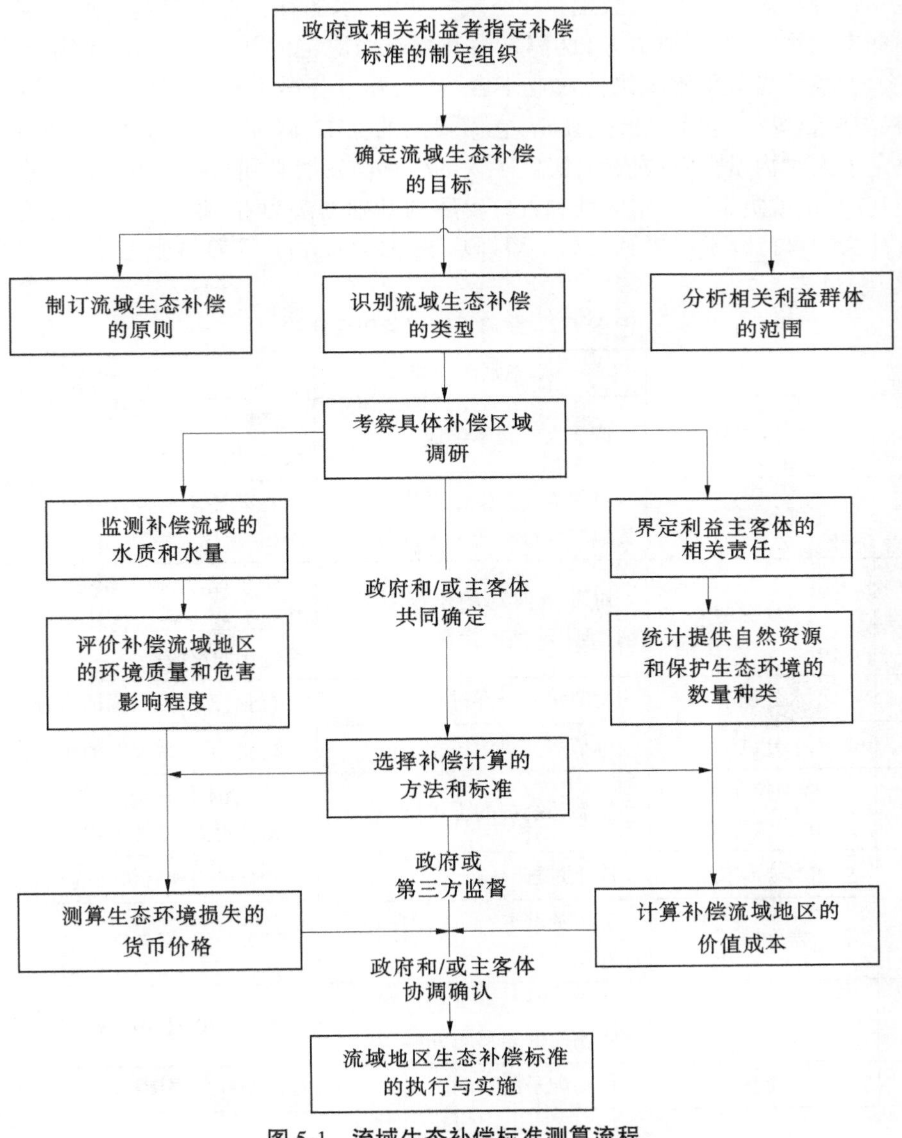

图 5-1　流域生态补偿标准测算流程

5.4　生态补偿标准核算方法

5.4.1　基于生态系统服务价值的核算方法

5.4.1.1　生态系统服务与功能的内涵

从某种意义上讲,生态补偿可以理解为对生态系统服务功能的一种购买。所谓生态系统服务功能,是指生态系统及其要素(元素),其存在或利用给人类生存与发展所带来的效益或效果。前者如森林的存在本身就具有吸收二氧化碳释放氧气、阻挡风沙、维护或保持生物物种与遗传多样性、吸尘净化空气等功效,水的存在可以湿润土地与空气、河流可以稀释有毒物质、冲洗河道等,这都是由其存在而决定的效能或效应,不需要人力"帮助"就会发生;后者如引水灌溉使农业丰收,矿物开采获得了资源,植物提取或合成了药物、材料与原料等,与前者的区别在于,它需要人的加工、修饰、转化与开发。世界物质性本性决定了人对物质资料的依赖,决定了人的生存与发展必须与物质世界进行物质、能量的交换互动,也就决定了一定区域和人口发展的基础与潜力、产业结构与发展特色,并为其经济社会的可持续发展提供支撑。康斯坎茨(Constanza)等曾将生态系统服务区分为17个类型,见表5-2。

表5-2　生态系统服务功能分类

序号	生态系统服务	生态系统功能	举例
1	气体调节	调节大气化学组成	二氧化碳/氧气平衡、臭氧防紫外线、硫化物水平
2	气候调节	对气温、降水的调节以及对其他气候过程的生物调节作用	温室气体调节以及影响云形成的DMS(硫化二甲酯)生成
3	干扰调节	对环境波动的生态系统容纳、延迟和整合能力	防止风暴、控制洪水、干旱恢复及其他由植物被结构控制的生境对环境变化的反应能力
4	水分调节	调节水文循环过程	农业、工业或交通的水分调节
5	水分供给	调节水文供给过程	农业、工业或交通的水分供给
6	侵蚀控制和沉积物保持	生态系统内的土壤保持	风、径流和其他运移过程的土壤侵蚀和在湖泊、湿地的累计
7	土壤形成	成土过程	岩石风化和有机物的积累
8	养分循环	养分的获取、形成、内部循环和存储	固碳和氮、磷等元素的养分循环
9	废弃物处理	流失养分的恢复和过剩养分有毒物质的转移与分解	废弃物处理、污染控制和毒物降解
10	授粉	植物配子的移动	植物种群繁殖授粉者的供给

续表 5-2

序号	生态系统服务	生态系统功能	举例
11	生物控制	对种群的营养级动态调节	关键捕食者对猎物种类的控制、顶级捕食者对草食动物的削减
12	庇护	为定居和临时种群提供栖息地	迁徙种的繁育和栖息地、本地种区域栖息地或越冬场所
13	食物生产	总初级生产力中可提取的原材料	鱼、猎物、作物、果实的捕获与采集,给养的农业和渔业生产
14	原材料	总初级生产力中可提取的食物	木材、燃料和饲料的生产
15	遗传资源	特有的生物材料和产品的来源	药物、抵抗植物病原和作物害虫基因、装饰物种(宠物和园艺品种)
16	休闲	提供休闲娱乐	生态旅游、体育、钓鱼和其他户外休闲娱乐活动
17	文化	提供非商业用途	生态系统美学的、艺术的、教育的、精神的或科学的价值

5.4.1.2　生态系统服务功能价值的内涵

生态系统服务功能价值不是其存在价值、理论价值或意义价值,而是生态服务系统的量化价值,也就是对生态系统服务所带来效益效应大小的价值量化,包括其单纯的存在价值以及被利用、被开发所带来的效益效应价值量化。生态系统及其服务方式的特殊性,决定了其价值核算的特殊性,其以虚拟估算为主,商品价值的确定以交易的实现价值为主;由于生态系统的服务方式不同,其价值量化的方式方法也各不相同。生态系统服务功能的价值主要包括直接使用价值、间接使用价值、选择价值和存在价值。

1. 直接使用价值

生态系统的直接使用价值是指生态系统的直接利用或生态资源的直接使用所产生的价值。包括农业(种植业和野生动物)、林业、畜牧业、渔业、医药业和部分工业产品加工品的直接使用价值,还包括生物资源的旅游观赏价值、科学文化价值、蓄力使用价值等。

2. 间接使用价值

生态系统的间接使用价值是指生态系统通过一定的中介系统或介质系统间接地为人类社会的生存与发展所产生的价值或效益,如生命保障系统相关的生态服务,像“光合作用与有机物的合成、CO_2 固定、保护水源、维持营养物质循环、污染物的吸收与降解”等,其对人类生存、生产与生活的量化价值大小无法直接判断和核算,但可以从没有该项资源所带来的影响中明显地感受到,就像没有空气我们无法呼吸一样,我们并不为呼吸的任何一点空气付费,因而也就可以通过没有该项服务的价值损失大小和生产具有该项功能替代效应的资源所需成本进行虚拟估算。

3. 选择价值

生态系统服务的选择价值就是人们对该资源使用时间的抉择,如果现在使用就会因其价值发挥其未来的直接利用价值、间接利用价值、存在价值等丧失;而留待未来使用,不仅其未来使用时的直接利用价值、间接利用价值、选择价值和存在价值依然存在,并在现在到未来利用期间发挥着其存在价值。这种资源储存就像把钱存入银行一样具有效应、产生利益。

4. 存在价值

生态系统服务的存在价值是指生态资源存在本身所产生的效益或效应,这种效益或效应直接或间接带给人们影响,产生效益或效应。人们为了确保能够持续获得这种效益或效应,会主动地支付一定的费用以对其进行培植和保护,从而形成维持生态资源存在的自愿价值支付。由生态系统服务所产生的存在价值既可以通过前述的虚拟方式核算,也可通过人们的支付意愿核算。

5.4.1.3　生态系统服务功能价值的核算方法

生态系统服务功能价值的核算方法大致可分为三类:直接市场价值法、替代市场价值法和模拟市场价值法(见表5-3)。

表5-3　生态系统服务功能价值的主要核算方法

类型	序号	核算方法	核算特点
直接市场价值法	1	剂量-反应法	评价一定污染水平下服务产出的变化,并通过市场价格(影子价格)对这种变化进行价值评估
	2	生产率变动法	环境变化会对成本或产出造成影响,以这种影响的市场价值进行估算
	3	疾病成本法	以环境变化造成的健康损失进行估算
	4	重置成本法	以环境被破坏后将其恢复原状所需支付的费用进行估算
替代市场价值法	5	机会成本法	以其他利用方案中的最大经济效益作为该选择的机会成本
	6	影子价格法	以市场上相同产品的价格进行估算
	7	影子工程法	以替代工程费用进行估算
	8	防护费用法	以消除或减少该问题而承担的费用进行估算
	9	恢复费用法	以恢复原有状况需承担的治理费用进行估算
	10	资产价值法	以生态环境变化对产品或生产要素价格的影响进行估算
	11	旅行费用法	以游客旅行费用、时间成本及消费者剩余进行估算
模拟市场价值法	12	条件价值法	以直接调查得到的消费者支付意愿或者消费者接受赔偿意愿来进行价值计量

5.4.2　基于生态建设与保护成本的核算方法

水源区经济社会发展落后,还需承担较大的生态保护与环境建设任务,牺牲自己发展为其他地区提供生态服务,这不仅加大了投入成本,还因为限制产业发展而丧失了投资、引资机会,发展受限进一步抑制了发展能力和生态保护能力,经济发展与生态保护的矛盾加剧。因此,水源区生态补偿标准应从投入成本与效益分享两方面确定,同时要考虑预期成本与预期效益分享问题。在投入成本上,不仅包括了生态保护措施、劳动等投入补偿,还包括了因发展机会损失所带来的机会成本补偿。

5.4.2.1 直接成本法

1. 直接成本法的核算体系

直接成本是指上游地区为保护和建设流域生态环境而直接投入的人力、物力和财力”,包括三类:一是生态环境保护和建设成本,二是污染物综合治理成本,三是其他成本(见表5-4)。其中,生态环境保护和建设成本包括生态林建设成本、水土保持成本、水利工程成本、生态移民成本和自然保护区建设成本;污染物综合治理成本包括点源污染治理成本、面源污染治理成本和环境监测监管成本;其他成本包括生态农业建设成本、节水措施成本和相关科技成本。

表5-4 直接成本核算体系

成本类型	序号	指标	指标释义
生态环境保护和建设成本	1	生态林建设成本	流域上游为涵养水源、提高森林覆盖率投入费用,包括退耕还林、公益林建设、封山育林、林业资源保护、森林病虫害防治等投入
	2	水土保持成本	流域上游地区进行水土保持项目建设和水土流失综合治理投入费用,包括小流域治理、治坡工程、治沟工程等投入
	3	水利工程成本	流域上游地区为更好地开发利用水资源而修建工程投入费用,包括引水工程、提水工程、蓄水工程及地下水资源工程等投入
	4	生态移民成本	流域上游地区为缓解水源涵养区的自然生态压力,将位于生态脆弱区和重要生态功能区的人口向其他地区迁移所发生的费用,包括移民补偿款、基础设施损失和建设投入费用
	5	自然保护区建设成本	流域上游地区为保护重要生态功能区和建设自然保护区投入费用,包括这些区域建设、运行和维护等费用
污染物综合治理成本	6	点源污染治理成本	流域上游地区治理点源污染投入费用,包括城镇污水和垃圾、工业废水的相关配套设施建设及其处理费用
	7	面源污染治理成本	流域上游地区治理面源污染投入费用,包括农业面源污染、畜禽养殖污染及农村居民生活垃圾和生活污水处理费用
	8	环境监测监管成本	流域上游地区环保职能部门在对流域环境监督管理工作投入费用,包括水质水量监测、环境检察队伍建设、核辐射环境监管、环境科研水平以及环境信息和宣教能力提升等投入
其他成本	9	生态农业建设成本	流域上游地区进行生态农业建设投入费用,包括沼气设施建设、秸秆资源化建设、农村垃圾资源化技术、有机肥和生物农药的开发和研制以及农用化学品管控等投入
	10	节水措施成本	流域上游地区为保证水量进行的节水改造,提高用水效率等投入费用,包括小型蓄水设施建设、集中供水工程建设、工业企业节水设施改造、节水农田灌溉设施建设、农业渠道防渗等费用
	11	相关科技成本	流域上游地区为改善生态环境进行的科研经费投入,包括科研项目、科普活动等投入

2. 直接成本法的核算方法

直接成本法的核算方法相对简单,既可通过直接市场评价法确定,也可通过查阅相关资料获得数据,因此直接成本法核算结果的准确性主要取决于核算体系的科学性。直接投入成本的核算有静态和动态两种核算方法,区别在于是否考虑投入资本本身的时间成本。直接成本静态核算就是仅把某区域一定时间内的环境保护与生态建设投入加总求和直接求出成本额;动态核算的直接成本则要考虑到投入从开始发生到获得生态补偿时间差内的时间成本,即生态保护投入资本的时间机会成本,由于生态保护投入所造成的资本占用,丧失了其他投资机会更使本来就发展滞后的水源区受到了更大的资本约束。

5.4.2.2 机会成本法

1. 机会成本法内涵

在流域生态补偿中,机会成本一般指水源地为了全流域生态环境而放弃的部分资源利用、产业开发所遭受的最大收益损失。主要包括两个层面:一是在水源保护和严格的环境标准约束下,所遭受的污染企业关停并转带来的损失,以及具有一定污染性的企业引资限制损失,具体包括原有企业关停或限产带来的产值损失、失业损失、地方财政收入损失,引资限制所造成的预期产值损失、预期就业损失、预期财政收入损失等。二是在加大生态环境保护投入条件下,造成的生产性资本减少,以及由此带来的利润和发展机会损失,如污水处理、水土保持工程建设等投入占用了资本、挤占或剥夺了该资本被用于其他产业开发,即使可投入、可使用的资本量减少,资本短缺矛盾进一步被激化,使水源保护区投资项目减少、收益减少,对当地居民和企业发展造成了更大限制。

因此,为确保水源地生态环境保护工作的长期顺利实施,必须对被"限制"或"禁止"发展(主要针对工业)的特定区域得到最基本的经济补偿,其标准足以弥补因限制或放弃发展机会而付出的机会成本。

2. 机会成本的核算方法

机会成本作为一种潜在收益损失或发展机会丧失,不像商品生产或提供服务那样有直接的投入成本付出或收益收入下降,因此计算起来比较困难,也存在较多争议,但是存在损失是实实在在的,也是得到一致认同的。其补偿测度确定一般采取调查法或间接替代计算法核算,前者是根据人们的补偿意愿和相关统计数据确定其实际补偿额度;后者则通过一定的参照对象进行对比分析确定出间接损失额度。本书采用间接替代计算方法进行核算,其计算公式为

$$P = (G_0 - G) \times n$$

式中:P 为补偿金额,万元/年;G_0 为参照地区人均 GDP,万元/人;G 为水源保护区人均 GDP,万元/人;n 为水源保护区总人口,万人。

这种模型考虑因素较少,便于计算。但正因为考虑的因素少,导致机会成本额可能没有反映真实补偿情况,如仅计算了 GDP 差异,无法准确计算因生态保护而失去的资源开发和项目引进带来的收益损失,而这些又是机会成本的重要组成部分,因此在实际操作中,需要分析生态补偿机制中机会成本的各组成部分,从而对机会成本法进行修正。

机会成本的核算还可以按照受损主体不同,从企业、居民、政府三个层面进行归集。企业机会成本可分为三类:一是因关闭、停办所产生的损失;二是因合并、转产带来的利润

损失；三是迁移过程中发生的迁移成本和新建厂房成本。居民机会成本包括种植业收入损失和非种植业收入损失。政府机会成本包括直接税收损失和潜在税收损失。

因此，水源生态保护机会成本是企业、居民户和政府三方主体机会成本的综合，计算公式为

$$OC = EOC + IOC + GOC$$

式中：OC 为某区域生态保护机会成本总额；EOC 为某区域内企业发展受限所遭受的损失，承担的机会成本；IOC 为某区域居民户个人因投资领域或项目制约等所遭受的损失，承担的机会成本；GOC 为某区域地方政府因生态环境保护所需要的各种额外投入增加所遭受的损失、承担的机会成本。

5.4.2.3　标准测算模型

该方法从生态保护建设总成本入手，对生态补偿量进行测算，建立流域生态保护建设补偿标准测算模型的基本公式，具体如下：

$$C_t = DC_t + IC_t$$

式中：C_t 为生态建设与保护总成本；DC_t 为直接成本；IC_t 为间接成本。

5.4.2.4　总成本修正模型

总成本修正模型对水源区的各项直接投入成本与机会成本进行加总，再通过"水量分摊系数、水质修正系数和效益修正系数"对核算出来的总成本适当修正，从而测算出总成本额度，其计算公式为

$$CD_t = C_t KV_t KQ_t KE_t$$

式中：CD_t 为下游地区的补偿量；C_t 为生态建设与保护总成本；KV_t 为水量分摊系数；KQ_t 为水质修正系数；KE_t 为效益修正系数。

总成本法较全面地涵盖了生态保护建设成本，且对其进行了水质水量系数修正。但在生态补偿中仅考虑其建设成本显然是不够的，这无法满足生态补偿的实际需要；且其尚未考虑运营费用及折旧。这些问题在实际补偿中都是十分重要的，因而需要对总成本法进行修正方能计算出合理的补偿金额。

另外，由于每年的水量、水质、供水量、水价、用水效益、发电量和生态保护与建设投入等参数是动态变化的，所以各受益部门每年受益的份额、分摊的成本也是动态变化的。

1. 水量分摊系数

上游地区作为流域的水源涵养区，在生态建设和保护工作中所付出的成本，在整个流域内发挥着巨大的经济效益、社会效益和环境效益。根据水资源的准公共物品属性、生态与环境资源的有偿使用理论和外部成本内部化等生态补偿研究的基本理论，上游水源涵养区内的生态建设投入应得到下游地区的补偿。

上游地区的总水量既提供了上下游地区的国民经济用水和生活用水，也确保了上下游地区的生态用水，水量分摊系数计算公式如下：

$$KV_t = W_{下} / W_{总} \quad (0 < KV_t < 1)$$

式中：KV_t 为水量分摊系数；$W_{下}$ 为下游地区利用上游水量；$W_{总}$ 为上游总水量。

则下游因利用上游水量而需承担上游生态建设和保护成本 C_t 的分摊量为 $C_t KV_t$。

其中，用水量包括农业用水量、工业用水量、生活用水量和生态用水量，这些数据可以

通过下游统计调查获取,当数据不完整时可以采用万元国内生产总值(当年价格)用水量进行折算。如,根据2019年度《中国水资源公报》,全国人均综合用水量431 m^3,万元国内生产总值(当年价)用水量60.8 m^3。

2. 水质修正系数

在水资源利用的过程中,水质的优劣同样能够影响用水效益,上游地区供给下游水量的水质越好,其发挥的效益越大。因而,应引入水质修正系数 KQ_t 对下游分摊的成本 C_tKV_t 进行修正。以常用的水质指标COD质量浓度作为流域上下游交界断面处的代表性指标,假设上下游交界断面所要求的水质标准为 S(mg/L),即上游地区有责任保证上下游交界断面处的水质达到 S,以保证下游地区的正常用水。

当交界断面处水质 Q_t 低于 S 时,流域下游地区除分摊成本 C_tKV_t 外,还需要承担水质优于预期目标所少排放的COD量 $P_t(t)$,设上游地区年削减单位COD排放量的投资为 M_t(万元/t),则上游地区因向下游提供优质水量而获得的补贴为 $P_t \times M_t$。

当交界断面处水质 Q_t 高于 S 时,即上游来水的水质不达标的情况,上游地区得到下游地区分摊成本 C_tKV_t 之外,需要对水质为 Q_t 情况下比水质为 S 下所多排放的COD量进行赔偿,即上游地区因为向下游提供劣于标准水质的水量而赔偿 P_tM_t。

因此,水质影响系数为

$$KQ_t = 1 + \frac{P_tM_t}{C_KV_t}$$

当 $Q_t = S$ 时,$P_t = 0$,$KQ_t = 1$,下游地区只需因利用上游水量而分摊成本 $C_t\mathrm{KV}_t$;当 $Q_t < S$ 时,$P_t > 0$,$KQ_t > 1$,下游地区除需分摊成本 $C_t\mathrm{KV}_t$ 外,因享用优于标准水质的水量而对上游地区补贴 P_tM_t,合计补贴 $C_t\mathrm{KV}_t + P_tM_t$;当 $Q_t > S$ 时,$P_t < 0$,$KQ_t < 1$,下游地区分摊成本 C_tKV_t,但上游地区因向下游排放劣于标准水质的水量需向下游地区赔偿 P_tM_t,合计下游支付给上游 $C_t\mathrm{KV}_t - P_tM_t$。

3. 确定效益修正系数

在生态建设产生正效益的情况下,根据西方经济学的生产者行为理论,应保证上游地区的生态建设投入部门和下游地区的受益部门的投资效益大于成本,以保持投资的积极性,应使引入的效益修正系数 $\mathrm{KE}_t > 1$,不同流域地区根据各部门综合指标取经验值。在实际的补偿机制逐步建立的过程中,应对 KE_t 值有一个逐步调整的过程,使之满足边界条件。

4. 上下游生态建设效益分享和成本补偿需满足的边界约束条件

从下游受益地区考虑,假定某一年度的国民经济用水净效益为 B_d,各部门分享的效益系数分别为 $a_1, a_2, \cdots, a_n$;分摊的生态建设的年补偿量为 C_d,则第 i 个受益部门分享的效益为 a_iB_d,分摊的补偿量为 a_iC_d,其效益投入比 $K_d = \frac{a_iB_d}{a_iC_d}$。当 $K_d \leqslant 1$ 时,受益单位分摊的生态建设成本超过了分享的效益,就会因此无利可图而失去投资驱动力,故必须使 $K_d > 1$。考虑到水资源属于国家所有,以及自然因素在产生水生态效益中的作用和水生态价值估算中的不确定性,K_d 必须维持在一个较大的数量值才能使受益部门产生较大的投资驱动力。

另外,从上游地区生态建设角度考虑,将上游地区生态建设与保护的总成本 C 划分为用于维护上游地区生态和国民经济效益 $B_{上}$ 的成本 $C_{上}$,用于带给下游地区生态和国民经济效益的成本 $C_{下}$,那么应满足上游分享效益与成本的比值 $\frac{B_{上}}{C_{上}}>1$,同时应满足下游补偿值与成本之间的比值 $\frac{C_{d}}{C_{下}}>1$,以保证上游生态建设投资的驱动力,所以 $K_{u}=\frac{B_{上}+C_{d}}{C}$ 应大于 2。

同样应考虑到自然因素在水生态效益中的作用,目前 K_{u} 与 K_{d} 应大致相等,以利于调动流域上下游各受益部门分摊生态建设成本的积极性。考虑到上游地区社会经济发展滞后,K_{u} 应略大于 K_{d}。

5.4.3　支付意愿法(WTP)

支付意愿法(willingness to pay,WTP)又称条件价值法(contingent valuation method,CVM)是对消费者进行直接调查,了解消费者的支付意愿,或者他们对产品或服务的数量选择生态系统服务功能的价值。该方法最初由经济学家 Ciriacy Wantrup 于 1947 年提出,1963 年 Davis 首次应用该方法研究了美国一处林地的游憩价值,标志着 WTP 的真正诞生,此后在发达国家河流景观保护、休闲、生物多样性保护等领域广泛应用,发展中国家的资源环境经济学家认为,WTP 法有效、可行。国内 WTP 法研究始于 20 世纪 80 年代,早期以理论探讨为主,案例研究 90 年代才开始,众多学者利用 WTP 法对不同区域的环境服务价值进行评估,极大地推进了 WTP 法在生态补偿标准估算中的应用,也拓展了 CVM 法应用领域。按照经济人的假设,消费者通常会选择较低的一个标准来支付补偿,也就是说,他会花最少的钱来得到最多的服务。因此,支付意愿值就作为流域生态补偿标准的下限来考虑。

WTP 法把生态利益相关方的收入、直接成本和预期等因素整合为简单意愿,避免了大量基础数据的调查,被认为是“富有前景的环境资源价值评估方法”,是现阶段流域生态补偿确定方法之一。该法既可以调查补偿者的支付意愿,也可以调查接受补偿者的受偿意愿。

最大支付意愿的补偿标准利用实地调查获得的各类受水区最大支付意愿与该地区人口的乘积得到,估算公式如下:

$$P = WTP \times POP$$

式中:P 为根据个人最大支付意愿估算出的补偿标准;WTP 为调查对象最大支付意愿;POP 为人口数。

WTP 可采用黄丽君等使用的数学期望公式获得:

$$WTP = \sum_{i=1}^{n} A_i P_i \quad (i = 1,2,\cdots,n)$$

式中:A_i 为支付数额;P_i 为受访者人数。

意愿价值评估法以消费者效用恒定的福利经济学理论为基础,构造生态环境物品的假想市场,通过调查获知消费者的支付意愿或受偿意愿来实现非市场物品的估值。但

WTP 研究获得的支付意愿是"过程依赖"的,受问卷设计和实施中各个环节的影响,因此获得的结果呈现不确定性,不能显示消费者的"稳定"偏好,如不进行细致足量的问卷调查,则可能出现重大偏差。

5.4.4 基于水资源价值的补偿标准

长期以来,水资源低价甚至无价使用导致需求过度膨胀,造成了水资源严重浪费,也加剧了由此导致的多种经济社会矛盾。水资源具有不可替代性和稀缺性决定了可以运用经济手段对水资源进行管理,以实现其合理流动和有效配置。

在流域生态补偿中,水源区或上游地区为了保障供水的数量和质量,促进水资源供给和水源区生态环境保护的可持续性,进行了大量的人力、物力和财力投入,确保了水资源外部经济性效应的持续发挥。因此,对水资源价值进行科学计算既是生态补偿标准确定的基础,也是流域上下游之间水权交易的重要组成部分。

目前,水资源价值的定价方法很多,主要有影子价格模型、边际机会成本模型、模糊数学模型、环境选择模型、供求定价模型、水资源价值运移传递模型、条件价值评估法等。在计算生态补偿标准时,可以根据水资源的市场价格,基于水质情况、运用水资源价值法对生态补偿额进行估算,其计算公式为

$$P = QC\&$$

式中:P 为补偿额;Q 为调配水量;C 为水资源价格,可采用污水处理成本或水资源市场价格;$\&$ 为判定系数,当水质好于Ⅲ类时,$\&=1$,当水质劣于Ⅴ类时,$\&=-1$,否则 $\&=0$。

上游生态补偿政策一旦实施,下游就应当对上游为保护水源生态环境的努力进行补偿。当流域生态服务价值可直接货币化时,可基于市场价格实施流域补偿,根据水质的好坏,来判定是受水区向水源区补偿,还是水源区向受水区补偿。依据《地表水环境质量标准》(GB 3838—2002),确定上游供给下游水质应为Ⅲ类标准。如果上游供给下游的水质达到国家《地表水环境质量标准》(GB 3838—2002)的Ⅲ类,上游与下游都不进行补偿,如果水质优于Ⅲ类标准,下游需要对上游进行补偿,如果劣于Ⅲ类标准,则上游要对下游进行赔偿。

水资源价值法可以清晰地反映水资源价值,简单易用,但 C 还可以进一步改进,如可以采用水资源价值来替换;判定系数 $\&$ 还可以细化,可以根据优质优价的原则来合理确定。计算中参数的取值对结果影响较大,因此要结合流域实际状况慎重选取。随着流域水资源交易市场的逐步形成和完善,基于水资源价值的补偿是最易行和可操作的。但在实际补偿中往往因缺少市场公允价值而无法进行有效计算。

5.4.5 基于下游水量和水质需求的补偿标准

基于水质水量保护目标的标准核算方法是在掌握流域水量、水质演变情况的基础上,结合流域综合区划,设定水资源开发利用的总量控制标准和跨界断面水量、水质考核标准,分析流域水资源开发利用与保护活动中存在的补偿或者赔偿关系。例如,河北省和辽宁省采用跨界断面水质目标考核办法协调流域上下游补偿与赔偿的关系,并取得了一定成效。

5.4.5.1　指标选取

一般地表水污染监测的指标是高锰酸盐指数,点源污染监测的指标是化学需氧量,如子牙河流域和辽河流域在跨界断面水质目标考核办法中均采用了化学需氧量作为水质监测指标。根据我国《地表水环境质量标准》(GB 3838—2002),河流评价指标主要有高锰酸盐指数、化学需氧量、氨氮、总磷、重金属等,不同地区可以根据实际情况选择合适的指标进行测算,既可以采用单一指标(通常化学需氧量)方法,也可以采用多指标方法。

5.4.5.2　补偿依据

流域跨界断面水质目标是测算基于标准核算的重要依据。流域跨界水质的确定通常以流域水环境功能区划为基础。一般来说,如果已经有上一级政府批准实施的流域水污染防治规划,那么以规划中确定的跨界断面水质目标作为生态补偿依据最为合理。如果上下游政府之间已经有跨界水质协议安排,那么达成协议的水质要求就应该成为流域水质生态补偿的基本依据。考虑到一个等级水质的污染物浓度范围变化较大,在上下游协商的基础上也可以确定主要污染物的具体浓度要求。如果上游地区供给下游地区的水质达到上下游协议的要求,上下游之间不进行补偿;如果水质优于协议的目标值,下游地区需要对上游地区进行补偿;如果劣于目标值,则上游地区需要对下游地区进行赔偿。

5.4.5.3　标准测算模型

一般来讲,依据《地表水环境质量标准》(GB 3838—2002)确定上游地区供给下游地区的水环境质量为Ⅲ类或Ⅳ类标准,如果流域上游地区供给下游地区的水质达到国家《地表水环境质量标准》(GB 3838—2002)的Ⅲ类或Ⅳ类,上游政府不对下游政府给予污染赔偿,下游政府也不对上游政府给予补偿;如果上游供给下游的水质优于Ⅲ类或Ⅳ类标准,下游地区需要对上游地区进行补偿;如果上游供给下游的水质劣于Ⅲ类或Ⅳ类标准,则上游地区要对下游地区给予赔偿。可采用单因子指标测算模型或多因子指标测算模型进行估算。

1. 单因子指标测算模型

以 COD 为例,如果河流断面水质超标,则将水质提高一级下游应该获得的赔偿金额为

$$P = \frac{T}{10}CQ$$

式中:P 为水质提高一级的赔偿金额;T 为下游水质提高一级减少的 COD 含量;C 为总成本或直接成本的估计值;Q 为下游入境总水量。

将水质提高一级的补偿金额相加即得下游应该获得的赔偿总金额,如果上游入境河流水质超标,则在出境水质超标的补偿金中扣除。考虑到修复 10 mg COD 总成本中包括折旧、利息、管网和大修等因素,应将总成本作为赔偿金额的上限;直接成本中包括电费、药剂费、人员工资等因素,应将直接成本作为赔偿金额的下限,具体赔偿金额可以由上下游协商确定。但是由于我国流域上游地区大多为经济落后地区,因此建议将直接成本作为赔偿金额标准。

2. 多因子指标测算模型

以下游引用水量的多少作为补偿依据。流域生态服务补偿标准的估算公式为

$$P = Q\sum L_i C_i N_i \quad (i = 1,2,\cdots,n)$$

式中:P 为补偿支付或赔偿的数额;Q 为下游引用水量;L_i 为第 i 种污染物水质提高的级别;C_i 为第 i 种污染物提高一个级别净化所需成本;N_i 为第 i 种污染物的超标倍数。

超标倍数 N_i=(某指标的浓度值-该指标的Ⅲ类水质标准)/该指标的Ⅲ类水质标准

下游引水量的估算公式为

$$Q = \frac{S_1 T_1}{S_2 T_2} V_1$$

式中:S_1、T_1 为上游支流流域面积和降水量;S_2、T_2 为下游流域面积和降水量;V_1 为断面多年流量平均值/常年平均流量。

5.4.6 基于跨界超标污染物通量的补偿

建立基于跨界断面水质目标的基本要求是,出境河流水质满足跨界断面水质控制目标。基于跨界超标污染物通量的补偿是指,超过水质控制目标的断面按照超标的污染物项目、河流水量(河长)及商定的补偿标准,也就是以跨界的超标污染物排放通量确定超标补偿金额。根据我国河流污染的一般特征,可以把 COD、高锰酸盐指数、氨氮、总磷等纳入补偿考核指标。补偿金的测算分单污染物因子和多污染物因子两种类型,具体为

单因子补偿资金=(断面水质浓度监测值-断面水质浓度目标值)×月断面水量×水质补偿标准

多因子补偿资金=∑(断面水质浓度监测值-断面水质浓度目标值)×月断面水量×水质补偿标准

5.4.7 基于跨区域水质水量指标的流域生态补偿量测算方法

基于河流水质水量的跨行政区界的生态补偿量计算办法,是将实行统一的流域和区域综合环境管理纳入流域地区政府的责任范围内,即将流域水体行政区界河流水质和水量指标设定为生态补偿测算的综合指标值中。该方法应用“综合污染指数法”进行流域生态补偿的水质评价,提出依据水权和对全流域 GDP 的贡献度或比率的方法进行流域水流量的测算。

5.4.7.1 水质评价模型

进行流域生态补偿的水质评价时,考虑水质评价方法特点及我国流域水环境监测体系的发展状况,选用相对简单、便于实施的“简单综合污染指数法”,计算公式为

$$P_j = \frac{1}{n}\sum_{i=1}^{n} S_i = \frac{1}{n}\sum_{i=1}^{n}\frac{C_i}{C_{0i}}$$

式中:P_j 为流域行政区界 j 断面河流水质的综合污染指数;S_i 为第 i 种污染物的标准指数;C_i 为第 i 种污染物的实测平均浓度,mg/L;C_{0i}为第 i 种污染物评价标准值,mg/L,可参照《地表水环境质量标准》(GB 3838—2002)。

P_j 指数越大,就代表流域内行政区界 j 断面河流水质越差;反之,P_j 指数越小,表明河流在该行政区域内的水质就越好。

5.4.7.2　河流水量评价指标和方法

流域水流量则根据国家流域综合管理办法,依据水权和 GDP 的贡献度或比率进行分配确定,计算公式为

$$L_j = Q_i^*(1+G_i) = \frac{Q_i^{out}}{Q_i^{in}}\left(1+\frac{GDP_i}{\sum_{i=1}^{m} GDP_i}\right)$$

式中:L_j 为某条河流经该行政区域的水流量指标;Q_i^* 为该流域行政区的河流总水量系数;G_i 为该行政区的总产值占全流域行政区总产值的比重;GDP_i 为该行政区 GDP 的总产值;Q_i^{in} 为经过该行政区界的河流总汇入水量;Q_i^{out} 为经过该行政区界的河流总流出水量;m 为该河流所流经的行政区域总数,按同级行政区统计。

需要指出的是,Q_i^{out}、Q_i^{in}、GDP_i 都在某一行政区域内取值,$(1+G_i)$ 考虑了一个流域行政区域的经济贡献率,Q_i^* 考虑一个流域行政区域的自然水量,这样 L_j 就成为考虑该行政区自然与经济因素的技术经济指标。对于多条河流的情况,则可以流量等指标分配相应的权重系数。

5.4.7.3　跨区域流域生态补偿量测算模型

在考虑流域水体水质指标(如 COD 等)的自然增加值和经济贡献值(如 GDP 等)的基础上,国家相关机构应协调流域范围内的各级政府确定行政区界(如省与省、市与市等行政区划之间)的综合指标值 W,即 $W = f$(水质,水量)。

结合流域水质环境监测与生态环境评价现有的技术手段,在流域的行政区界断面设置流域水质、水量监测断面,按照上述流域水质水量的计算办法,则可以计算跨区域之间的基于水质水量的生态补偿量(补偿标准)。

跨区域流域生态补偿量系数测算模型为

$$W_j = W_j^{out} - W_j^{in} = (P_j^{out} - P_j^{in})L_j = \Delta P_j L_j$$

式中:W_j 为行政区界 j 的流域生态补偿量系数;W_j^{out} 为行政区界 j 在其境内的流域下游区界断面点的生态补偿量系数;W_j^{in} 为行政区界 j 在其境内的流域上游区界断面点的生态补偿量系数;P_j^{out} 为行政区界 j 在其境内的流域下游区界断面点河流水质综合污染指数;P_j^{in} 为行政区界 j 在其境内的流域上游区界断面点的河流水质综合污染指数(源头河流水质指标可取其境内河流发源地的监测值);L_j 为某条河流经该行政区域的水流量指标。

流域生态补偿量系数 W_j 为一无量纲单位,用于表征流域内不同行政辖区政府根据流域在整个区域内的生态—经济—社会实际情况下的生态资源分配系数,即经过各行政区域政府就流域水质水量达成一致的基础上,共同确立生态补偿的基本标准 C_0(如某一具体生态补偿经济价值基准),再乘以依据实际指标测算所得的流域生态补偿量系数 W_j,即为某一行政区域的生态补偿数额 C_t。

$$C_t = W_j \times C_0$$

式中:计算结果 C_t 有可能是正数、负数或者零,这三种情况在假设该行政区域位于流域上游的情况下分别表示为:①当 C_t 为正数时,说明某一行政区域生态环境污染综合水平高于行政区之间商定的“环境责任协议”数值,即流域在该行政区内污染相应地加重,该行政区政府应该对其流域下游一方行政区的同级政府给予生态补偿,具体补偿金额为 C_t;

②当 C_t 为负数时,说明某一行政区域生态环境污染综合水平低于行政区之间商定的“环境责任协议”数值,即流域在该行政区内污染相应地减轻,该行政区政府应该得到其流域下游一方行政区的同级政府给予生态补偿,具体补偿金额为 C_t;③当 C_t 为零时,说明某一行政区域生态环境污染综合水平恰好等于行政区之间商定的“环境责任协议”数值,即流域在该行政区内污染既没有加重也没有减轻,该行政区政府不对其流域下游一方行政区的同级政府进行生态补偿。

这样上下游区域政府将根据“环境责任协议”进行政府间的生态环境补偿用于激励其环境治理和生态改善,从而避免了上级政府过多地行政干预与协调。

5.4.7.4 阶梯式流域生态补偿标准

生态补偿量系数 W_j 的计算结果本质上只是一个调节分配系数,其数值不一定呈阶梯式分布;而生态补偿的基础标准 C_0(某一流域的具体生态补偿经济价值基准)应考虑环境污染的治理难度和生态损失的恢复程度,参照“阶梯式价格标准”来设定,即行政区域内河流的污染越严重,生态补偿标准的额度 C_t 就越高。

流域生态补偿标准测算依据上下游建立的“环境责任协议”制度,采用流域水质水量协议的模式。同时,阶梯式流域生态补偿标准的制定也需要国家级行政部门统一协调法律、水利、环保等专业机构,在各级流域行政政府的协商配合下,共同完成;也可按照相应的国家专业标准和法规制定程序进行制定。

这种采用阶梯式补偿金的生态补偿方式的意义在于某个行政区域政府对其流域范围内的自然环境负责,其所造成的生态损失越大(或生态贡献越多),则付出(或得到)的生态补偿金数额就越高;反之亦然。其中,生态补偿总额是由上游地区对下游地区污染超标所造成损失的赔偿或生态保护所转让利益的弥补,赔偿额或补偿量与河流污染物的种类、浓度大小、水量多少以及持续时间有关。另外,在遇到旱灾、水灾等自然灾害及其他特殊情况下,需要上下游地区政府在一定框架下进行自由协商和行政复议,以实现生态补偿的危机管理。

5.4.8 不同补偿标准的对比分析

(1)基于生态保护与建设成本的计算方法主要是对当地生态环境保护投入进行补偿,目的是保护和实现流域生态系服务的基本功能,即用较低的成本获得较高的生态效益。但是,这种方法没有考虑当地人的生存需要,当地农民要维持生计仍然有可能威胁流域生态环境,很难保证流域生态补偿机制的可持续发展。因此,基于生态保护与建设成本的补偿标准可以看作是计算补偿额度的一个基准值。

(2)基于发展机会成本的计算方法原则是补偿居民的收益损失,这样的计算结果能在保证农民收入水平不降低的同时维持农民保护生态环境的长效机制,但对上游地区的后继工作及下代人的补偿考虑不足。这种方法适用于上下游经济发展水平差距较大的流域,因为在上下游经济发展水平差距不大的流域,计算结果偏低,很难达到理想的补偿效果。

(3)生态系统服务价值是流域生态补偿机制的最终实现形式,因此基于生态系统服务价值的计算方法能够充分发挥流域的生态系统服务功能,但是评估生态系统服务方法的不同会导致计算结果差别很大,具有很大的不确定性,并且计算结果往往偏高。

(4)基于水质水量生态补偿标准核算方法考虑了上游对下游、下游对上游的双向补给,能够更好地激励流域上下游各级政府及有关部门保护流域水环境的内在动力。但是如果流域上游地区的经济发展比较落后,流域上游地区的水质超标时几乎没有经济实力进行补偿,将导致补偿无法继续下去。因此,跨界断面水质水量生态补偿标准核算方法适用于水体污染严重和跨界影响问题突出、上下游经济发展差距不大的流域。

(5)基于水污染经济影响损失函数的计算方法利用环境水力学方法和环境经济学方法,综合分析了水环境影响的自然过程以及水污染经济损失与水资源保护成本的关系,很好地反映了水环境影响和经济补偿关系,但是这种模型仅侧重研究了上游对下游的赔偿,适用于上游出境水质污染问题突出、上下游经济发展差距不大的区域。

各种核算方法的特点具体见表 5-5。

表 5-5　各种核算方法的特点

序号	核算方法	特点
1	基于生态系统服务价值的核算方法	充分体现流域提供的价值,计算结果偏高
2	基于上游供给成本的核算方法	保证了补偿的基本需求,但没有考虑当地人的生存需要;数据量较大,结果偏低
3	机会成本法	充分考虑了水源区的利益,计算公式简单,考虑的因素较少,计算结果往往偏大
4	支付意愿法	充分考虑了受益方的支付意愿。但是,价格浮动太大,与相关收入有关,并且缺乏客观性,容易受到人为因素的影响
5	水资源价值法	简化了研究目标,以水质和水量结合来做判断。但是,缺乏综合研究,方法有待改进和完善
6	基于流域上下游断面水质目标的核算方法	双向补偿,激励各级政府保护流域水环境的内在动力,但存在公平性的问题;公式简单,但数据需求较高,结果适用性高
7	基于流域上下游考核断面水污染物通量的核算方法	双向补偿,激励各级政府保护流域水环境的内在动力,但从成本角度考虑缺乏全面性;公式简单,数据量小,结果适用性高
8	基于水污染经济影响损失函数的核算方法	建立了上下游水污染-经济影响模型,促进了水污染的有效治理,但只能用于上游对下游的赔偿;模型较复杂,数据量较大,但结果适用性强

5.5　流域生态补偿分摊研究

流域生态补偿是一项重要的流域环境治理手段,通过协调流域上下游之间的利益冲突,将流域环境功能使用的外部成本内部化。实践证明,生态补偿政策在解决流域水质冲突方面取得了明显效果。流域生态补偿经常涉及跨省生态补偿问题,在实践中不仅面临补偿标准的问题,而且涉及上下游省份的补偿资金分摊比例问题。当前,国内研究大多关注生态补偿标准的测算,而忽略了上下游生态补偿资金的分摊比例。事实上,生态补偿标准的测算回答了保护水资源需要多少补偿资金,分摊比例回答的是如何分摊这些补偿资金,这是落实生态补偿资金的关键。根据2015年中共中央、国务院发布的《生态文明体制改革总体方案》的要求,遵循“成本共担、效益共享、合作共治”的原则,以地方补偿为主,国家财政给予支持。随着流域生态补偿试点工作的推进,特别是国家财政资金在生态补偿中逐渐退出,无疑增加了上下游省份的分摊比例,分摊比例问题在实践层面显得越来越突出。因此,在实践中如何合理公平地制定上下游政府分摊比例,是当前生态补偿中面临的重要问题。

5.5.1 分摊比例确定思路

目前,流域的水源地生态补偿分摊模式,以国家、上游政府和下游政府等三方共同分摊模式为主,补偿资金由国家和上下游政府分摊,并体现出以下特点:

(1)第一轮流域生态补偿试点分摊比例以国家占比最高,新安江生态补偿涉及安徽省和浙江省,汀江-韩江流域涉及福建省和广东省,东江流域涉及江西省与广东省,滦河流域涉及河北省与天津市,试点期间国家、上游和下游分摊比例均为60.00%、20.00%、20.00%。

(2)国家分摊比例呈现逐步降低的趋势,如新安江是中国试点较早的流域,第一轮试点为2012—2015年,第二轮试点为2016—2018年,国家分摊比例由第一轮的60.00%下降到第二轮的第一年50.00%、第二年43.00%、第三年33.30%,呈现出国家财政资金在生态补偿分摊比例中逐步降低的趋势。

(3)试点期间上下游分摊比例相同。从已有流域生态补偿分摊比例实践看,在试点期间,只有潮白河流域生态补偿上下游分摊比例不同,上游河北省、下游北京市分摊比例分别为14.30%、42.80%,此外,其余流域的生态补偿上下游分摊比例相同,其中试点期间第一轮上下游分摊比例均为20.00%,新安江第二轮试点期间上下游分摊比例第一年相同为20.00%,第二年相同为28.50%,第三年相同为33.30%。

从中国流域生态补偿的实践看,以国家财政为分摊主体的模式具有强制性和易于实施的优点,但是不具有长期性,流域生态补偿的关键是如何解决长效补偿机制问题,也就是最终实现流域生态保护与经济社会发展的双赢。

综观全球流域生态治理经验和实践,流域生态治理大多经历了分步骤、分阶段实施的过程,在不同阶段制订重点保护目标,成功解决了流域治理问题。如莱茵河流域生态修复经历了水质恢复、生态修复、提高补充等三个阶段;日本琵琶湖流域生态系统的修复与重建经历了水质保护、水质保护与水源涵养、水源涵养与景观保护等阶段。近年来,围绕生态补偿的阶段性问题展开了研究,如从生态补偿的投入、支付能力、公众对生态补偿的需求角度,将水源区生态补偿划分为建设阶段、维护阶段、分配阶段、完善阶段、优化阶段等五个阶段。上述生态补偿阶段划分,大多基于补偿主体、补偿能力、公众意愿以及测算方法等角度展开,忽略了补偿目标、补偿对象的特征和需求,事实上生态补偿更需要关注的是生态系统本身恢复的自然规律及其过程的需求,需针对生态系统恢复的阶段性特征制定相应的生态补偿模式,以解决生态系统恢复和经济社会发展协调的长效机制。当前在中国流域生态文明建设背景下，需树立和践行绿色发展理念，统筹处理水生态环境保护与经济社会发展的关系。根据流域生态治理的阶段，结合流域生态文明建设理念，将流域生态补偿划分为试行阶段、修复阶段和稳定阶段。试行阶段是流域水源地生态补偿的尝试阶段。这一阶段的主要目标是改善水源地水质，生态补偿内容以控制重点污染源和削减污染物排放量所需要的污染治理成本为主。考核标准以水质达标为关键。补偿金额与分摊比例是在中央政府的主导下，上下游政府通过双方协商确定。一般采用国家为主，上下游平等分摊的原则。如东江流域江西、广东两省每年各出资 1 亿元，中央财政依据考核目标完成情况给上游江西省 9 亿元，上游、下游、中央的分摊比例为 20.00%、20.00% 和 60.00%。恢复阶段是对水源地生态环境开展水源涵养、生态保护与恢复的时期，生态补偿的内容是生态与资源保护成本，生态补偿的目标是水质与水量同时达标，为上下游以及生态系统等水权益体提供清洁的水源，期限一般为 5～10 年。水资源在生态系统与经济社会系统的一级分配，以及上游水权益体和下游水权益体的水量分配等可作为生态补偿分摊比例的依据。如潮白河流域除将水质作为分摊比例依据外，还将水量作为分摊比例依据，制订水质、水量联合监测方案。其中，水量考核以多年平均入境水量为基础，实行多来水、多奖励的生态补偿机制。稳定阶段要求水源地水质、水量稳定达到协议规定标准，水源地生态环境维持较好水平，并维持稳定，进入了生态补偿的长效激励机制阶段。为下游提供清洁的水源，上游地区要求执行高于一般要求的产业准入门槛，在优化产业结构上付出成本和代价，生态系统需实施更严格的用途管制等，上游地区因此会丧失一定的发展机会。这一阶段的关键是避免因保护水源地而造成上下游的经济发展的不平衡加剧。补偿内容是补偿上游放弃的经济发展的机会成本，从而实现生态文明理念下区域发展权的公平化，实现上下游地区的互利双赢协同发展，以及人与自然和谐的绿色发展。这一阶段生态补偿分摊比例依据水源地与参照区主要经济指标的差异确定，可按照经济发展水平低的地区承担较低的补偿费用，经济发展水平高的地区承担较多的补偿费用的原则。

5.5.2　分摊应遵循的原则

5.5.2.1　公平原则

公平原则指参与分摊的上游与下游省份都是平等的主体，在分摊过程中必须被平等对待。

5.5.2.2　个体合理性原则

个体合理性原则即各参与分摊的地区所承担的补偿量不应大于其从其他途径可能获得的收益水平即机会成本，否则会导致补偿的不可实施。

5.5.2.3　补偿量分摊与受水量相对应的原则

补偿量分摊与受水量相对应的原则即参与受水量越大，其分摊的补偿量越多。

5.5.2.4　结构利益最优化原则

结构利益最优化原则指补偿量分摊方案的制订应综合考虑各种影响因素，合理确定补偿量分摊的最优结构。

5.5.2.5　互惠互利原则

互惠互利原则即补偿量分摊方案应使每个成员的基本利益得到充分保证，否则会影响到各参与地区的积极性。

5.5.2.6 有效性原则

有效性原则指水源区保护水源所产生的补偿量必须被全部分摊。

5.5.2.7 风险与利益相对称原则

风险与利益相对称原则指补偿量的分摊,应充分考虑各参与地区所承担的风险,对承担风险大的地区给予适当的补偿,以增强合作的积极性。

5.5.3 分摊方法

5.5.3.1 单指标法

单指标法就是以用水量、生态服务功能价值或人均 GDP 等某一项指标为依据来确定生态补偿资金支付额度的方法。

1. 按用水量分摊

由水源区和受水区两部分从水源区的取水量比重来反映直接受益系数,通常的做法是依据各地区的受益量(如用水量等)采用平均成本定价方法进行分配,计算公式如下:

$$C_i = \frac{q_i}{\sum_{i=1}^{n} q_i} C$$

式中:C_i 为第 i 个受益地区的投资分摊值;C 为总补偿金额;q_i 为第 i 个地区的用水量。

2. 根据分摊者的最大支付能力分摊

生态补偿标准的确定必须兼顾公平与效率,坚持受益者付费、污染破坏和使用者补偿、保护者受益原则,但也要考虑负担水平,即负得起问题,因此可用"人均 GDP"作为计算指标,来确定各地的补偿系数。人均国内生产总值是衡量地区经济发展水平最为间接有效的参数,同时也可以间接反映地区人们用水的支付能力。具体做法为:假设水源涵养保护受益地区有 n 个,其国内生产总值分别为 GDP_i,人口为 $p_i(i=1,2,\cdots,n)$,各地区人均国内生产总值占受益全区人均生产总值比例 α_i 计算公式如下:

$$\alpha_i = \frac{\frac{GDP_i}{p_i}}{\frac{\sum GDP_i}{\sum p_i}} = \frac{GDP_i \sum p_i}{p_i \sum GDP_i}$$

式中:$\alpha_i>1$ 表示地区经济发展水平高于受益区平均水平;$\alpha_i<1$ 表示地区经济发展水平低于受益区平均水平;$\alpha_i=1$ 表示地区经济发展水平处于受益区平均水平状况。

这样,地区间的经济发展水平得以定量区别。按照公平效益原则,经济水平低的地区适当承担较低的补偿费用,经济水平高的则承担较多的补偿费用。各地区补偿费承担比例 β_i 通过各地区人均国内生产总值比例系数占受益全区人均生产总值比例系数来确定:

$$\beta_i = \alpha_i / \sum \alpha_i$$

3. 根据生态服务功能价值确定生态补偿资金分摊的方法

由受水区与水源区按从水源区生态环境保护生态服务价值的受益量来反映间接受益

系数。具体算法是:计算水源区生态环境服务价值,在受水区与水源区之间划分各自所得,根据所得效益的多少来分摊补偿量,其计算公式如下:

$$E_i = \frac{w_i}{\sum_{i=1}^{n} w_i} E$$

式中:E_i 为第 i 个受益地区的分摊补偿量;E 为总补偿金额;w_i 为第 i 个受益区所分享生态服务价值量。

5.5.3.2　**综合指标法**

综合指标法是在所选单指标分摊方法计算的基础上,对各单指标分摊方法合理性的综合,通过专家打分评定各计算方法合理性权重大小。模型中的参与因子包括效益、用水量和最大支付能力。设各因子权重相等,用公式表示为

$$C_{\mathrm{d}} = C_{\mathrm{m}} \times \frac{P_{\mathrm{n}} + Q_{\mathrm{n}} + H_{\mathrm{n}}}{3}$$

其中:$P_{\mathrm{n}} = \frac{P'_{\mathrm{n}}}{\sum_{i=1}^{n} P'_{\mathrm{n}}}$,　$Q_{\mathrm{n}} = \frac{Q'_{\mathrm{n}}}{\sum_{i=1}^{n} Q'_{\mathrm{n}}}$,　$H_{\mathrm{n}} = \frac{H'_{\mathrm{n}}}{\sum_{i=1}^{n} H'_{\mathrm{n}}}$

式中:C_{d} 为分摊补偿量;C_{m} 为补偿量总额;P_{n} 为效益分摊系数;P'_{n}为各受益区受益量;Q_{n} 为水量分摊系数;Q'_{n}为各受益区用水量;H_{n} 为最大支付能力系数;H'_{n}为受益区最大支付能力。

5.5.3.3　**离差平方法**

离差平方法是一种加权综合法,它不需要人为确定各种分摊方法的权重系数,而是以单个分摊方法接近多种分摊方法平均值的程度确定权重。假定有 n 种分摊方法,分摊的平均值为 x,设想存在一个权重函数,当第 k 种分摊方法的分摊系数偏离均值 x 较大时,说明该种方法分摊的精度较差,利用权重函数求出的权重系数应该较小;反之,当偏离均值较小时,说明该种方法分摊的精度较好,利用权重函数求出的权重系数应该较大。

设权重函数为 W_i,它应满足的条件如下:

(1) $\sum_{i=1}^{n} W_i = 1$;

(2)权重系数 W_i 与离差平方 $(x_i - x)^2$ 成反向关系,即 $(x_i - x)^2$ 小则 W_i 大;反之,$(x_i - x)^2$ 大则 W_i 小;

(3)综合分摊系数的估值 C 依概率收敛于期望综合分摊系数 x。构造权重函数:

$$W_i = \frac{(n-1) \times s^2 - (x_i - \bar{x})^2}{(n-1)^2 \times s^2}$$

式中:样本方差 $s^2 = \frac{\sum_{i=1}^{n} (x_i - \bar{x})^2}{n-1}$,则综合分摊系数的估值 $C = \sum_{i=1}^{n} W_i x_i$ 。

5.5.3.4　各种方法的比较

1. 单指标法计算结果的不稳定性与片面性

单指标法计算过程简单明确,但具有片面性,所采用的方法不同,各分摊成员所分摊的结果忽高忽低,存在很大差异,容易引起分摊者对所采用方法和资料的怀疑,不利于分摊的实施。

用水量分摊法:能够从分摊成员直接受益的多少来反映补偿量分摊比例,但这种方法适用于经济发展状况、用水户的支付意愿相同的同一省级、同一地区之间的水权交易。

按所占有的生态环境产生的服务价值的比例来分摊生态补偿法:能够从分摊成员间接受益的多少来确定补偿量的分摊比例,但针对水土保持项目生态效益的量化研究,目前还没有统一的计算标准。采用的方法、影子价格不同,得出的结果差异很大。

根据分摊者的最大支付能力分摊法:经济发达的地区支付能力较强,但其用水户的支付意愿不一定与国民生产总值相一致,补偿量的多少和调水量没有联系,不符合建立分摊关系的原则,经济发达的受益区也不同意。

2. 综合指标法的主观性

综合指标是将各单因素对分摊结果的影响进行综合,比单指标法结果稳定,但确定各因素的权值采用了加权平均法,主观上认为各因素对分单量的影响权重相同,主观性较强,分摊形式的权威性、公平性受到质疑,影响水源区补偿量分摊的实施。

3. 离差平方法的客观性与全面性

在进行补偿量分摊时,合理分摊的关键在于全面考虑影响分摊的各个因素,合理确定各种分摊方法的权重系数。离差平方法不但考虑了影响分摊的多种因素,而且利用数学模型较准确地确定了各因素的权重,提供了较少人为因素影响的新思路。

第6章　大清河流域(唐河)概况

6.1　大清河流域概况

6.1.1　基本情况

大清河是中国海河水系五大河之一,属海河流域,位于永定河以南,子牙河以北,西起太行山区,东至渤海湾,由恒山南麓和太行山东麓的诸多河流汇集而成,位于东经113°32′~114°33′、北纬39°06′~39°41′。流域总面积43 060 km²,其中山区面积18 516 km²,占总面积的43%;平原面积24 544 km²,占总面积的57%。

大清河跨山西、河北、北京、天津4省(市),是华北地区一条重要河流,由于其河水较南面的子牙河、北面的永定河清澈,故名大清河。大清河上游的支流分北南两支,大清河北支为发源于河北省涞源县的拒马河,南支由发源于太行山区的大沙河、唐河、磁河、府河、漕河等。

山西地处大清河南支的上游,省内流域面积3 406 km²,主要为唐河水系,流域面积2 193 km²;其余属大沙河水系,流域面积1 213 km²。大清河流域在山西省境内主要包括大同市的灵丘县大部分,浑源县、广灵县小部分,以及忻州市繁峙县一部分(见表6-1和图6-1)。

6.1.1.1　**唐河**

唐河发源于浑源县温庄风岭,自西北向东南流经浑源县王庄堡镇,至西会村入灵丘县境,纵贯灵丘盆地,部分河段水流潜入地下,由西向东流至灵丘县高家庄至北水芦村一带有城头会泉水出露,河水流量逐渐增大,河流折向东南,于下北泉出省境进入河北省。唐河流域面积4 739 km²,河长354 km,平均纵坡2.34‰,其中山西境内河流全长96 km,面积2 193 km²,河道平均纵坡11‰。在境内主要有赵北河、华山河、大东河、上寨河、干峪河等较大支流沿河依次汇入。唐河出山西后继续向西南方向流经倒马关乡、黄石口乡、神南乡和白合镇,注入西大洋水库。

6.1.1.2　**大沙河**

大沙河发源于灵丘县太白山碾盘岭北麓的沙河,大致由东南向西北流经银厂乡的大部分村庄,在古路河村折向南,流经白崖台乡、三楼乡,在白草地村南接纳独峪河后,于花塔村南出省境进入河北省,此后称为大沙河,在河北阜平县接纳了源自山西的青羊河(又称青羊口河)及下关河,在河北省安平县北郭村以下称潴龙河,大沙河出山西省境,流经阜平县城后入王快水库。该河在山西境内主流长65 km,平均纵坡36.5‰,山西省境内流域面积575 km²。

表 6-1　山西省大清河流域行政区划情况表

市级行政区	县级行政区	面积/km^2
大同市	灵丘县	2 546
	浑源县	409
	广灵县	16
	小计	2 971
忻州市	繁峙县	435
	小计	435
合计		3 406

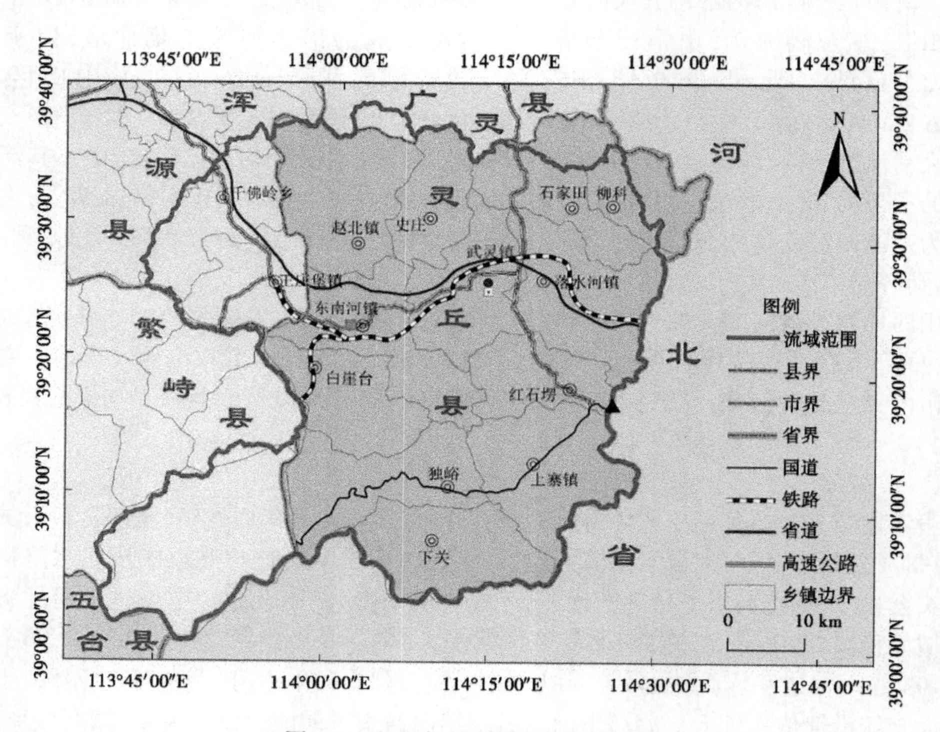

图 6-1　山西省大清河流域行政区图

6.1.2　地形地貌

大清河流域地处五台山、太行山、恒山三大山脉交汇处,四面群山环绕,群峰林立,山势雄伟,地形陡峻。地势西北高、东南低。流域地貌由土石山区、黄土丘陵区及山间盆地区(灵丘盆地)组成(见图 6-2)。

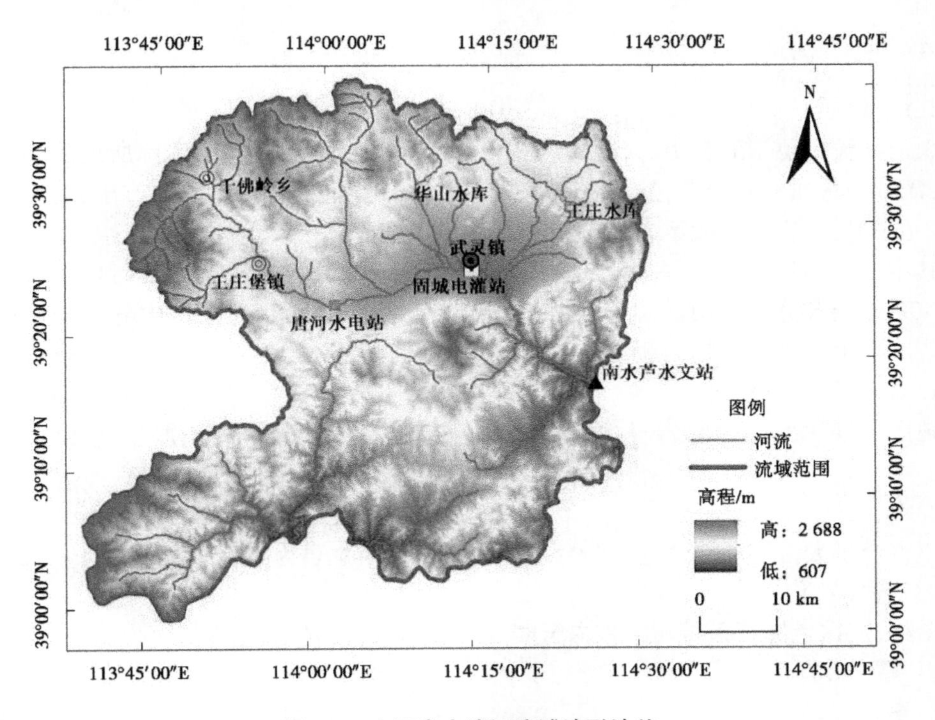

图 6-2　山西省大清河流域地形地貌

6.1.3　气象气候

大清河流域地处温带，太行山东麓迎风面山区，气候特点是年平均昼夜温差大，气温低，降雨集中在夏季。2014—2019 年的年降水量分别为 463.4 mm、545.1 mm、540.2 mm、474.3 mm、503.9 mm、504.4 mm，与 1956—2000 年多年均值比较，偏丰枯值分别为 -3.4%、13.7%、14.6%、0.6%、6.9%、7.0%（见表 6-2），70%左右的降水集中在 7—9 月，年水面蒸发量为 1 032.7 mm，干旱指数为 2.1，年均气温 6.9 ℃，最高气温 37.3 ℃，最低气温-30.7 ℃，无霜期 150 d。

表 6-2　2014—2019 年山西省大清河流域平均降水量

年份	年降水量/mm	点降水量/mm		与 1956—2000 年多年均值比较	
		最大	最小	降水量/mm	偏丰枯/%
2014	463.4	528.7	351	479.6	-3.4
2015	545.1	712	385.4	479.6	13.7
2016	540.2	647	457	471.5	14.6
2017	474.3	570	356.6	471.5	0.6
2018	503.9	667.1	352.4	471.5	6.9
2019	504.4	614.3	441.4	471.5	7.0

注：2014 年、2015 年为大清河区，2016—2019 年为唐河区。

6.1.4 地质构造

6.1.4.1 地质

大清河流域位于五台山、太行山、恒山三大山脉交接处,因各大山脉所处的构造阶段不同,流域内地质非常复杂,从太古界最古老地层至新生界全新地层均有出露,主要有太古界,元古界,古生界寒武系、奥陶系、石炭系,中生界侏罗系,新生界第三系和第四系地层。其中,太古界、元古界、古生界地层多分布于边山地带,构成中高山区;中生界及新生界第三系地层多分布于山区腹地,构成了低山丘陵区;第四系地层集中分布于盆地平原区。各时代地层岩性由老到新描述如下。

1. 太古界

地层岩性主要为片麻岩、片岩、麻粒岩、变粒岩、磁铁石英岩等,厚度达 20 000 m 左右。

2. 元古界

不整合于太古界地层之上,属上元古界,出露地层主要为震旦系下、中统地层。

1) 下统(Z_1)

粉红、灰白色燧石条带与结核白云岩、红色层状白云岩、黑色含锰页岩,底部为含砾石英砂岩,厚 260~700 m。

2) 中统(Z_2)

灰色、微红色燧石条带石云岩,底部有不稳定石英砂岩,厚 100~800 m。

3. 古生界

1) 寒武系(∈)

出露于广灵、灵丘、浑源和云岗—平鲁向斜两翼山区,为一套浅海相沉积,以碳酸盐岩、泥质岩相为主,与下伏震旦系地层呈微角度不整合或平行不整合接触。厚 300~500 m,分下统、中统、上统。下统($\in_1$)主要为紫色页岩及石英砂岩,厚 40~180 m。中统($\in_2$)以鲕状灰岩为主,厚 100~300 m。上统($\in_3$)以竹叶状灰岩为主,厚 80~2 279 m。

2) 奥陶系(O)

分布与寒武系相同,缺失上统,总厚 300~500 m。下统(O_1)以白云质灰岩为主,厚 110~260 m。中统(O_2)灰岩夹白云岩,厚 150 m 左右,其中恒山、广灵、灵丘一带厚 200 m 以上。

3) 石炭系(C)

分布于云岗、浑源等地,为海陆交互相沉积,与下伏奥陶系地层不整合接触。缺失下统。厚度变化较大,一般不超过 120 m。中统(C_2)自下而上主要为铁矿,铝土页岩及砂页岩。厚 0~36 m,浑源厚 20~50 m。上统(C_3)为砂页岩夹灰岩和煤层,厚 0~75 m,浑源厚 40~65 m。

4. 中生界

中生界侏罗系(J)主要分布于云岗盆地、广灵北部、灵丘部分地区和浑源水头等。下统(J_1)为灰黄色长石砂岩、砂质页岩、页岩与煤层,厚 130~420 m。中统(J_2)为紫色粗砂岩,砂质页岩和页岩,厚 130~190 m。在广灵、灵丘、浑源一带,中部有安山岩、凝灰岩、火山集块岩等,厚达 1 000~2 000 m。上统(J_3)主要为安山岩、玄武岩,厚 40~1 200 m。

5. 新生界

1)第三系(N)

上新统(N_2)三趾马红土分布较普遍,以角度不整合覆盖于基岩地层之上。上部为深红或棕红色黏土;下部为灰色砂砾石。左云出露厚 10~20 m,其他山丘区出露厚度不超过 20~30 m。阳高盆地保德组(N_1^2)厚 38~153 m,静乐组(N_2^2)厚度大于 40 m。

2)第四系(Q)

第四系松散堆积物在地表普遍分布,但在不同时期及不同地貌条件下形成不同类型的沉积物。

下更新统(Q_1):盆地区为河湖相堆积,以泥河湾组为代表,岩性为砂砾石、杂色黏性土及泥灰岩,沿桑干河谷有出露,厚度一般为 100~200 m,最厚达 300 m;阳高盆地较薄,为 20~30 m。山区为土状堆积,以午城黄土为代表,为淡红色风成亚黏土,厚度一般为 10~30 m。

中更新统(Q_2):山区以离石黄土为代表,夹古土壤层,含砂砾及钙质结核,厚度一般为 10~55 m,有时达 100 m 左右。

上更新统(Q_3):分为风积、冲积(冲洪积)及坡积(坡洪积)三种成因类型。风积物多分布于峁梁区,以马兰黄土为代表,为浅黄、棕黄、褐灰色的亚砂、亚黏土层,一般厚度 5~20 m,局部可达 30 m。冲洪积分布于沿河阶地,下部多见砂砾石层。坡积多见于盆地上缘。

全新统(Q_4):以近代冲积、洪积作用形成的砂、砂砾石及亚砂土堆积为主,一般厚 10~30 m。

6.1.4.2　构造

本区构造运动比较强烈,今日的地形地貌是在燕山运动的基础上改造发展形成的。突出的特点是断陷盆地的形成和强烈的火山运动。断陷盆地主要指广灵、灵丘等山间小盆地,是新生代断陷作用形成的盆地。盆地的形成主要受祁吕、贺兰"山"字形构造东翼和新华夏系控制。

大清河流域处于祁吕、贺兰"山"字形构造体系东翼反射弧上与山西"多"字形构造体系的复合部位。山区是一个古老的变质岩山区,燕山期强烈的构造变动,初具了本流域大的构造格局与地形上的基本轮廓。山间河谷区为新生代的断陷盆地。

6.1.5　水文地质条件

根据地质地貌及地下水赋存条件,区域地下水含水层组可划分为松散岩类孔隙含水层组、变质岩风化裂隙含水层组、碳酸盐岩、盐岩裂隙含水层组、碎屑岩类孔隙裂隙含水层组、玄武岩孔洞裂隙含水层组。

以下按照地貌单元,就含水层组分布及发育规律概述如下。

6.1.5.1　平原区及山间盆地区

主要发育第四系松散岩类孔隙含水层组。按地貌单元可进一步划分为冲洪积倾斜平原孔隙含水层组、冲湖积平原孔隙含水层组和山间河谷孔隙含水层组。

(1)冲洪积倾斜平原孔隙含水层组:主要由第四系中、上更新统地层组成。广泛分布于盆地近山前地带,发育有洪积扇、扇间洼地及古河道。地下水主要赋存于冲积、洪积、坡积、砂、卵、砾石孔隙中。含水层厚30~80 m,单井出水量1 000~2 000 t/d,水量丰富。地下水多呈潜水,水化学类型为 HCO_3-Ca · Mg 型或 HCO_3 · SO_4-Ca · Mg 型,矿化度小于1.0 g/L。

(2)冲湖积平原孔隙含水层组:主要由第四系下、中及上更新统地层组成。广泛分布于盆地中心地带。地下水主要赋存于河湖相沉积中细砂层及粉砂层中。含水层一般厚15~20 m,单井出水量一般在300~500 t/d,在古河道和现代河流冲积阶地区,单井出水量可达1 000 t/d 以上。地下水多为承压水,水化学类型多为 HCO_3 · SO_4-Ca · Mg 型和 HCO_3 · Cl 型及混合型,矿化度0.5~2 g/L。

(3)山间河谷孔隙含水层组:主要由第四系上更新统和全新统冲积、冲洪积砂砾石层和中粗砂组成,一般厚5~15 m。分布在西部山区十里河、源子河、淤泥河及东南部山区壶流河、唐河等山区河谷中。地下水多呈潜水,单井出水量500~1 500 t/d,水质为 HCO_3-Ca 型和 HCO_3-Ca · Mg 型,矿化度小于0.5 g/L。

6.1.5.2　山丘区及边山丘陵区

1.构造侵蚀中高山区

主要发育变质岩风化裂隙含水层组和碳酸盐岩岩溶裂隙含水组。

变质岩风化裂隙含水层组:由太古界桑干群、五台群变质岩及各期侵入岩组成,主要分布在南部、东南部山区。地下水主要赋存于风化裂隙及构造裂隙之中。裸露区风化壳厚度一般小于60 m,地下水呈潜水,一般单泉流量小于1.0 L/s,个别可达10~20 L/s。水质类型多为 HCO_3-Ca · Mg 型,矿化度小于0.5 g/L。

碳酸盐岩岩溶裂隙含水层组:由震旦系、寒武系、奥陶系地层组成。主要分布于东部壶流河流域。地下水主要赋存于岩溶孔洞和层间节理、裂隙之中。地下水多具承压性,且埋深大。单泉流量一般为1~5 L/s,个别泉达200 L/s 以上。如广灵泉多年平均流量达215.6 L/s,水质类型多为 HCO_3—Ca · Mg 型,矿化度小于0.5 g/L。

2.剥蚀堆积低山黄土丘陵区

主要发育有碎屑岩类孔隙裂隙含水层组、第四系松散岩类孔隙含水层组以及玄武岩孔洞裂隙含水层组。

碎屑岩类孔隙裂隙含水层组:由石炭系、二叠系、侏罗系、白垩系地层组成,广泛分布于西部山区腹地。地下水主要赋存于砂岩孔隙、裂隙之中,多呈潜水。一般单泉流量小于1.0 L/s,部分可达20 L/s。地下水化学类型一般为 HCO_3-Ca · Mg 型和 HCO_3 · SO_4-Ca · Mg 型,矿化度小于2 g/L。由于煤炭开采的影响,目前该含水层组地下水大都转化为矿坑排水和古塘积水。

第四系松散岩类孔隙含水层组:由第四系中—上更新统地层组成,覆盖于前述含水层组之上。地下水主要赋存于坡洪积砂砾石层中,其深度一般在60 m 左右,呈潜水。一般单井出水量10~50 t/d,水质类型为 HCO_3-Ca 型,矿化度小于0.5 g/L。

玄武岩孔洞裂隙含水层组:由第三系上新统和第四系更新统地层组成。前者主要分布于北部西寺儿梁山,后者主要分布于大同火山群。地下水主要赋存于玄武岩气孔以及节理裂隙之中,其间夹有黏土层,多呈潜水。一般单泉流量小于5 L/s,水质类型为HCO_3-Ca · Mg型和HCO_3-Ca · Na · Mg型,矿化度小于0.5 g/L。

6.1.5.3 地下水补给、径流、排泄条件

1. 平原区

平原区地下水的主要补给来源是接受大气降水和山区地下水的补给,还接受河道、渠系的渗漏补给和田间灌溉水的入渗补给、外区入境补给。地下水的径流方向是由边山向盆地,由倾斜平原向冲湖积平原,并沿河谷从上游向下游运移。其排泄方式主要是人工开采、潜水蒸发、泉流及侧向径流。

2. 山丘区

山丘区地下水的主要补给来源是大气降水,在近河谷地带还有地表水的渗漏补给。地下水的径流方向主要是在重力作用下沿层间和构造裂隙由高到低由上游向下游,由山区向平原运动。其排泄方式包括河道排泄、潜水蒸发、人工开采、侧向排泄及采煤排水。

6.1.6 土壤条件

大清河流域植被受地形、气候等自然因素影响,随着海拔的变化呈现出层次分明、区域集中、类型多样的规律性分布特点。流域内土壤主要为褐土、棕壤、山地草甸土(见图6-3)。

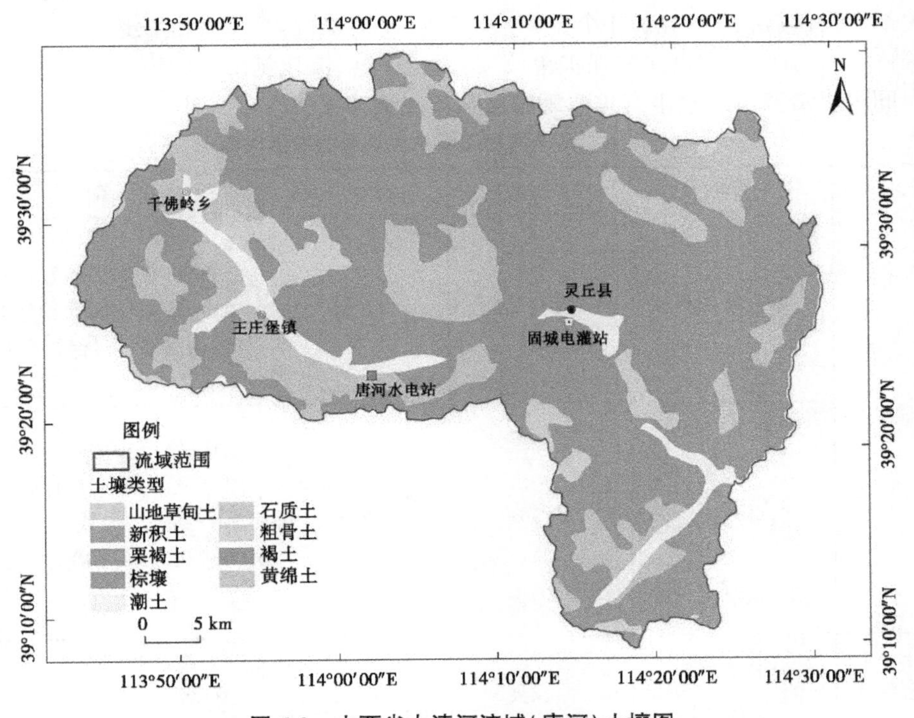

图6-3 山西省大清河流域(唐河)土壤图

褐土:是主要农业土壤,从海拔 800~1 800 m 均有分布,广泛分布于河谷两岸二阶地黄土丘陵区和部分土石山区。

棕壤:主要分布于太白山海拔 1 800 m 以上的山顶缓坡平台上,是天然的良好牧场。

山地草甸土:主要分布在灵丘县东北部柳科乡甸子山凤凰尖一带的山顶平台和缓坡处,海拔 2 000 m 以上,多为天然草地。

6.1.7 社会经济情况

2019 年末,流域总人口 28.86 万,其中城镇人口 5.58 万,农村人口 23.28 万。2019 年流域国内生产总值 50.81 亿元,规模以上工业总产值 15.32 亿元,耕地面积 63.65 万亩(1 亩 = 1/15 hm^2,下同),其中有效灌溉面积 13.07 万亩,粮食产量 11.85 万 t。

流域内最大的城镇为灵丘县城—武灵镇,人口 8 万多,交通便利,有京原铁路和国道 108 线经过。

6.1.8 流域生态敏感区

大清河流域内有 2 个省级自然保护区:青檀自然保护区(2.54 万亩)、黑鹳自然保护区(202 万亩);1 处省级风景名胜区:甸子梁空中草原风景区(2.60 万亩);1 处国家森林公园:恒山国家森林公园(61.35 万亩),2 处省级森林公园:北泉森林公园(1.63 万亩)、平型关森林公园(0.89 万亩);2 个国家重点文物保护单位:平型关战役遗址、曲回寺唐代石佛冢群,2 个山西省重点文物保护单位:赵武灵王墓、灵丘觉山寺砖塔。

大同市大清河流域水生态重要敏感区情况见表 6-3。

表 6-3 大同市大清河流域水生态重要敏感区概况

分区	名称	所在行政区	面积/万亩	备注
自然保护区	青檀自然保护区	灵丘县	2.54	省级(保护区内青檀树生长集中,核心林区面积达 0.9 万亩,为国家二级保护稀有种)
	黑鹳自然保护区	灵丘县	202	省级(其中湿地 2.91 万亩,国家一、二级重点保护动物有黑鹳、金雕、金钱豹和青羊等,国家二级保护稀有树种有青檀)
风景名胜区	甸子梁空中草原风景区	灵丘县	2.60	省级

续表 6-3

分区	名称	所在行政区	面积/万亩	备注
森林公园	北泉森林公园	灵丘县	1.63	省级
	平型关森林公园	灵丘县	0.89	省级
	恒山国家森林公园	浑源县	61.35	国家级
重点文物	赵武灵王墓	灵丘县	—	山西省重点文物保护单位
	灵丘觉山寺砖塔	灵丘县	—	山西省重点文物保护单位
	平型关战役遗址	灵丘县	—	国家重点文物保护单位
	曲回寺唐代石佛冢群	灵丘县	—	国家重点文物保护单位

6.1.8.1　自然保护区

流域内有省级自然保护区青檀自然保护区和黑鹳自然保护区 2 处。青擅自然保护区位于灵丘县沙河干流区域内。黑鹳自然保护区内有唐河支流上寨河,沙河支流下关河、独峪河等 3 条河流穿越而过。

青檀省级自然保护区位于灵丘县西南三楼乡牛邦口、花塔西村附近。该区属太行山系五台山文系,区内山峦重叠,青檀树生长集中,核心林区面积达 9 万亩。密度每亩 30 110 株,单株最高 45 m,胸径最粗 10 cm,树龄在 1 030 年。该区周围有良好的自然环境。三楼河贯穿区内,河西岸有保存完整的明代长城和敌楼,还有穷水长流的红沙岭隧洞。花塔村是大同市境内海拔最低的地方,海拔 558 m,四面环山,河水绕村,春秋两季鸟语花香,山清水秀,景色秀丽,故称为“塞外江南”。

黑鹳省级自然保护区为山西省面积最大的省级自然保护区之一,也是地处太行山系唯一以国家一级保护濒危动物黑鹳命名的自然保护区。动植物分布种类繁多,据初步调查统计:区内植物约有 48 科 400 多种,鸟类有 14 目 37 科 200 多种,兽类 6 目 15 科 40 多种,两栖类 1 目 3 科 5 种,爬行类 3 目 6 科 13 种。其中,国家濒危动物 30 多种,占保护区动物种类的 11.63%;国家濒危植物 10 多种,占保护区植物种类的 2.5%;国家一、二级重点保护鸟类 20 多种,占保护区鸟类的 10%;属于中日合作保护候鸟 80 多种,占保护区鸟类的 40%;属于中澳合作保护候鸟 20 多种,占保护区鸟类的 10%。灵丘黑鹳省级自然保护区主要保护对象是国家一级保护濒危动物黑鹳、国家二级保护濒危动物青羊和国家珍稀濒危树种青檀及森林生态系统。

6.1.8.2　风景名胜区

流域范围内有省级风景名胜区 1 处,即甸子梁空中草原风景区,位于灵丘县落水河上游,面积约 2.60 万亩。

甸子梁空中草原风景区位于灵丘县柳科乡刁泉村东与河北涞源、蔚县交界处,海拔 2 151 m,顶部草甸面积 3 万亩,东西狭长,南北广袤,属亚高山草甸,为山西七大绿地之一。甸子梁周长 20.7 km,四周长满桦树,山顶为平坦的大草甸。草甸土壤为亚高山草甸土,生草层发育,产草率高,草质好,为肥沃的天然牧场。

6.1.8.3　森林公园

流域范围内国家森林公园 1 处,即恒山国家森林公园,面积共 61.35 万亩;省级森林公园 2 处,即北泉森林公园和平型关森林公园,面积共 2.52 万亩。

恒山国家森林公园位于山西省浑源县境内,范围涉及恒山林场的恒山工区、龙山工区、西山工区、南山工区。境内河流均属海河流域,有浑河、唐河、唐峪河、凌云口峪四条河流。维管束植物有 63 科 233 属 407 种,其中不乏有名贵中药材。野生动物约有 60 多种,其中一类保护动物为金钱豹、黑鹳;二类保护动物为金雕、原麝;三类保护动物秃鹫、猎隼、石貂、豹猫。

北泉省级森林公园:位于灵丘县东南山区红石塄乡北泉村,林木绿化率 65.8%。主建单位灵丘县红石塄乡上北泉、下北泉。是以保护天鹅峰天然松栎混交林等森林风景资源,保护梯田桃杏如黛、唐河杨柳飘渺的自然文化资源,保护河谷自然生态和生物多样性资源和环境,弘扬新农村建设生态文化,提供森林健身、荷塘垂钓、采摘体验森林旅游服务的森林公园。

平型关省级森林公园:位于灵丘县东河南镇与白崖台乡交界、灵丘县城西南 30 km 处,北连恒山余脉,南接五台山脉。林木绿化率 88.8%。是以保护油松柏山杏等多样化混交林为主的森林风景资源,保护"平型关大捷"红色纪念地及区域地貌自然文化资源,保护山杨、山杏为主的原生地生物多样性资源和环境,弘扬人工促进植被自然恢复生态文化,提供科普体验、健身休闲、采摘等森林旅游服务的郊野森林公园。

6.1.8.4　重点文物

流域范围内有国家级文物 2 个,即平型关战役遗址和曲回寺唐代石佛冢群;省级文物 2 个,即赵武灵王墓和灵丘觉山寺砖塔。平型关战役遗址位于沙河源头区,曲回寺唐代石佛冢群位于独峪河右岸 300 m 处。

6.2　唐河水系概况

唐河是大清河南支的一条主要干流,因流经唐县而得名唐河,位于白洋淀西部。大清河在山西省境内流域面积 3 406 km^2,主要为唐河水系,流域面积 2 193 km^2;其余属大沙河水系,流域面积 1 213 km^2。

山西境内唐河流域地理位置为东经 113°42′~114°30′、北纬 39°09′~39°38′,河流全长 96 km,河道平均纵坡 11‰,平均糙率 0.027 5,流域面积 2 193 km^2,在境内有赵北河、华山河、大东河、上寨河、干峪河等较大支流沿河依次汇入。

6.2.1　基本情况

唐河属海河流域大清河水系,发源于浑源县温庄抢风岭(见图6-4),自西北向东南流经浑源县王庄堡镇,至西会村入灵丘县境,纵贯灵丘盆地,部分河段水流潜入地下,由西向东流至灵丘县高家庄至北水芦村一带有城头会泉水出露,河水流量逐渐增大,河流折向东南,于下北泉出省境进入河北省(见图6-5、图6-6),然后继续向东南于河北省葛公村南折,经西大洋水库、温仁汇入白洋淀,最后于东淀汇入大清河。

图6-4　唐河源头

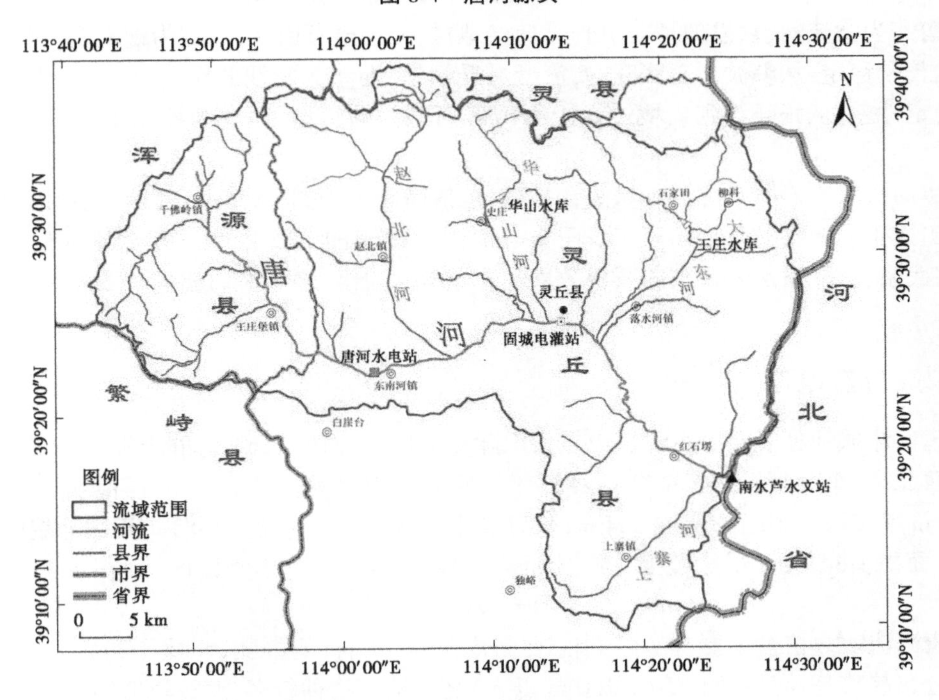

图6-5　山西省大清河流域(唐河)水系

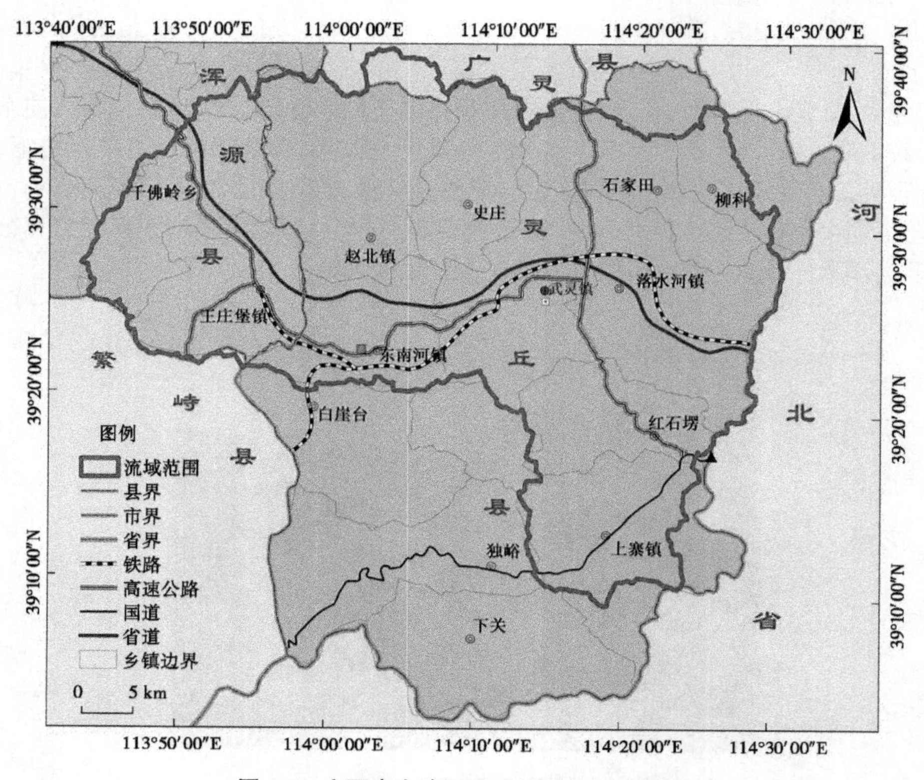

图 6-6　山西省大清河流域(唐河)行政区图

唐河为常流河,从发源地至灵丘县韩淤地村,流经土石山区,河型为蜿蜒型,河床为石质基岩,较稳定;从韩淤地至张旺沟,流经灵丘盆地,河型为宽浅式游荡型,河床为沙质壤土,稳定性差;从张旺沟到出境进入土石山区河型为顺直型,河床为沙质土和基岩,较稳定。

唐河流域内岩溶泉主要是城头会泉域,包括高庄泉、南北水芦泉、新西泉及红石楞泉,域址出露于灵丘县城附近高家庄乡门头一带,泉域范围 1 672 km²,主要含水介质为震旦系、寒武系、奥陶系灰岩及第四系松散岩类孔隙含水岩组,多年平均流量 2.2 m³/s,动态不稳定。

6.2.2　自然地理

唐河流域地处五台、太行、恒山三大山脉交汇处,四面群山环绕,群峰林立,沟壑纵横。地势西北高、东南低(见图 6-7)。西北部的岭底西山主峰高 2 077 m,西南明石尖梁高 2 140 m,南部太白山主峰高 2 234 m,东南狼牙山高 1 716 m(见图 6-8)。流域地貌由土石山区(面积 1 841.6 km²)、黄土丘陵区(面积 212.4 km²)及冲积平原区(面积 135.8 km²)组成。

唐河流域内植被主要有毛棒子、忍冬科灌木、红丁香、蚂蚱腿、虎榛子和人工油松林。总的分布趋势是:海拔较高的(1 200 m 以上)高山地带物种较多,海拔较低的(1 200 m 以下)物种较少。阴坡物种多,生长也较好;阳坡物种少,生长较差。丘陵和河谷主要有人工栽植的杨树、柳树、杏树、葡萄等树种。流域内林草覆盖率约 31%。

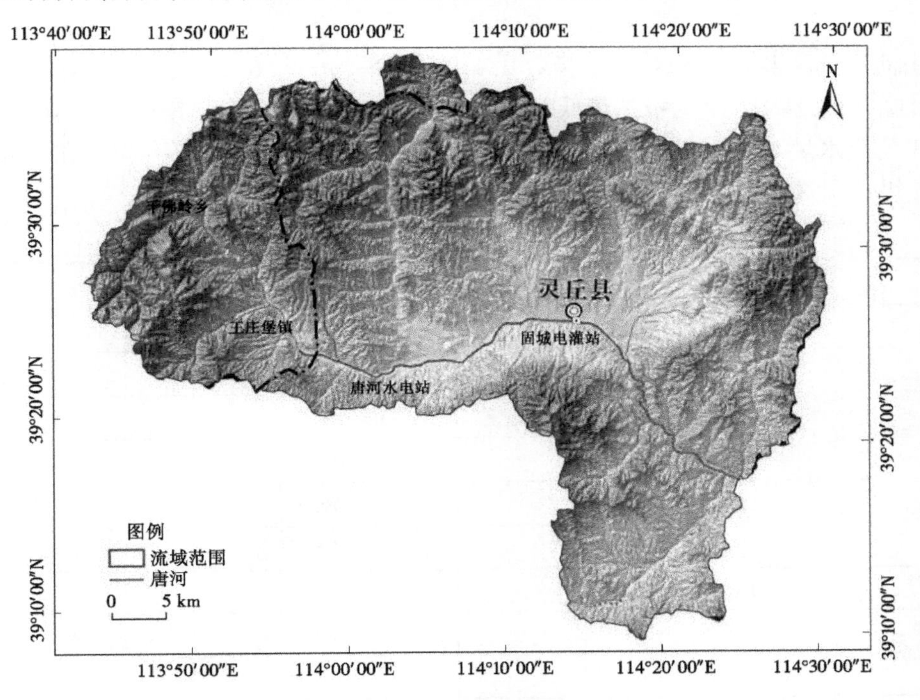

图 6-7　山西省大清河流域(唐河)地形地貌

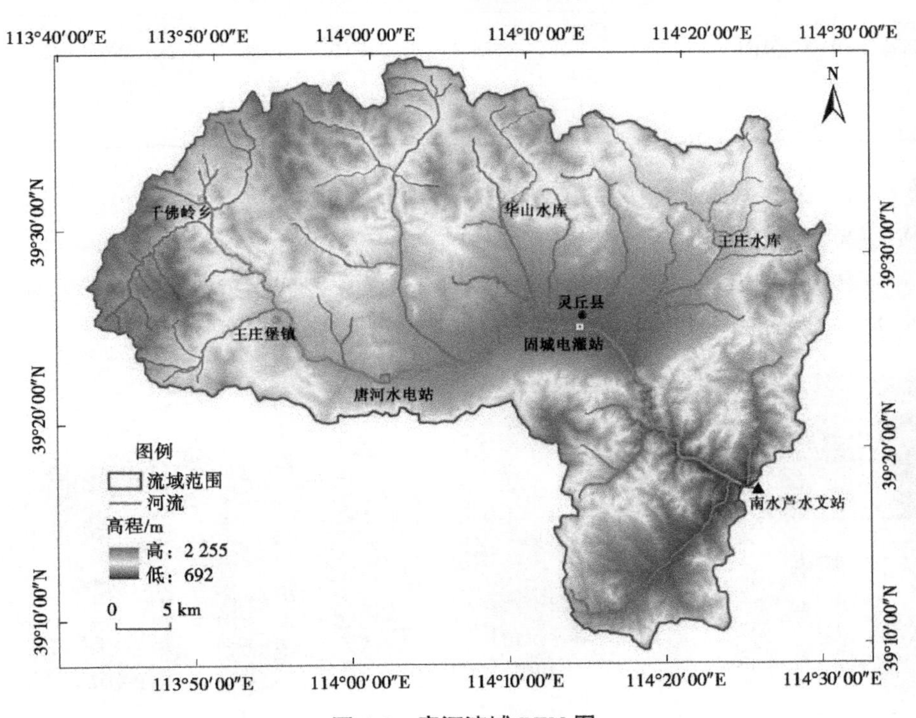

图 6-8　唐河流域 DEM 图

6.2.3 气象、水文

唐河流域属半干旱地区,干旱指数 2.1。多年平均气温 6.9 ℃,1 月平均气温-10.3 ℃,7 月平均气温 21.8 ℃,极端最低气温-30.7 ℃,极端最高气温 37.3 ℃,无霜期 150 d。多年平均降水量 463.9 mm,最大年降水量 794.5 mm(1956 年),最小年降水量 256.3 mm(1965 年)(见表 6-4),年均蒸发量 1 033 mm。

表 6-4　唐河年降水量特征

河流		唐河	
系列分段		1956—2014 年	1980—2014 年
均值	P/mm	463.9	439.8
最大	P_M/mm	784.5	614.5
	年份	1956	1988
最小	P_m/mm	256.3	265.1
	年份	1965	1984
P_M/P_m		3.06	2.32
C_v		0.25	0.18
C_s/C_v		2	2
不同频率(P_p)/mm	20%	557.6	504.5
	50%	454.3	435.1
	75%	381.3	384.3
	95%	291	318.4

在唐河上设有 1 个水文站,即 1958 年 6 月山西省水利厅在唐河上设立的城头会水文站,该站原为城头会站,控制面积 1 611 km^2,1995 年向上迁移至高家庄乡南水芦村唐河大桥,并更名为南水芦水文站,控制面积 1 284 km^2。后因该水文站控制不了唐河流域,于 2018 年 4 月在灵丘县下北泉村新建南水芦水文站(见图 6-9、图 6-10)。

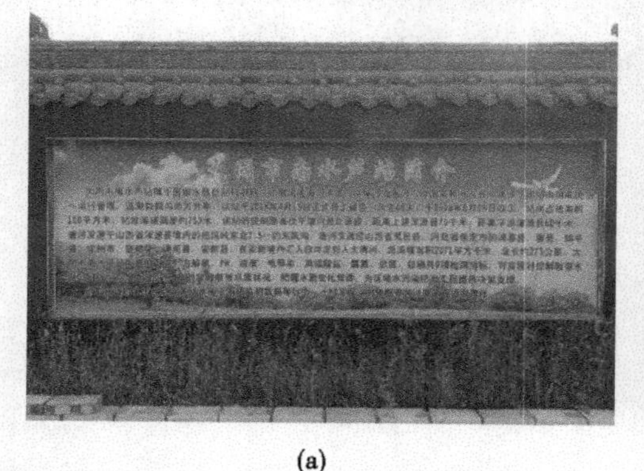

(a)

(b)

图 6-9　南水芦水文观测站

(a)

(b)

图 6-10　南水芦水文监测站

唐河多年平均径流量为 1.91 亿 m^3,清水流量为 2.35~3.10 m^3/s。泉水集中出露段,冬季不结冰,非集中出露段一般在 11 月中旬开始冻结,至次年 3 月上旬解冻,多年平均封冻期 90 d 左右。

6.2.4　河流水质及泥沙

大清河流域唐河在山区部分水质良好,经过灵丘盆地以后,接纳了部分城镇生活及工业废污水,水体受到了不同程度的污染。唐河流域内主要污染源有灵丘县化肥厂、武灵镇工业生活废污水等,主要污染物为 COD、NH_3—N、挥发酚等,废污水年入河量约为 93.5 万 m^3。

由于近年来不断加大治理力度,唐河水质明显好转,可达《地表水环境质量标准》(GB 3838—2002)Ⅲ类水标准(见表 6-5)。

表 6-5　2017—2019 年唐河水质　单位:mg/L

水文站	测量年度	高锰酸盐指数	氨氮(NH_3—N)	化学需氧量(COD)	总氮	总磷	水质类别
南水芦	2017	1.725 0(Ⅰ)	0.168 3(Ⅱ)	7.391 7(Ⅰ)	5.956 4	0.097 5(Ⅱ)	Ⅱ类
	2018	1.791 7(Ⅰ)	0.250 8(Ⅱ)	9.725 0(Ⅰ)	5.491 7	0.128 3(Ⅲ)	Ⅲ类
	2019	1.791 7(Ⅰ)	0.631 7(Ⅲ)	9.166 7(Ⅰ)	5.172 5	0.070 0(Ⅱ)	Ⅲ类
	2020	1.450 0(Ⅰ)	0.339 9(Ⅱ)	7.583 3(Ⅰ)	8.155 8	0.069 2(Ⅱ)	Ⅱ类
	平均值	1.689 6(Ⅰ)	0.339 9(Ⅱ)	8.466 7(Ⅰ)	6.194 1	0.091 2(Ⅱ)	Ⅱ类
王庄堡	2019	2.367 4(Ⅱ)	0.020 7(Ⅱ)	4.407 1(Ⅰ)	4.293 6	0.003 8(Ⅰ)	Ⅱ类
	2020	3.227 3(Ⅱ)	0.338 38(Ⅱ)	10.027 3(Ⅱ)	4.622 7	0.045 2(Ⅱ)	Ⅱ类
	平均值	2.797 3(Ⅱ)	0.202 3(Ⅱ)	7.217 2(Ⅰ)	4.458 2	0.024 5(Ⅱ)	Ⅱ类

大清河流域多为土石山区,植被较好,水土流失程度较轻,多年平均输沙量 282 万 t,平均输沙模数 828 t/(km^2·a),输沙主要集中在汛期和丰水年,6—9 月的输沙量占全年的 80%左右。

唐河泥沙搬运主要是悬移质,推移质次之,占输沙量的 16.6%,多年平均含沙量 19.7 kg/m^3,年均输沙量约 374 万 t,出境输沙量 293 万 t。年内输沙主要集中在汛期,约占全年的 80%(见表 6-6)。受降水及风力等因素影响,年际输沙量亦变化较大。

表 6-6　唐河水文站多年平均实测输沙量统计

河名	站名	集水面积/km^2	年输沙量/万 t	6—9 月输沙量/万 t	占全年百分比/%	7 月、8 月输沙量/万 t	占全年百分比/%	7 月占全年百分比/%	8 月占全年百分比/%
唐河	城头会	1 611	139	136.3	98.1	118.2	85.0	45.2	39.8

6.2.5　河道整治及水土流失治理

唐河干流共建有土堤 28 km 左右,按 10~20 年一遇洪水标准设防。河道两岸绿化主要以杨、柳树为主。大涞公路紧靠唐河左岸,在灵丘县的沙涧村和天走线交汇,长约 30 km。浑源县和灵丘县 2014—2018 年分别完成治理河段情况详见图 6-11。

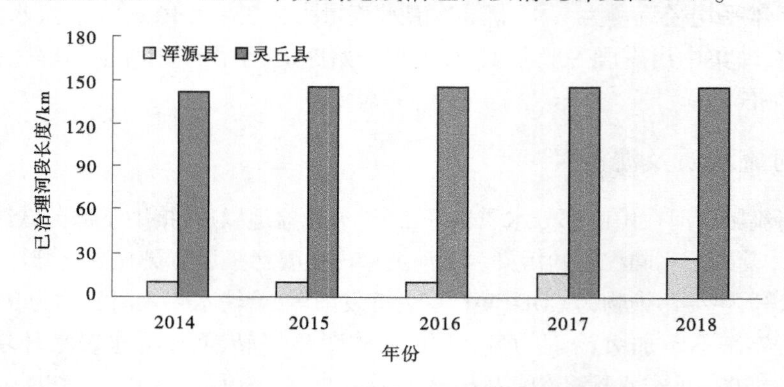

图 6-11　2014—2018 年唐河流域已治理河段长度

唐河流域由于受季风环流影响,降水年内分配极不均匀,春旱几乎年年发生,伏、秋旱亦时有发生,每年汛期都有程度不同的局部洪涝灾害发生。据记载:1939 年 7 月 13 日至 8 月 29 日,连续下雨 48 d,遍地起水,田园被淹,房屋倒塌,沿唐河村庄变为水道,洪水泛滥,冲走数千人,东河南镇蔡家峪村洪峰流量达 3 500 m^3/s。1982 年 7 月 21 日,东河南镇 40 min 降雨 61 mm,村坝渠道被冲毁、房舍被淹等,经济损失 101 万元。1999 年发生特大旱灾,从 1 月 1 日至 8 月 16 日,降水量仅为 140 mm,比历年同期减少 190 mm,造成地下水位下降,粮食减产 70%以上。

流域内水土流失面积为 1 948.6 km^2,占流域总面积的 89%,流失类型主要为水蚀及重力侵蚀。流域内黄土丘陵沟壑区水土流失较重,侵蚀模数高达 5 000 t/(km^2 · a),全流域平均侵蚀模数 1 710 t/(km^2 · a)。浑源县和灵丘县在唐河流域 2014—2018 年共完成水土流失综合治理面积为 879.9 万亩(见图 6-12)。唐河流域土地利用现状见图 6-13。

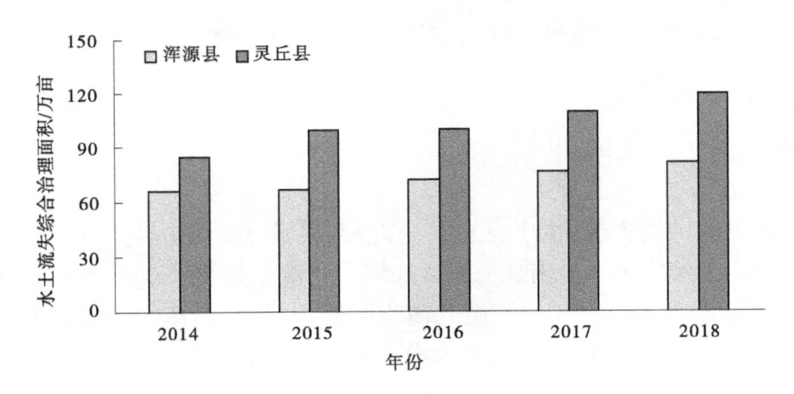

图 6-12　2014—2018 年唐河流域水土流失治理面积

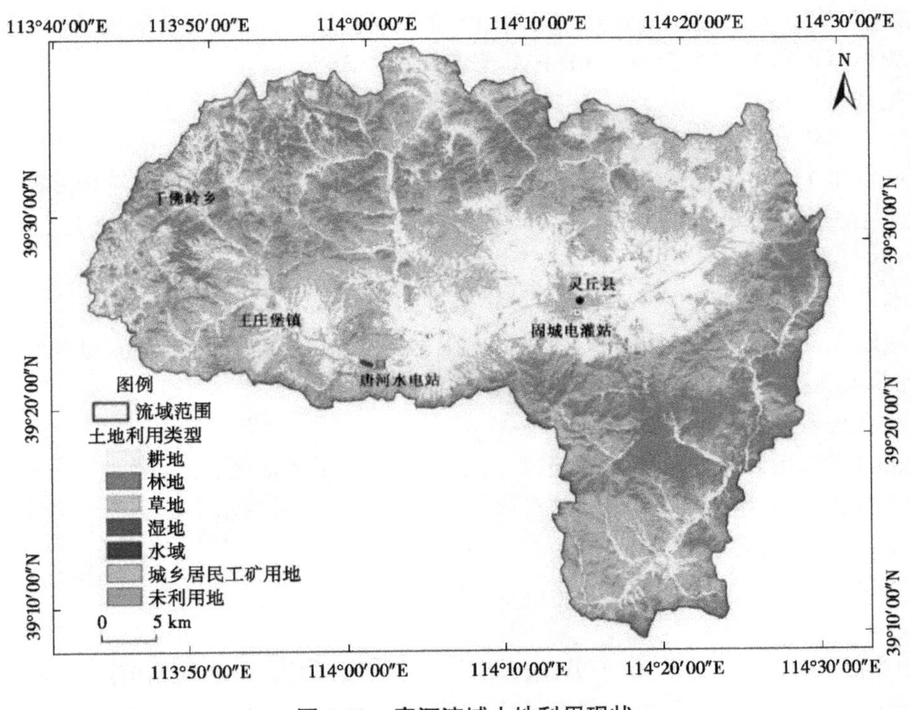

图 6-13　唐河流域土地利用现状

6.2.6　社会经济情况

唐河涉及浑源、灵丘两县。境内以农牧业生产为主,粮食作物有玉米、谷子、马铃薯、糜黍、豆类等,经济作物以油料、果类和白麻为主;畜牧业以牛、马、驴为主,饲养业有猪、鸡、兔等。工业有采矿、采煤、炼铁、水泥、砖瓦、造纸、农机修配、石料加工、粮食加工等行业,其中花岗岩产品远销日本、澳大利亚、意大利、德国、香港等地,玻璃纤维产品畅销 20 余省。交通有京原铁路,大同至涞源、灵丘至广灵的干线公路及县、乡公路。

矿产资源有煤、铁、花岗岩、石棉、沸石、珍珠岩、铜、黑砂石、冰洲石、大理石等,矿藏丰富,种类达 34 种,现已开采的有 14 种。珍稀动物有狍、黑鹳等。

6.2.7 唐河主要支流

6.2.7.1 赵北河

1. 基本情况

赵北河是唐河一级支流,位于灵丘县西北部,发源于南兑沟村。自北向南流经赵北乡,故名赵北河,于唐之洼乡上南地村汇入唐河。主流全长 38 km,平均纵坡 22.4‰,平均糙率 0.025,流域面积 329.39 km^2。赵北河为顺直型河流,河床由石灰岩和砂砾石组成,较稳定。河流在赵北出山后成涧河,水流潜入地下,为无尾河。

2. 自然地理

流域地势北高南低。基本地貌为土石山区,黄土丘陵沟壑区不足全流域的 5%,域内沟壑纵横,起伏不平,海拔在 1 000~2 000 m。主要草种有早熟禾、无芒雀麦、鹅青草、野菊花。阳坡林草覆盖率约为 25%,阴坡林草覆盖率约为 36%。

3. 气象

流域内多年平均降水量为 490 mm,降水多集中在 7—9 月,占全年降水量的 70%左右。河流每年 11 月中旬封冻,次年 2 月中旬开始解冻,封冻期约 90 d。流域多年平均蒸发量为 1 165 mm。年平均气温在 6 ~ 8 ℃,极端最高气温 37.3 ℃,极端最低气温 -30.7 ℃。

4. 水文

流域属无资料地区。多年平均径流量约 2 593 万 m^3,多年平均清水流量为 0.2~0.3 m^3/s,近年来连续干旱,清水基流基本断流。

5. 旱、涝、碱灾害与水土流失

赵北河流域受大陆季风环流影响,是典型的干旱半干旱地区,加上降水年内分配极不均匀,往往是年年有旱灾,汛期却又时有局部暴雨出现。流域内水土流失类型主要为水蚀和重力侵蚀,平均侵蚀模数为 1 500 t/(km^2 · a)。

6.2.7.2 华山河

1. 基本情况

华山河是唐河一级支流,位于灵丘县城北,发源于麻黄沟,由北向南流经史庄乡,在灵丘县城西的五里碑处汇入唐河。主流河长 25 km,平均纵坡 24‰,平均糙率 0.027。上游正峪、东峪两条小支流有泉水出露,属山溪性河流,至史家庄出山后河道干涸,呈季节性河流,流域面积 119.18 km^2。华山河从发源地至王村峪口段流经土石山区,河型为蜿蜒型,河床由石灰岩及砂砾组成,较稳定;以下河段流经黄土丘陵阶地,河型为游荡型,河床由砂砾组成,稳定性较差。

2. 自然地理

流域地势北高南低,海拔在 900 ~ 1 100 m。地貌由土石山区及黄土丘陵阶地构成。其中,土石山区面积 103.18 km^2,占流域面积的 86.6%;黄土丘陵阶地区面积 16 km^2,占流域的 13.4%。流域内土石山区植被以冷生和温生的旱生多年生禾本科草、蒿类和百里香组成,林草覆盖率约 30%。黄土丘陵阶地植被由针茅、大针茅、文壁针、硬质早熟禾等组成,林草覆盖率约33%。

3. 气象

华山河流域受大陆性季风气候影响,属干旱半干旱地区。年平均降水量492 mm,70%降水集中在汛期,年平均蒸发量1 165 mm。年均气温在6~8 ℃,极端最高气温37.3 ℃,极端最低气温-30.3 ℃。

4. 水文

流域属无资料地区。根据华山水库水土资源平衡计算,多年平均径流量约596万m^3。清水流量正峪为0.131~0.157 m^3/s,东峪为0.123~0.150 m^3/s。

5. 旱、涝、碱灾害与水土流失

受大陆性季风环流影响,降水年内分配极不均匀,春旱频繁,伏旱秋旱也时有发生,汛期局部地区时有暴雨出现。流域内无盐碱地和下湿地。水土流失面积为108 km^2,占全流域的90.6%,近几年已初步治理面积24.3 km^2,水土流失类型为水蚀和重力侵蚀,平均侵蚀模数为1 600 t/(km^2·a)。

6.2.7.3　大东河

1. 基本情况

大东河是唐河一级支流,位于灵丘县东北部,发源于龙池山西麓义泉岭,由西北向东南流经东张庄折向西南,穿越京原铁路,流经落水河乡,至灵丘县城东南的北水芦村汇入唐河。主流全长33 km,平均纵坡21.3‰,平均糙率0.027,流域面积273.13 km^2。

大东河属季节河流,水源主要以汛期洪水为主。从义泉岭至东张庄峪口,流经土石山区,河型为蜿蜒型,河床由基岩组成,较稳定;以下河段流经黄土丘陵区及冲积平原区,河型为宽浅式游荡型,河床由砂砾石组成,稳定性较差。

2. 自然地理

流域地势北高南低,东北部龙池山海拔为1 841 m。流域基本地貌由土石山区、黄土丘陵区和冲积平原区构成。流域植被主要有早熟禾、无芒雀麦、鹅观草、野菊花和人工栽植的油松木等,林草覆盖率在30%左右。

3. 气象

流域受大陆性季风气候影响,是典型的干旱半干旱地区,年均降水量494 mm,降水年内分布极不均匀,70%降水集中在6—9月。年平均蒸发量为1 164 mm。年均气温在6~8 ℃,极端最高气温37.3 ℃,极端最低气温-30.7 ℃。

4. 水文

大东河流域属无资料地区,平均年径流量约1 365万m^3,无清水流量。

5. 旱、涝、碱灾害与水土流失

流域内基本上以旱年为主,特别是春旱更为频繁。汛期却时有局部暴雨出现,易暴发山洪。流域内没有盐碱地和湿地。水土流失面积242.4 km^2,初步治理面积140 km^2。水土流失主要类型为水蚀及重力侵蚀,平均侵蚀模数为2 150 t/(km^2·a)。

6.2.7.4　上寨河

1. 基本情况

上寨河是唐河一级支流,位于灵丘县东南部山区,发源于碾盘岭。由西南向东北流经上寨镇全境,故名上寨河,在上北泉村汇入唐河。主流全长 33.7 km,平均纵坡 8.9‰,平均糙率 0.025,流域面积 184.19 km²。上寨河河型呈蜿蜒型,河床由基岩和砂砾石组成,较稳定。

2. 自然地理

流域地势西南高、东北低,为土石山区,海拔在 800～1 700 m,境内崇山峻岭,起伏不平。天然植被主要有白羊草、荆条、杜鹃、苔草、大油芝、兰花草、棘豆等。阴坡有人工栽植的油松林。河谷两岸有人工栽植的杨树、柳树和杏树、核桃树等经济林。流域内林草覆盖率在 35%左右。

3. 气象

流域内年均降水量 525 mm,降水量主要集中在 6—9 月。年平均蒸发量 1 162 mm,平均气温在 7 ℃左右,极端最高气温 37.3 ℃,极端最低气温-30.7 ℃。

4. 水文

流域属无资料地区,河流平均年径流量约 1 800 万 m³,清水流量 0.29 m³/s。

5. 旱、涝、碱灾害与水土流失

流域受季风环流影响,降水年内分布极不均匀,“十年九旱,年年春旱”,汛期局部地区山洪、冰雹、大风灾害却时有发生。上寨河属山泉形河流,排泄条件较好,基本上不存在盐碱地和湿地。水土流失面积为 156.85 km²,流失类型主要为水蚀及重力侵蚀,平均侵蚀模数为 1 650 t/(km² · a)。

6.2.7.5　干峪河

1. 基本情况

干峪河是唐河一级支流,位于灵丘县东部,发源于云彩岭脚下的大莱背门,河流由北向南流经招柏乡全境,在下北泉处汇入唐河。主流全长 23.3 km,平均纵坡 34.3‰,平均糙率 0.027,流域面积 100.32 km²。干峪河是一条山地河流,河型为顺直型,河道断面呈 V 字形,河床由石灰岩构成,稳定性很好。

2. 地形、地貌及植被

流域地势北高南低,由西北向东南倾斜。流域地貌属土石山区,崇山峻岭,沟壑纵横,海拔为 950～1 435 m。流域内植被较稀疏,大部分为荒山秃岭。常见的植物有黄背青、野青茅、大叶草、百里香等,林草覆盖率约 10%。

3. 气象

流域内年平均降水量 495 mm,80%的降水集中在 6—9 月,以 7 月、8 月为最多。年均蒸发量为 1 162 mm。年平均气温在 6～8 ℃,极端最高气温 37.3 ℃,极端最低气温-30.7 ℃,无霜期为 160 d 左右。

4. 水文

干峪河属无资料地区,系季节性河流,没有清水基流,多年平均径流量约 500 万 m³。

5. 旱、涝、碱灾害与水土流失

干峪河流域受季风环流影响,降雨时空分布极不均匀,春旱频繁,汛期局部的暴雨洪水给沿岸人民造成较多的洪涝灾害。流域内没有盐碱地和下湿地,耕地亦很少。水土流失总面积 89 km^2,已初步治理 26.7 km^2。水土流失类型属水蚀和重力侵蚀,平均侵蚀模数 2 800 $t/(km^2 \cdot a)$。

6.3　地表水环境功能区划

6.3.1　唐河地表水功能区划

6.3.1.1　水功能区及水功能区达标率

1. 水功能区

水功能区是为满足水资源合理开发、利用、节约和保护的需求,根据水资源的自然条件和开发利用现状,按照流域综合规划、水资源保护和经济发展要求,依其主导功能划定范围并执行相应水环境治理标准的水域。

2. 水功能区水质达标率

水功能区水质达标率指在某水系,水功能区水质达到其水质目标的个数占水功能区总数的比例。该指标反映河流水质满足水资源开发利用和生态环境保护需要的状况。

6.3.1.2　唐河地表水功能区划

根据《大同市水资源保护规划》(2019 年),唐河地表水功能区划分为 4 个一级水功能区和 6 个二级水功能区,其中一级水功能区即唐河干流浑源县源头水保护区、唐河干流浑源县开发利用区、唐河干流灵丘县开发利用区和唐河干流晋冀缓冲区;二级水功能区即唐河干流浑源县农业用水区、唐河干流灵丘县农业用水区、唐河干流灵丘县工业用水区、唐河干流灵丘县农业用水区、唐河干流灵丘县景观娱乐区和唐河干流灵丘县农业用水区,详见表 6-7。

6.3.2　水功能区达标评价

唐河地表水功能区水质现状评价河长为 86 km,主要包括 8 个水功能区,各功能区水质类别全部为Ⅲ类水,全部满足水功能区水质管理目标,水功能区水质达标率 100%。评价结果见表 6-7。

表 6-7　唐河水功能区划及水质评价结果表

水功能区		水质现状	水质管理目标	功能区长度/km	达标评价
一级	二级				
唐河干流浑源县源头水保护区		Ⅲ	Ⅲ	8.2	达标

续表 6-7

水功能区		水质现状	水质管理目标	功能区长度/km	达标评价
一级	二级				
唐河干流浑源县开发利用区	唐河干流浑源县农业用水区	Ⅲ	Ⅳ	36.8	达标
唐河干流灵丘县开发利用区	唐河干流灵丘县农业用水区	Ⅲ	Ⅳ	10	达标
	唐河干流灵丘县工业用水区	Ⅲ	Ⅳ	5	达标
	唐河干流灵丘县农业用水区	Ⅲ	Ⅳ	8.5	达标
	唐河干流灵丘县景观娱乐区	Ⅲ	Ⅳ	10	达标
	唐河干流灵丘县农业用水区	Ⅲ	Ⅳ	1	达标
唐河干流晋冀缓冲区		Ⅲ	Ⅳ	6.5	达标

6.4　大清河流域水资源及其开发利用状况

6.4.1　大清河流域水资源总量

大清河流域多年平均水资源总量分两个时段进行说明：

根据 2002 年的《大同市第二次水资源评价》，1956—2000 年大清河流域多年平均水资源总量 27 020 万 m^3，其中地表水资源量 26 471 万 m^3，地下水资源量 16 834 万 m^3，重复计算量 16 285 万 m^3；1980—2000 年大清河流域多年平均水资源总量 21 883 万 m^3，其中地表水资源量 21 291 万 m^3，地下水资源量 15 663 万 m^3，重复计算量 15 071 万 m^3。21 世纪以来(2001—2014 年)，大清河流域多年平均水资源总量为 15 296 万 m^3，其中地表水资源量 13 972 万 m^3，地下水资源量 11 805 万 m^3，重复计算量 10 481 万 m^3。

本次将水资源系列延长至 2014 年，系列采用 1956—2014 年，大清河流域多年平均水资源总量为 24 238 万 m^3，其中地表水资源量 23 505 万 m^3，地下水资源量 15 641 万 m^3，重复计算量 14 908 万 m^3。

大清河流域分段水资源总量见表 6-8。

表 6-8　大清河区水资源总量多年均值汇总　单位:万 m^3

流域	项目	河川径流	地下水	重复量	水资源总量	系列
大清河流域	第二次水资源评价	26 471	16 834	16 285	27 020	1956—2000 年
		21 291	15 663	15 071	21 883	1980—2000 年
	本次延长系列	13 972	11 805	10 481	15 296	2001—2014 年
		18 364	14 120	13 235	19 249	1980—2014 年
		23 505	15 641	14 908	24 238	1956—2014 年

6.4.2　大清河流域水资源可利用量

6.4.2.1　地表水可利用量

地表水可利用量是指经济合理、技术可行、在可预见的时期内,统筹考虑生活、生产和生态环境用水,协调河道内与河道外用水的基础上,通过地表水工程措施,可供河道外一次性利用的最大水量(不包括回归水重复利用量)。

大清河流域多年平均地表水资源可利用量为 10 631 万 m^3,可利用率 45.2%,详见表 6-9。

表 6-9　大清河流域地表水资源多年平均可利用量

分区	面积/km^2	水资源量/万 m^3	可利用量/万 m^3
大清河流域	3 406	23 505	10 631

6.4.2.2　地下水可开采量

地下水可利用量即为地下水可开采量,是指在可预见的时期内,通过经济合理、技术可行且不因地下水开采造成地下水位持续下降、水质恶化、地面沉降等环境地质问题和不对环境造成不良影响的情况下,允许从含水层中取出的最大水量。

大清河流域多年平均地下水可开采量 1 205 万 m^3,可利用率 7.7%,详见表 6-10。

表 6-10　大清河流域多年平均地下水可开采量

分区	面积/km^2	水资源量/万 m^3	可开采量/万 m^3
大清河流域	3 406	15 641	1 205

6.4.2.3　水资源可利用总量

水资源可利用总量即为地表水资源可利用量与地下水可开采量之和,再扣除地表水资源可利用量与地下水资源可开采量之间的重复计算量,即

$$Q_{kz} = Q_{kb} + Q_{kk} - Q_{kc}$$

式中:Q_{kz} 为水资源可利用总量;Q_{kb} 为地表水资源可利用量;Q_{kk} 为地下水资源可开采量;Q_{kc} 为地下水与地表水可利用量的重复量。

大清河流域本地加入境水资源可利用量共 11 445 万 m^3,可利用率 47.2%,详见表 6-11。

表 6-11　大清河流域水资源可利用总量　　单位:万 m^3

分区	水资源量	可利用量			
		地表水	地下水	重复量	可利用量
大清河流域	24 238	10 631	1 205	391	11 445

6.4.3　大清河流域水资源开发利用

根据《2018 山西省水资源公报》,山西省大清河流域 2018 年降水量为 17.99 亿 m^3,水资源总量为 2.84 亿 m^3,其中地表水径流量 2.66 亿 m^3,地下水资源量 2.16 亿 m^3,重复量 1.98 亿 m^3。流域 P=20%、50%、75%、95%的天然河川径流量分别为 3.52 亿 m^3、2.30 亿 m^3、1.70 亿 m^3、1.25 亿 m^3。

城头会水文站多年平均天然径流量 1.15 亿 m^3,P=50%、75%、95%的径流量分别为 1.07 亿 m^3、0.91 亿 m^3、0.81 亿 m^3。

唐河由于在灵丘境内受到城头会泉的补给,为常年性河流。

城头会泉出露于灵丘县城附近高庄北门头一带唐河河谷中的松散层泉水和南部山区大沙湖村的岩溶泉水,其多年平均流量为 2.2 m^3/s。水质类型为 HCO_3-Ca · Mg 型水,水质良好。

6.4.3.1　水利工程

大清河流域现状有小型水库 2 座;引水工程 54 处,其中北跃灌区和大东河灌区为中型灌区;提水工程 8 处,其中固城电灌站为中型;水井 250 眼,现状供水能力 3 723 万 m^3。

6.4.3.2　水电站

在唐河建有水电站 2 处,装机容量 3 100 kW,年发电量 510 万 kW · h。其中,北泉电站装机 2×1 250 kW,年发电 443 万 kW · h。

6.4.3.3　水资源利用

根据《2018 山西省水资源公报》,山西大清河流域总取水量为 0.43 亿 m^3,其中地表水取水量 0.21 亿 m^3,地下水取水量 0.22 亿 m^3;按照用水部门分类,农田灌溉用水量 0.30 亿 m^3,林牧渔畜用水量 0.01 亿 m^3,城镇工业用水量 0.02 亿 m^3,城镇公共用水量 0.01 亿 m^3,居民生活用水量 0.08 亿 m^3,生态环境用水量 0.01 亿 m^3。

据统计,山西大清河流域人均用水量 170 m^3/人,万元 GDP 用水量 111 m^3/万元,农田灌溉亩均用水量 160 m^3/亩,人均城镇生活用水量 99 L/d,人均农村生活用水量 87 L/d。

6.4.3.4　开发利用规划

大清河流域现状水资源开发利用率低,开发利用潜力较大。为了开发唐河地表水资源,在唐河干流上的灵丘县东河南镇韩淤地村西 200 m 建设了唐河水库,该水库为小(1)型水库,坝址处控制流域面积 457 km^2,年发电量 136.6 万 kW · h,设计水库库容 950 万 m^3,年供水量 2 039.5 万 m^3。

6.4.4　唐河水资源及水利工程状况

6.4.4.1　水资源状况

根据2014—2019年《大同市水资源公报》,唐河多年平均天然河川径流量为1.451 8亿 m^3,出境河北天然河川径流量2014—2019年平均为0.975 5亿 m^3(见图6-14和图6-15)。泉水集中出露段,冬季不结冰,非集中出露段一般在11月中旬开始冻结,至次年3月上旬解冻,多年平均封冻期为90 d左右。2019年境内水资源总量为2.072 9亿 m^3,其中:河川径流量1.24亿 m^3,地下水资源量1.487 2亿 m^3,河川径流量与地下水重复量0.654 3亿 m^3(见图6-16)。

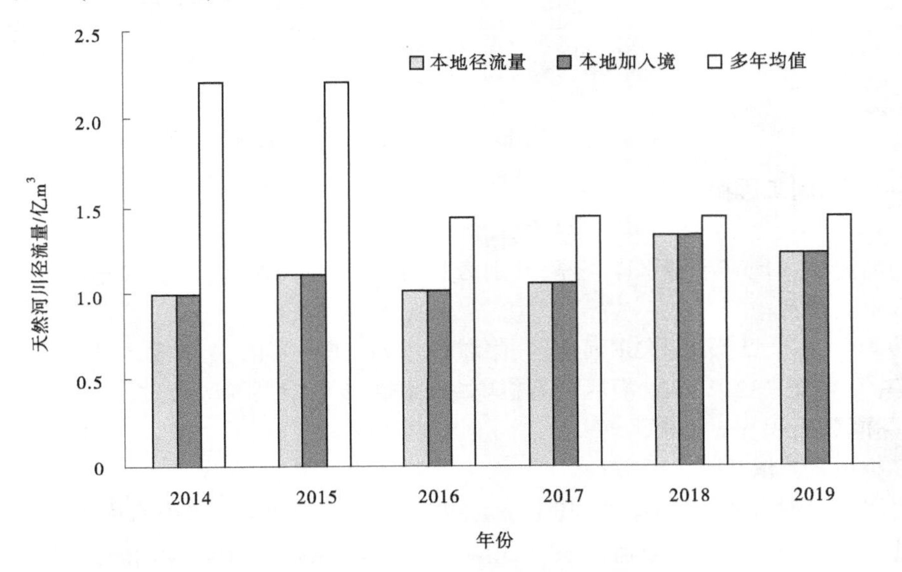

图6-14　2014—2019年唐河天然河川径流量与多年均值比较

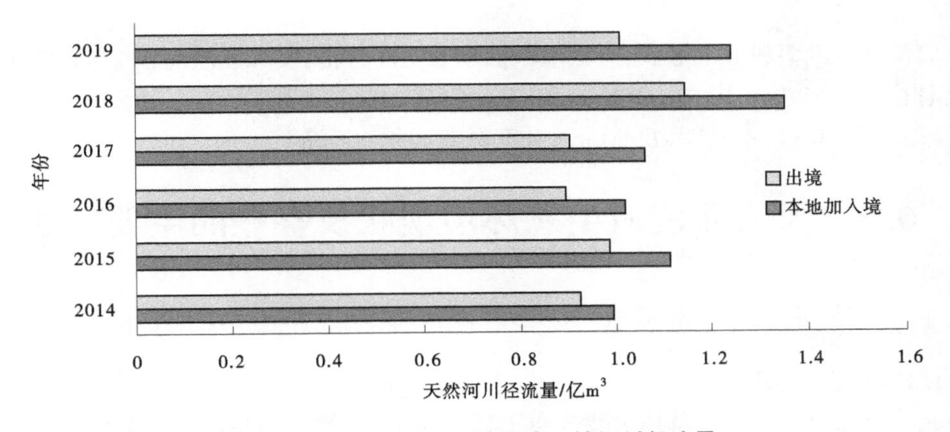

图6-15　2014—2019年唐河出入境河川径流量

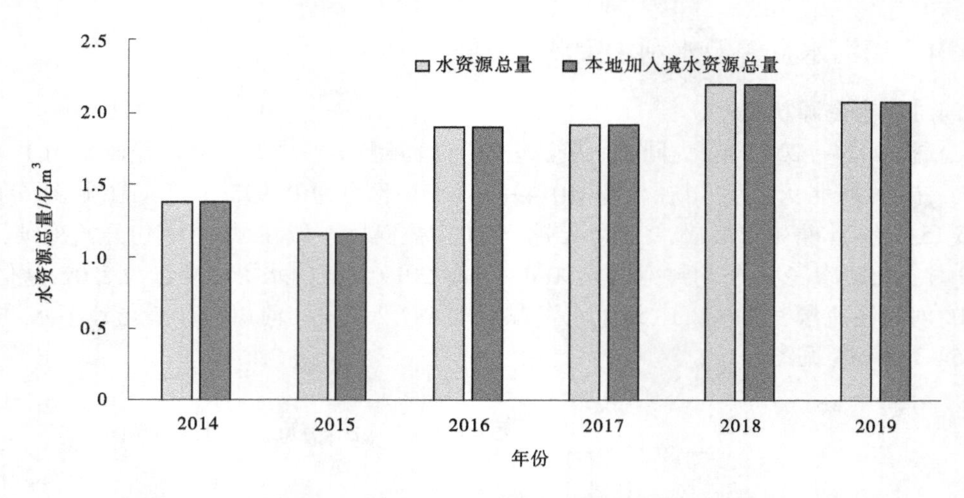

图 6-16 2014—2019 年唐河水资源总量

6.4.4.2 水利工程概况

1. 水库

唐河流域内现有小型水库 4 座,分别为唐河水库、华山水库、王庄水库及门头峪水库。

2. 中型灌区

共 4 个,即北跃灌区、大东河灌区、固城扬水站、华山灌区,4 个灌区共有渠道 449.14 km,其中防渗渠 282.2 km。灌区内有机电井 64 眼,4 个中型灌区有效灌溉面积 8.115 万亩,实际灌溉面积 6.3 万亩。

3. 小型自流灌区

唐河有小型自流灌区 64 处,其中小水库 3 处,即唐河水库、华山水库和王庄水库,塘坝 2 处,自流渠道 59 处,渠道总长 443.74 km,其中防渗渠 196.48 km,有效灌溉面积 4.155 万亩,实际灌溉面积 2.3 万亩。

4. 井灌区

唐河共有灌溉机井 368 眼,有效灌溉面积 6.105 万亩,实际灌溉面积 2.85 万亩,灌区渠道总长 246.87 km,其中防渗渠 90.01 km,管道 210.72 km。另有一处公路集雨灌溉工程,有蓄水窖 30 眼,蓄水能力 900 m³,补充灌溉面积 400 亩。

6.5 大清河流域生态环境现状及存在的主要问题

6.5.1 大清河流域生态现状

6.5.1.1 陆生生态环境

流域内稀疏灌木林和草地主要分布于各支流源头,灌木包括沙棘、刺槐、柠条、柽柳、蒲草、水荷草、芦苇、水稗子、狗尾草、眼子草等。动物以中小型乡土种为主,如獾、黄鼠狼、兔类等,偶有狼、狐狸等。流域内有灵丘县青檀自然保护区和黑鹳自然保护区 2 个省级自然保护区,北泉森林公园、平型关森林公园和恒山国家森林公园 3 个省级森林公园。青檀自然保护区保护对象为国家二级保护稀有树种青檀;黑鹳自然保护区保护对象为国家一、二级重点保护动物黑鹳、金雕、金钱豹和青羊等和国家二级保护稀有树种青檀;北泉森林公园保护对象为天鹅峰天然松栎混交林等;平型关森林公园保护对象为油松柏、山杏等多样化混交林;恒山国家森林公园区内一级保护动物为金钱豹、黑鹳,二级保护动物为金雕、原麝,三级保护动物为秃鹫、猎隼、石貂、豹猫等。

6.5.1.2　水生生态环境

据《山西省河流渔业资源调查报告》调查结果,大清河流域内共有鱼类19种,分属5目8科。鲤科鱼类有9种,鳅科鱼类有4种,其他6科鱼类各1种。主要鱼类有鲤鱼、鲫鱼、麦穗鱼、鲢鱼等,多为干流上水库移殖或放养鱼类。水生生物有12科15属25种,河畔湿地生长有节节草、宽叶香蒲、假马蹄、车前草、水葱、豆瓣菜、芦草、浮萍、紫萍等。

6.5.1.3　水土流失

大清河流域内土壤侵蚀类型为水蚀、风蚀并存,主要为微、轻、中度侵蚀,截至2015年流域有林地112.94万亩,占总面积的22.11%,灌木及稀疏草地的郁闭(盖)度均较低。

6.5.1.4　生态系统

大清河流域生态系统大致可分为河源、河道走廊(湿地)、岩溶泉域、农业生态及城镇-村落五大生态子系统。由于经济发展,城镇-村落生态子系统扩张,引起水资源数量和质量的下降,导致整个流域生态系统脆弱和不稳定,并呈退化趋势。

6.5.2　实地环境调查

大清河流域(唐河)作为造福山西、河北的一条重要河流,为了保持流域的水资源、水环境、水生态和水安全的良好发展,制订切实可行的流域生态补偿机制,本书研究团队曾多次赴大清河流域(唐河)进行实地调研和收集资料(见图6-17),并到访浑源县林业局、浑源县水利局、浑源县扶贫办、灵丘县水利局、灵丘县污水处理厂、灵丘县生态环境局、灵丘县畜牧局、保定市生态环境局等单位与相关技术人员多次沟通。

(a)浑源县抢风岭

图6-17　流域实地调查

(b)华山河注入唐河

(c)唐河水库

续图 6-17

6.5.3　入河排污口调查情况

废污水直接排入河道是造成地表水体污染的主要原因之一。调查和掌握入河排污状况,是水资源保护的一项基础工作,其目的在于查清入河排污口的分布、数量、排污方式、废污水排放量及污染物入河量,掌握其排放规律及其对水质的影响,为防治水污染、保护水资源提供科学依据。

根据调查结果,位于唐河上的入河排污口共有 2 处,分别为灵丘县污水处理厂混合入河排污口和灵丘县城镇生活入河排污口,均位于灵丘县。其中,灵丘县污水处理厂混合入河排污口位于灵丘县污水处理厂南墙下,入河方式为暗管,废污水来源为城镇污水处理厂,排放规律为连续排放,废污水性质为混合废污水,排放量为 372.12 万 m^3/a。灵丘县城镇生活入河排污口位于大同市灵丘县落水河乡北水芦村,入河方式为暗管,废污水来源为生活污水直排,排放规律为连续排放,废污水性质为生活污水,排放量为 174.18 万 m^3/a,详见表 6-12。

表6-12 唐河入河排污口调查情况

排污口名称		灵丘县污水处理厂混合入河排污口	灵丘县城镇生活入河排污口
所处县		灵丘县	灵丘县
排入河流		唐河	唐河
详细地址		灵丘县污水处理厂南墙下	大同市灵丘县落水河乡北水芦村
入河方式		暗管	暗管
污废水来源		城镇污水处理厂	生活直排
排放规律		连续	连续
污废水性质		混合	生活
废污水排放量/(万 m^3/a)		372.12	174.18
污染物排放量/t	COD	42.38	188.12
	氨氮	1.43	2.68

6.5.4 面源污染调查

面源污染是指在较大范围内,溶解性或固体污染物在降水或融雪的冲刷作用下,从非特定地点通过径流过程汇入受纳水体所引起的有机物污染、水体富营养化或有毒有害物污染等。面源污染调查对象包括农村生活污水与固体废弃物、农药化肥、畜禽养殖、城镇地表径流四项。

6.5.4.1 农村生活污水与固体废弃物

生活污染主要表现为日常生活中产生的垃圾等固体污染物、生活污水等液态污染物以及二氧化碳等气态污染物。从短期来分析,农村生活污染的来源具有分散性、随意性、复杂性等特点,这是由农村地理环境的局限性、人们的生活习惯等因素决定的。但从长期看,其特点呈稳定性和持续性,即污染物的种类、污染物量随时间的变化较小。在农村生活污染中,生活污水是重要组成部分,一般来源于厨房污水、生活洗涤污水和厕所污水。

6.5.4.2 农药、化肥

在农业生产中,化肥、农药的施用是保证农业稳产高产的必要措施。但化肥、农药的不合理施用,导致氮、磷等营养物质、农药残留物及其他有机或无机污染物质通过农田的地表径流和渗漏进入地表和地下水体,造成地表、地下水体污染和生态系统失调,成为面源污染的主要来源之一。

6.5.4.3 畜禽养殖

近年来,随着大同市经济的发展和人民生活水平的提高,畜禽产品需求量不断增加,生产规模不断扩大,畜禽养殖模式正逐步从散户养殖向规模化、集约化养殖转变。然而随着生产规模的扩大,畜禽养殖排放的粪便带来的污染也越严重。农村畜禽养殖业主要集中在猪、牛、羊、鸡等种类上,以规模化养殖小区和零散养殖户为主。

6.5.4.4 城镇地表径流

城镇地表径流污染主要指在降水过程中,雨水及其形成的径流流经城镇地面,将一系列的污染物带入河流或湖泊,污染地表或地下水体。城镇地表径流是典型的非点源污染,具有地域范围广、随机性强、成因复杂等特点。

根据《山西省地表水资源保护规划》(2016 年 1 月)中关于流域内汇流区域面源调查结果可知,面源污染中 COD、NH_3—N、TP 和 TN 主要来源于城镇地表径流和分散畜禽养殖污染。

大清河流域面源污染物入河量统计见表 6-13。

表 6-13　大清河流域面源污染入河量统计

农村生活污染	农村人口/人	污染物入河量/t			
		COD	NH_3—N	TP	TN
	191 875	3.17	0.07	0.10	0.57
农药、化肥污染	化肥施用量/t	污染物入河量/t			
		COD	NH_3—N	TP	TN
	32	5.27	1.65	337	270
分散畜禽养殖污染	养殖规模/(只/头)	污染物入河量/t			
		COD	NH_3—N	TP	TN
	371 722	14.18	0.87	34.82	30.76
城镇地表径流负荷	城镇面积/万亩	污染物入河量/t			
		COD	NH_3—N	TP	TN
	3	7.57	0.91	21.71	296.75

6.5.5 存在的主要问题

山西省境内的大清河各支流多为山区河流,地形起伏,水流分散,难有集中汇流之水,开发利用难度大。根据《山西省主体功能区规划》,该区域为省级限制开发的重点生态功能区,属五台山水源涵养生态功能区。近年来流域内地表径流量不断减少,与 1956—1969 年系列相比,2000—2015 年降水量减少 16.0%,地表水资源量减少达 57.5%;城头会泉域岩溶面积 440 km^2,1956 年城头会泉流量 3.6 m^3/s,进入 20 世纪 70 年代以来,由于地下水开采量逐步增大,加之气候偏旱,泉域降水量普遍减少,直接影响岩溶水的补给,致使泉水流量一直处于下降趋势,2000 年城头会泉流量为 2.39 m^3/s;流域部分河道缺少控导护岸工程,大面积河滩行洪区被农民占据耕种,加之大量建筑垃圾的随意倾倒、不规范的填河造路等,使河道行洪能力降低;水土保持治理任务仍然艰巨,1990—2014 年间主要治理区域为轻度和中度土壤侵蚀区域,流域内仍有 229.95 万亩的水土流失面积未得到治理;地表水质现状条件较好,但污染隐患较多,大清河流域生态修复与保护及生态补偿机制研究刻不容缓。

在对大清河流域(唐河)实地调查的基础上,研究团队认真整理了调查资料,多次研讨了大清河流域(唐河)存在的生态环境现状和问题,主要包括以下几方面。

6.5.5.1　流域水资源量减少

大清河流域各年代降水量和地表水资源量随时间均呈下降趋势,降水量的减幅在10.9%~16.0%,地表水资源量的减幅在20.1%。与1956—1969年相比,2000—2015年降水量减少16.0%,地表水资源量减少达57.5%(见图6-18)。

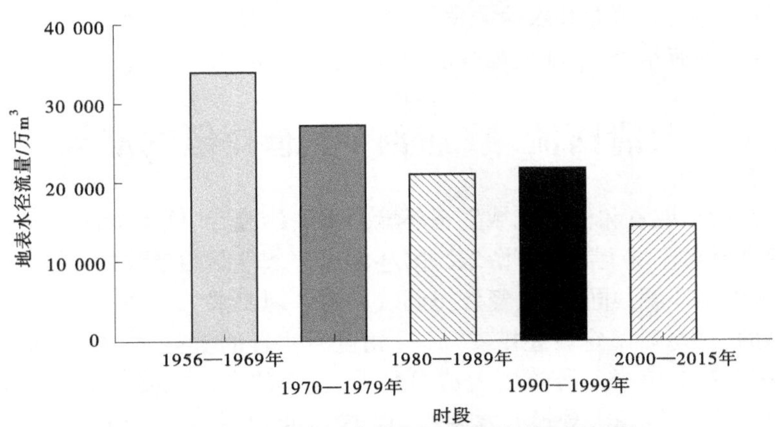

图6-18　大清河流域不同年代地表水径流量

6.5.5.2　城头会泉水量减少

城头会泉域岩溶面积440 km²,1956年城头会泉流量3.6 m³/s,进入20世纪70年代以来,由于地下水开采量逐步增大,加之气候偏旱,泉域降水量普遍减少,直接影响岩溶水的补给,致使泉水流量一直处于下降趋势,2000年城头会泉流量为2.39 m³/s。根据《大同市第二次水资源评价报告》《大同市水资源评价及配置规划》,1980—2000年多年平均泉水量为3 541万m³/a,1956—2000年为3 828万m³/a。1980—2014年多年平均泉水量为3 123万m³/a,1956—2014年多年平均泉水量为3 464.6万m³/a。泉流量的减少,影响了工农业生产与城市居民的正常生活。

6.5.5.3　河流生态功能不容乐观

山西省大清河流域内人口稠密的部分地区,人类频繁活动对河道支流影响较大,特别是扩建村庄挤占河道、不规范的填河造路等工程对河道行洪能力影响很大;部分山区毁林垦荒、毁牧开垦导致植被破坏,加剧了土壤退化和水土流失,破坏了流域环境的自然形态;滥用化肥农药、矿业盲目开采,造成土地功能衰退,导致生物多样性无法得到保护。山西省大清河流域的各级支流多为季节性河道,枯水期通常表现为干沟道,河道被占用情况很普遍,有的甚至被全部占用而丧失行洪功能。

大清河流域部分河道缺少控导护岸工程,局部河道摆动频繁、迁徙不定,河床淤积,主槽萎缩,大面积河滩行洪区被农民占据耕种,加之大量建筑垃圾的随意倾倒、不规范的填河造路等,使河道行洪能力降低,造成一定的安全隐患。

6.5.5.4　水土保持治理任务艰巨

大清河流域人口密度较低,耕作粗放,海拔较高,地形平缓,土质疏松,气候干燥,风大沙多,风沙危害严重,林草覆盖度低,1990—2014 年主要治理区域为轻度和中度土壤侵蚀区域,流域内仍有 229.95 万亩的水土流失面积未得到治理,未治理区域大都为土壤侵蚀较强的远山瘦沟,治理难度较大,流域内林草覆盖率较低。

6.5.5.5　地表水体污染隐患较多

唐河虽然现状水质达标,但仍存在污水收集管网不配套且收集率低,畜禽养殖污染、农村垃圾污染和农药化肥面源污染等污染源。如果这些污染源得不到有效治理,随着流域内人口的增加、畜禽养殖业和农业的发展,污水处理厂排污量和面源污染的入河量都会增加,加之河流清水流量小、水环境承载能力低,进而污染河流水质。

6.6　大清河流域(唐河)生态补偿的必要性

流域生态补偿是恢复和保护流域生态环境的重要措施,实施大清河流域(唐河)生态补偿有助于解决唐河流域上游和下游地区因环境保护条件制约导致的经济发展不平衡问题,是实现流域生态环境共同保护、经济协调发展的合理要求。

2017 年 4 月,国务院决定设立雄安新区,涵盖河北省的雄县、容城、安新等 3 县及周边部分区域,在水系上属于河海流域大清河水系,境内的白洋淀是华北平原最大的淡水湖,由于河北省境内水资源大规模开发利用,到 1996 年以后,基本上已无天然径流入淀,区域生态退化严重。山西省唐河为大清河水系的源头,对下游白洋淀及雄安新区的水生态环境具有一定的影响。

针对山西省大清河流域存在的实际问题,为了更好地服务于雄安新区,使大清河流域生态环境得到根本性好转,建立大清河流域(唐河)生态补偿机制是非常必要的。

(1)生态及水资源保护的紧迫性。经济社会发展对生态文明的要求愈来愈高。生态文明是人类在改造自然的过程中,为实现人与自然和谐相处的追求目标,改善生态环境、恢复河流水系、建设生态文明已成为流域内全体人民的共识。

(2)生态修复符合人民利益,符合党和国家的政策要求。党中央、国务院将生态文明建设作为关系人民福祉、关乎民族未来的长远大计。面对资源约束趋紧、环境污染严重、生态系统退化的严峻形势,党的十八大报告明确提出必须树立尊重自然、顺应自然、保护自然的生态文明理念,把生态文明建设放在突出地位,坚持节约优先、保护优先、恢复为主,着力推进绿色发展、循环发展、低碳发展,形成节约资源和保护环境的空间格局、产业结构、生产方式、生活方式,从源头上扭转生态环境恶化趋势。同时明确指出要加快水利建设,扩大森林、湖泊、湿地面积,加大自然生态系统和环境保护力度,为人民创造良好生产生活环境。

(3)提高生态补偿效率的迫切要求。从京津晋冀协同发展的视角,推动大清河流域(唐河)生态保护的补偿,实现全流域的社会经济发展和水资源生态保护。通过探讨政府、市场、社会的多元生态补偿模式,拓展补偿资金的来源,弥补传统政府为主的生态补偿的不足,调动各方生态保护的积极性,提高大清河流域(唐河)的生态补偿效率和生态服务功能,使大清河流域(唐河)成为支持雄安新区以及京津晋冀经济发展的重要水源生态屏障。

(4)建立横向生态补偿的迫切要求。我国自改革开放以来,综合国力大大增强,人民生活水平大幅度提高,政府和民间对建立和完善流域生态补偿机制的意愿日益高涨,流域生态补偿机制已经进入了行政立法初期阶段。《国务院关于依托黄金水道推动长江经济带发展的指导意见》提出:按照谁受益、谁补偿的原则,探索上中下游开发地区、受益地区与生态保护地区试点横向生态补偿机制。《国务院关于加快推进生态文明建设的意见》中也明确提出:建立地区间横向生态保护补偿机制,引导流域上游与下游之间,通过资金补助、产业转移、人才培训、共建园区等方式实施补偿。建立和完善大清河流域(唐河)上下游横向生态补偿机制,从制度上加强生态环境保护,促进经济社会全面协调发展,是践行"两山"理论、贯彻新发展理念的重大战略选择。

(5)推进流域生态建设的迫切要求。流域生态建设是我国生态文明建设的重要途径,也是一项庞大的系统工程。利用生态学、环境经济学、生态经济学原理,充分发挥流域生态和资源优势,加强顶层设计,推动流域社会经济实现可持续发展。目前,我国流域生态补偿还有许多不完善的地方。比如,保护者和受益者的权责落实不到位;多元化补偿方式尚未形成;政策法规建设滞后,现有涉及生态补偿的法律规定分散在多部法律之中,缺乏系统性和可操作性;生态补偿范围偏窄,补偿标准偏低,补偿资金来源单一,补偿资金支付和管理办法不完善,等等。建立比较完善的流域生态补偿机制是推进生态建设的重要举措,更是建设生态文明的内在要求。

(6)实现流域协同发展的迫切要求。为保护大清河流域(唐河)的生态服务功能与价值,全流域尤其是上游地区进行了大量生态环境建设,实行严格的产业准入限制,丧失许多经济发展机会。通过建立大清河流域(唐河)生态补偿机制,下游受益地区向上游地区支付水源生态补偿,弥补因生态保护造成的经济发展机会损失,以协调全流域在生态保护和经济发展之间的付出与收益的失衡,是解决流域水资源开发利用的外部性、保护行政区际水资源开发权益、协调流域区际矛盾的重要突破口,是促进流域水质持续改善、流域健康和谐发展的需要,最终实现大清河流域(唐河)社会、经济、生态的协同发展。

第7章 大清河流域(唐河)生态补偿机制要素分析

7.1 大清河流域(唐河)生态补偿的必要性

近年来,党中央、国务院把生态文明建设摆在突出位置,山西省委、省政府对改善生态环境做出一系列重要决策和部署,为建立大清河流域(唐河)生态补偿创造了有利条件。

(1)流域水生态和水资源保护的紧迫性。社会经济发展对生态文明的要求愈来愈高。生态文明是人类在改造自然的过程中,为实现人与自然和谐相处的追求目标,改善大清河流域(唐河)生态环境、恢复大清河(唐河)河流水系、建设大清河(唐河)生态文明已成为流域内各级政府、全体人民的共识。

(2)流域生态补偿符合人民利益、符合党和国家的政策要求。党中央、国务院将生态文明建设作为关系人民福祉、关乎民族未来的长远大计。面对资源约束趋紧、环境污染严重、生态系统退化的严峻形势,党的十九届五中全会明确提出:“坚定不移贯彻创新、协调、绿色、开放、共享的新发展理念”“坚持绿水青山就是金山银山理念,坚持尊重自然、顺应自然、保护自然,坚持节约优先、保护优先、自然恢复为主,守住自然生态安全边界”“完善市场化、多元化生态补偿,推进资源总量管理、科学配置、全面节约、循环利用”。因此,在大清河流域(唐河)实施生态补偿机制,可以改善流域生态环境,加大自然生态系统和环境保护力度,为人民创造良好的生产生活环境。

(3)各级政府对建立流域生态补偿的态度积极。2017年1月3日山西省人民政府办公厅发布了《关于健全生态保护补偿机制的实施意见》(晋政办发〔2016〕172号)指出:在重要河流源头区、集中式饮用水水源地、重点岩溶泉域保护范围、七条河流蓄滞洪区和敏感河段及水生态修复治理区、国家重要水功能区、水土流失重点预防区和重点治理区,全面开展生态保护补偿,适当提高补偿标准;加大水土保持生态效益补偿资金筹集力度。2020年1月大清河流域(唐河)列入山西省委、省政府确定的“两山七河一流域”生态修复工程,加大生态环境治理力度,生态环境得到改善。大同市委、市政府、各有关政府部门积极落实实施意见,对流域生态补偿十分重视,组织、指导流域生态补偿实施工作,积极落实省级专项资金及地方配套资金,各级政府对改善流域生态环境、建设良好的生存发展环境十分欢迎。

7.2 大清河流域(唐河)生态补偿机制的基本任务

生态补偿机制作为一种制度安排,其根本任务就是要解答“谁来补、补给谁、怎么补、补多少”这个核心问题。在大清河流域(唐河)中,流域内所有的自然、社会、经济等要素因水结成了复杂的利益网络。在制定和开展大清河流域(唐河)生态补偿机制的过程中,如何界定流域生态补偿的主体和客体(解答"谁来补、补给谁"的问题);如何测算流域生态补偿标准(解答"补多少"的问题),以及以何种方式(解答"怎么补"的问题)开展流域生态补偿等,这些问题是大清河流域(唐河)生态补偿机制的基本任务。

大清河流域(唐河)生态补偿中的利益相关者分析方法被用来界定流域生态补偿中的主客体,通过访谈走访、开展问卷调查和补偿意愿调查等方式对相关利益群体在流域生态补偿中的责任、权利、义务和利益关系进行科学分析,结合大清河流域(唐河)水环境功能区域划分、水资源分配比例及河流断面水质水量情况来确定不同层次的流域生态补偿主客体。

国内外学者对于生态补偿标准的确定方式各有不同,大清河流域(唐河)的生态补偿标准参照生态保护者的直接投入和机会成本、生态受益者的获利、生态破坏的恢复成本、生态系统服务价值等方面进行初步核算。国内外较为公认的流域生态补偿模式主要有两大类:一类是政府主导模式(政府支付);另一类是市场化补偿模式,其中有协作、环境服务投资基金、自发组织的私人交易、流域付费机制、生态标志等。受大清河流域(唐河)尺度不同、市场化要素发育程度等因素影响,传统的"二元式"(政府主导模式和市场化补偿模式)流域生态补偿模式和方法受到了现实需求与理论创新方面的双重挑战。

7.3　大清河流域(唐河)生态补偿机制的要素

流域生态补偿机制是一项非常复杂的制度安排,目前世界各国还没有一套成熟的生态补偿机制可供借鉴,包括发达国家在内,对生态补偿还处于一种探索过程。但是,生态补偿机制的基本构成要素是确定的,是指补偿得以实现的相关构成,包括:谁补偿谁,即补偿主体和对象的问题;对什么补偿,即补偿客体问题;补偿多少,即补偿标准问题;以及如何补偿,即补偿方式问题。补偿主体、补偿客体、补偿对象、补偿标准和方式,是生态补偿机制的基本要素。

7.3.1　生态补偿原则

构建流域水环境与水资源生态补偿机制,必须从流域生态环境面临的实际问题出发,遵循自然规律、经济规律,按照生态经济学原理,以科技为先导,利用经济激励和宏观调控手段,运用系统工程的方法,以重点河流治理、开发为突破口,把流域生态环境保护建设与经济发展有机结合起来,正确处理当前与长远、局部与全局的关系,促进生态效益、经济效益与社会效益协调统一,使流域生态环境恶化趋势得到控制,努力实现自然资源永续利用、水生态良性循环和经济社会可持续发展。为此,建立大清河流域(唐河)生态补偿机制遵循的基本原则如下:

(1)可持续发展的公平、公正原则。大清河流域(唐河)上下游之间是有机联系、不可分割的整体,是一个由不同地区组成的大区域系统。因此,在对待大清河流域(唐河)生态补偿问题上,一定要有系统的概念、整体的观点和长远的眼光。如果大清河流域(唐河)上游地区污染下游就要赔偿下游地区;反之,如果上游地区交给下游的是经过努力后的优于标准的水质,下游地区就应该对上游地区付出的代价和做出贡献给予适当的补偿。只有这样,才能显示出公平、公正的原则。

(2)"谁污染、谁赔偿,谁受益、谁补偿"的原则。环境污染和生态破坏造成的是环境公害,污染者和破坏者不但要为污染和破坏行为付出代价,而且有责任和义务对自己污染环境和生态破坏造成的经济损失进行赔偿,同样环境受益者也有责任和义务对为此付出努力的地区和人民提供适当的补偿。对于大清河流域(唐河)上下游关系来讲,上游是环境污染者、生态破坏者,同时也是环境治理者和生态保护者;下游是环境污染和生态破坏的受害者,同时也是环境治理和生态保护的受益者。"谁污染、谁赔偿,谁受益、谁补偿"原则也体现了公平、公正的原则,只有这样,才能鼓励大家共同为保护大清河流域(唐河)生态环境做出贡献。

(3)水质和水量相结合的原则。水质和水量是不可分割的统一体,如果只有水质没有水量,水质再好,数量不足,水资源还是不能满足人们生产生活和社会经济发展的需求;反之,如果有充足的水量,而水质却受到了污染,则会产生水质性缺水,有再多的水同样也无法满足大清河流域(唐河)经济社会发展的需要。因此,在制定大清河流域(唐河)上下游生态补偿机制时,要同时考虑水质与水量的问题。只有将二者有机结合起来制定的生态补偿机制才会科学合理,起到真正的实效,促进整个流域的共同发展。

(4)政府调控与市场调节相结合的原则。流域生态保护建设属于公共事业,由于流域生态建设的经济外部性及公共产品的特点,加之市场条件不完善,必然会出现市场失灵,这就需要政府在建设中起到主导作用,发达国家"经济靠市场,环保靠政府"的经验也证明了这一点。政府应主要依靠法律手段、经济手段和必要的行政手段发挥在大清河流域(唐河)环境保护中的作用,科学界定生态建设者和破坏者的权利和义务,制定相关法律法规,规范流域生态补偿的形式与标准,筹集流域生态补偿所需要的人、财、物和技术等,科学合理分配到流域生态建设各领域,完善流域生态建设补偿网络,提高运行效率,实施有效监督。同时大清河流域(唐河)生态补偿存在着利益机制,所以应当积极发挥市场机制在调节各种利益行为中的作用,使各种资源得到有效配置,提高生态补偿的效率,实现流域生态环境的价值,增加流域生态建设的融资渠道,促进流域生态补偿的产业化发展。

(5)协商和参与的原则。流域生态补偿机制的建立是对现有利益格局的调整,再加上确定补偿标准的一些依据较难量化,因此在操作过程中会存在阻力。大清河流域(唐河)生态补偿机制的建立要循序渐进,在制定具体机制和确定补偿标准时,相关责任利益主体应充分协商。同时,吸收非政府组织、公众等积极参与,在一系列补偿过程中发挥积极作用,并将补偿结果公示,接受社会监督。

(6)生态与区域协调发展的原则。协调发展原则旨在处理好生态协调发展与区域协调发展的关系。大清河流域(唐河)的可持续发展要求水资源数量的消长平衡和水环境不受破坏,要使水资源在价值形态上始终保持保值增值的态势。同时,建立大清河流域(唐河)生态补偿机制,对于上中游地区保护生态环境做出的牺牲给予相应的经济补偿,可以平衡上中游地区经济发展与水生态保护的矛盾,促进上中游地区经济利益与流域生态利益之间的协调。

7.3.2　生态补偿主体

根据“谁受益、谁补偿”原则,大清河流域(唐河)生态补偿的主体在理论上应是生态环境保护的受益者。由于环境的公共产品特性,所有人都可能成为环境保护行为的受益者,但并非所有的生态受益者都是生态补偿的主体,因此在大清河流域(唐河)生态补偿实践中不能将补偿主体界定得过于宽泛,否则会使该机制丧失可操作性。大清河流域(唐河)生态补偿的主体包括:流域中生态环境的受益者、生态资源的使用者和生态功能的破坏者。

(1)各级政府。大清河流域生态环境改善了,受益者是山西人民和河北人民,所以补偿主体首先是代表两省人民利益的省级政府。其次是大清河中下游的市(县)政府,通过生态环境保护和恢复,大清河上游地区为中下游提供了优良水质和充足水量,促进了中下游地区经济发展和社会进步,则受益的中下游地区应该对上游地区进行生态补偿。需要说明的是,这种流域间的补偿是建立在行政区环境协议之上的,如果大清河流域(唐河)行政区交界断面的水质和水量没有达到环境协议的要求,则上游地区应对中下游地区造成的损失进行补偿或赔偿。

(2)受益群体。包括在工业生产、农牧业生产、居民生活、旅游项目、水产养殖、水利发电等活动中,从大清河流域(唐河)获取自然资源和自然景观(如土地、矿产、森林、草原、水、野生动植物等)的行为主体,应当对环境资源和生态景观的损失做出经济补偿。

(3)污染群体。企业、单位或个人在生产生活中,向大清河流域(唐河)排放“三废”物质,影响了流域水量和流域水质,损害了大清河流域(唐河)生态功能或导致生态价值丧失,应当为各自的污染行为付费。此外,对偷排、乱排的企业、单位或个人应当按照国家的相关法规加倍处罚。

7.3.3　生态补偿客体

生态补偿的客体是主体间权利义务共同指向的对象,具体到生态补偿机制关系中,是指围绕生态利益的建设而进行的补偿活动。大清河流域(唐河)生态补偿的客体主要包括:流域中生态保护者、减少生态破坏者和生态污染受害者。

(1)生态保护者。生态保护者指为大清河流域(唐河)涵养水源、净化空气、水土保持、防风固沙、保护物种、抵御灾害等生态保护和建设中,为提升大清河流域(唐河)生态价值和功能做出贡献的建设者和管理者,其主体可能是当地居民、村集体,也可能是当地政府,他们为大清河流域(唐河)生态建设做出贡献、付出成本,理应得到和接受补偿。

(2)减少生态破坏者。减少生态破坏者主要指大清河流域(唐河)内为维持良好的资源生态而丧失发展权的主体,这些主体包括为保持生态而只能选择无污染项目的企业,为减少化肥使用量而带来机会损失的农户,无法对旅游资源开发经营、无法招商引资而带来财政收入减少的乡村集体或当地政府等。

(3)生态污染受害者。因大清河流域(唐河)环境质量退化而直接受害的自然人与法人也是流域生态补偿的受偿主体,具体包括下游农户、企业、社区居民和下游政府。

7.3.4　生态补偿方式

生态补偿方式是补偿得以实现的形式。在国内外生态补偿机制的研究及实践中创造了纷繁多样的生态补偿方式。多样化和针对性是大清河流域(唐河)生态补偿方式的基本要求,不同的补偿方式也可以组合起来,形成复合补偿方式。

(1)政策补偿。就是政府通过制定相关政策,让受补偿者充分享有优先权和优惠待遇,在政策范围内获得发展权力和机会并筹集资金。大清河流域(唐河)大多属于生态脆弱区和敏感区,利用制度资源和政策资源进行补偿显得尤为重要。制定一系列优惠政策和创新政策,扶持和培育大清河流域(唐河)新的经济增长点,大力发展生态型、环保型、高效型产业,大力开展异地开发、生态移民、生态恢复等工程,推进大清河流域(唐河)的环境保护和生态建设。

(2)项目补偿。就是政府和补偿者将补偿资金转化成为技术项目和新型产品,提供给受补偿者,帮助受补偿者建立并发展替代产业,形成"造血"机能,增强自我发展能力,这有利于大清河流域(唐河)贫困地区的社会进步和经济发展,提高区域内人民的生活水平,但提供的技术项目必须是无污染、低耗能、环保型项目。

(3)资金补偿。就是政府和补偿者以直接或间接的方式向受补偿者提供资金支持,解决受补偿者在发展过程中的资金短缺问题,消除大清河流域(唐河)生态建设的不利因素。资金补偿的显著特点是最快捷、最实惠、最亟须。补偿金、赠款、减免税收、退税、信用担保的贷款、补贴、财政转移支付、贴息等是资金补偿的常见方式。我国退耕还林工程、天然林保护工程等提供了很好的范例。

(4)实物补偿。就是政府和补偿者运用生活资料或生产资料(如物质、劳力和土地等)对受补偿者进行补偿,解决受补偿者在发展过程中的部分生产要素和生活要素,达到改善受补偿者生活状况和生活水平,增强大清河流域(唐河)生态环境保护和建设能力的目的。

(5)智力补偿。就是政府和补偿者以智力服务的方式进行补偿,向受补偿者无偿提供技术咨询、指导,培训和培养各类专业技术人才,提高受补偿者的知识水平、科技含量、管理能力,掌握更多的生存本领,这有利于增强大清河流域(唐河)受补偿者的知识技能积累能力和自我发展能力。

(6)道德补偿。就是一种保护生态环境理念的教育和树立在公民心中的道德要求。国家要求每个公民建立并增强生态环境的保护意识,把这种认识要上升到道德、思想和精神层面。保护生态环境、补偿生态资源是大清河流域(唐河)内每个公民的义务。法律仅仅是手段,形成保护生态环境的理念,进行自觉补偿才是目的。

(7)异地开发。这是一种新兴的生态补偿方式,是对传统生态补偿方式的完善和补充。位于大清河流域(唐河)的生态保护区、生态环境脆弱区、生态自然遗产区等企业允许到环境容量大的地区进行定向异地开发,异地开发所取得的利税返回原地区,作为支持原地区生态环境建设和保护的启动资金。这种做法使大清河流域(唐河)生态保护区形成一种自我积累的投入机制,生态补偿实现了单纯性的"输入式"向"自我发展式"转化,真正实现了经济与环境的双赢。

以上补偿方式大体可以分为两类:“输血型”补偿和“造血型”补偿,前者具有时间短、见效快等优点,后者具有长期性、持续性等优点,其中资金补偿和实物补偿属于“输血型”补偿,其余五种属于“造血型”补偿。对于大清河流域(唐河)而言,在近期内可以采用“输血型”补偿,远期应采用“造血型”补偿。

7.3.5 生态补偿标准

生态补偿标准是指补偿时依据参照的条件,主要从所涉客体的经济价值和生态价值综合考虑。大清河流域(唐河)生态补偿标准解决的是补偿多少的问题,是生态补偿机制的核心内容,关系到流域生态补偿机制能否发挥效能,关系到补偿者的承受能力。

(1)按生态保护者的直接投入和机会成本计算。为了保护大清河流域(唐河)的生态环境,生态补偿标准的计算既要考虑生态保护者的人力、物力和财力等投入,也要考虑生态保护者因牺牲部分发展权而丧失的机会成本。

(2)按生态受益者的获利计算。大清河流域(唐河)的生态受益者享用了的生态产品和生态服务,应当向生态保护者和建设者支付这部分费用,使生态保护者得到应有的回报。因此,生态补偿标准可以通过生态产品或生态服务的市场交易价格和交易量来计算。

(3)按生态破坏的恢复成本计算。开发利用大清河流域(唐河)的生态资源造成了一定范围和程度的植被破坏、水土流失、物种减少等问题,直接影响到流域内水源涵养、水土保持、净化空气、气候调节、生物供养等生态服务和环境功能。按照破坏者付费原则,生态补偿标准可以通过环境治理与生态恢复的成本来计算。

目前,综合考虑大清河流域(唐河)的经济发展水平和生态环境现状,生态补偿标准可以通过上中下游的协商和博弈来确定。在具体操作中,理应根据大清河流域(唐河)生态保护和经济社会发展的不同阶段和不同时期,适当调整生态补偿标准。

第 8 章　大清河流域(唐河)生态补偿的挑战与重点分析

8.1　大清河流域(唐河)生态补偿的挑战分析

8.1.1　挑战

8.1.1.1　补偿责任主体的确定

跨界流域生态补偿关系形成的逻辑是:流域上游地区投入了大量的人力、物力、财力来保护上游的生态环境,而下游地区因为上游的保护享用了良好的水量水质,按照"谁受益、谁补偿"的基本精神,下游地区应该给上游地区一定的补偿来弥补上游的损失。然而,在大清河流域(唐河)生态补偿实践的具体操作中,尤其是省际间政府,如何通过协商达成补偿的共识,特别是如何界定补偿的责任主体,还需要进一步深入探讨。

8.1.1.2　补偿机制的长效性

国内跨界流域生态补偿的实践已有新进展,特别是开拓了省际间协商补偿的模式,显示了各级政府对于治理流域环境问题的态度。大清河流域(唐河)生态补偿工作刚刚起步,如何建立上下游之间合作与补偿机制?特别是流域生态补偿机制中行之有效的协议,或者是持续性的政策。一般来说,生态补偿协议有一定的期限,如果有效期终止,协议或政策不能得到延续的话,出于自身的考虑,一些生态服务的提供者可能会扩大自己的生产和开发规模,这样将会对大清河流域(唐河)生态环境形成了更大的压力,并且会对整个流域生态环境的可持续发展带来不利的后果。

8.1.1.3　补偿资金投入力度

跨界流域生态补偿的相关机制要求流域中的各级地方政府应当根据水质情况是否达标来决定是否支付补偿费用,如果流域上游的水质情况较好,那么对于水质的考核要求也必须要提高,这样就造成水质提高的空间不足,继而流域上游的地方政府所得到的补偿费用也会偏少,这样就不能够弥补上游政府为保护环境而做出的牺牲。

8.1.1.4　补偿方式的多样性

目前,国内地表水跨界断面生态补偿机制大多采用政府纵向补偿方式,补偿方式单一,存在以下不足:一是重财政纵向转移支付,轻财政横向转移支付,这与流域生态环境破坏与保护的跨区域性相偏离;二是忽视了市场补偿的探索与使用。因此,要按照补偿理论和实际,丰富大清河流域(唐河)跨界断面生态补偿方式,实现对流域生态环境的共同治理。

8.1.2　原因

8.1.2.1　法律依据缺失

大清河流域(唐河)生态补偿的实施存在一定困难,其根源在于缺乏明确的生态补偿法律支撑,现有国家层面的法律法规及政策没有涉及流域生态补偿的具体操作条款,省(市)间无法遵循共同的原则和法律法规。在缺乏明确法律依据的前提下,大清河流域(唐河)上下游省(市)流域水环境保护的权利与义务、补偿与被补偿等关系未能理顺;在上下游省(市)的利益协调机制缺失下,省(市)之间缺乏协商与合作,不能做到"利益共享、责任共担"。流域生态补偿制度是对既有利益格局的再分配,如果没有强制性的法律规范提供保障,则会陷入"只说不做"的困境。

8.1.2.2　碎片化的流域管理模式

在分割化、分散化管理体制下,流域内各个利益主体难以通过集体行动来实现共同利益,各个主体基于自身利益的理性思考往往陷入"公地的悲剧""集体行动的困境",具体原因如下:

(1)"多头管理"的分割管理模式。大清河流域(唐河)的水利、环保、国土、城建、交通等多个部门对流域具有不同的管理权,各部门职权时有相互冲突、相互交叉,造成了"九龙治水"的局面。各部门、各地区往往从自身利益出发,进行局部的、单一的流域管理与规划,利则相争,害则相推,无法克服地方保护主义的弊病。

(2)缺少沟通协商机制。大清河流域(唐河)流经多个市(县、区),流域管理涉及不同的利益相关方,各方出于不同的利益诉求,往往存在着矛盾和冲突,处于流域上下游不同地区的利益诉求存在很大差异,难以协调。

8.1.2.3　地方财权与事权不对等

大清河流域(唐河)生态补偿制度实质上就是流域上下游地区政府之间部分财政收入的重新再分配过程,是需要通过地方政府组织的各项财政收入以及省(市)际间横向财政转移支付作为其财力和制度保障。

(1)从财权和事权对等分配的角度上看,中央政府拥有全国大部分的财力,而相比较地方政府要处理的事务,中央政府的财力要远远高出地方政府,地方财力普遍不足以保障跨界流域生态补偿的稳定实施。

(2)横向转移支付受限,自分税体制实施以来,我国建立的是中央对地方以及省对基层的财政纵向转移支付制度,财政转移支付只能纵向实施,横向支付受到制约。虽然以中央财政纵向转移支付开展的生态补偿取得了积极成效,但仅靠纵向补偿的方式不能普遍解决上游地区的发展问题,根本出路还在于建立跨界流域生态补偿机制。跨界流域生态补偿必须以省(市)际间的横向财政转移为支撑;否则,即使确定了补偿的标准和额度,由于财政体制的限制,将在很大程度上影响资金的筹集、调配和运作。

8.2　大清河流域(唐河)生态补偿的重点分析

大清河流域(唐河)的治理保护要突出解决关键生态环境问题,生态补偿要重视完善生态补偿体系,能够全面调控大清河流域(唐河)在开发、利用、保护和改善过程中各相关的利益关系,调动各方的积极性,形成补偿实施的内生动力。重点是推进跨界流域上下游横向生态补偿,突破行政区管理边界,形成上下游地区间共建共享机制;继续创新重点生态功能区财政转移支付机制,保障重点生态功能区的发展权益;实施市场化、多元化生态补偿,提高补偿机制实施成效,发挥多主体能动性和不同补偿方式的灵活性和适应性。

8.2.1　建立上下游横向生态补偿机制

流域生态补偿是促进流域共建共享、实现公平发展的有效手段。无论是国家层面,还是地方层面均试图通过流域生态补偿机制解决当前和潜在的流域生态环境问题。

(1)研究制定大清河流域(唐河)生态保护修复奖励政策,支持建立跨省和省内流域上下游生态补偿以及流域保护和治理,尤其是跨界流域横向上下游生态补偿,通过实施补偿推进流域上下游做好生态环境保护与修复。

(2)健全完善大清河流域(唐河)生态补偿标准是推进流域上下游横向生态补偿的技术关键,补偿标准是反映流域上下游横向补偿各方利益关系的重要测度,应该服务支撑好流域治理的需求。地方实践的流域生态补偿标准可归结为三种典型模式:一是基于流域跨界监测断面水质目标考核的生态补偿标准模式;二是基于流域跨界监测断面超标污染物通量计量的生态补偿标准模式;三是基于提供生态环境服务效益的投入成本测算的生态补偿标准模式。大清河流域(唐河)生态补偿主要关注水质水量问题,结合水质改善目标,完善水质型生态补偿仍是重点。生态问题是大清河流域(唐河)的主要问题,补偿标准要拓展涵盖流域水生态因素,特别是生态基流,落实生态用水保障。

(3)推进完善生态补偿机制,要根据大清河流域(唐河)生态环境现状、保护治理成本投入、水质改善的收益、下游支付能力、下泄水量保障等因素,综合确定大清河流域(唐河)跨界横向补偿标准。

8.2.2　完善重点生态功能区转移支付制度

重点生态功能区是在生态环境定位和发展定位上不同于其他地区的一类特征空间,通过实施生态环境优先保护和绿色发展是主要功能,这类地方的发展权多多少少受限,需要根据发展权受限水平予以科学合理补偿。

(1)考虑到大清河流域(唐河)的生态问题,要高度重视健全生态功能区转移支付制度,通过合理的转移支付制度安排来保障生态环境空间的发展权益。推进大清河流域(唐河)重点生态功能区转移支付调整试点,采取发展权受限基线评估和绩效评估相结合的生态补偿标准测算方法,确定重点生态功能区的转移支付规模。尤其是要加大对深度贫困地区、生态脆弱地区、重要水系源头地区等支持力度。转移支付测算标准是技术基础,体现了补偿政策导向和政策力度,进一步完善转移支付测算标准体系,标准测算因素进一步拓展,综合考虑人口、生态保护红线面积比例、本级财政收支缺口、生态环境保护投入等因素,加大生态扶贫财政保障力度。

(2)科学合理的生态环境监测评价是财政转移支付实施的基础,强化大清河流域(唐河)重点生态功能区县域生态环境监测评价,提升生态环境监测科学评价能力,加强监测评价结果在转移支付资金分配中的调节作用,指导大清河流域(唐河)对相关转移支付资金进行整合和使用方式调整,提高资金使用效益,强化生态环境保护和治理。

8.2.3　健全市场化、多元化补偿机制

市场化、多元化补偿是大清河流域(唐河)生态补偿机制建设方向,逐步推进政府主导型补偿转向发挥市场作用、发挥多主体作用、发挥多种补偿方式作用,调动各相关方的积极性和主动性。创建生态环境权益交易市场是体现生态环境资源资产和价值属性、提高生态产品供给能力和水平的一个重要手段。

(1)推进大清河流域(唐河)生态环境权益交易建设,健全大清河流域(唐河)资源开发补偿、污染物减排补偿,探索排污权交易、生态建设配额交易等市场化的生态补偿。补偿方式因地制宜向多手段组合、多方式协同推进,开展资金、技术、人才、产业结合的大清河流域(唐河)生态补偿研究,引导地方探索资金补偿为基础的产业扶持、人才培养、技术援助、飞地共建等补偿方式(见图 8-1)。可通过资金补贴等方式优先支持绿色产业、生态农业等,鼓励农户实施生态耕作,或者探索实施代理委托型、规模化生态农业模式等。通过多种方式的技能培训提高地方特别是欠发达地区的职业技术能力,是实现脱贫和避免返贫的长久之策。创新技术政策,发挥科技支撑,指导和引进推广适应先进生态技术是提高地方和企业、农户发展能力的重要方式。

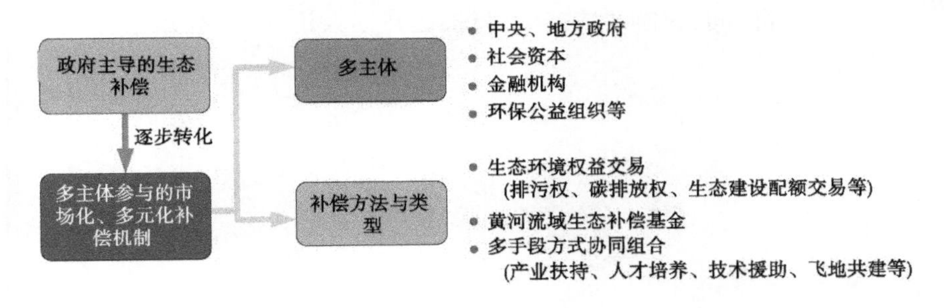

图 8-1　市场化、多元化补偿机制

(2)通过推动政策创新发挥金融机构以及其他相关机构在生态补偿中的作用,鼓励金融机构创新金融服务支持生态补偿,鼓励生态环保公益组织参与生态补偿,引导非政府组织、协会等机构参与到大清河流域(唐河)生态环境保护。创新财政、金融等利好政策鼓励发展大清河流域(唐河)生态产业,建立健全大清河流域(唐河)有关产品与产业的绿色标识、绿色采购、绿色金融、绿色利益分享机制,引导社会投资者对大清河流域(唐河)流域生态保护者的补偿。

(3)研究建立大清河流域(唐河)生态补偿基金。由中央财政联合省(市)地方财政设立大清河流域(唐河)生态修复与补偿奖励资金,纳入流域生态补偿基金;在依托水资源开发利用的经营性项目和生态旅游的收入中,提取一定比例纳入大清河流域(唐河)生态补偿基金。引导社会资本进入大清河流域(唐河)生态补偿基金,吸引社会出资人,包括大型商业银行、产业投资基金等金融机构参与生态环境保护。

(4)强化大清河流域(唐河)生态补偿技术支撑体系建设。推进基金实施的项目库建

设,完善项目库与资金机制,提高基金资金使用成效。

8.2.4 健全流域生态补偿保障机制

健全的大清河流域(唐河)生态补偿保障机制是前提基础。

(1)强化生态补偿技术支撑体系建设。技术支撑体现主要涉及补偿标准、生态服务价值、补偿绩效评估等,也包括生态环境监测技术、生态环境监测数据机制、信息管理平台等。

(2)加强生态补偿实施的标准研究,建立标准体系和标准方法,开展以生态服务价值、生态贡献为导向的生态保护补偿标准研究,推动建立科学规范的生态价值核算和生态贡献测量方法;研究编制生态补偿标准核算相关的技术指南和规范,在内容上涵盖流域上下游跨界生态补偿、生态功能空间的转移支付补偿、市场化、多元化生态补偿、组织推进生态补偿实施、加强生态补偿实施成效评估等,为地方探索实施生态补偿提供技术指引。

(3)研究建立生态补偿实施的绩效评估机制,推进定期开展生态补偿绩效评价,及时提出资金、项目调整优化方案,不断优化完善生态补偿机制。推进提升生态环境监测能力,合理布置监测点位、监测站台,健全监测指标,为生态补偿实施夯实监测能力保障。

(4)建立生态补偿实施的数据采集、数据上报、数据质量控制机制,开展大清河流域(唐河)生态补偿实施进展定期调度;建立大清河流域(唐河)生态补偿数据信息共享机制,打通流域上下游、部门间、主体间数据障碍,推进建立大清河流域(唐河)生态补偿实施平台,提高补偿实施成效。

第 9 章　大清河流域(唐河)生态补偿标准测算

本书采用生态环境保护成本(直接成本)、发展机会权限成本(间接成本)、水量水质分摊系数法、下游水质水量需求法、跨界超标污染物通量法、水资源价值法、生态系统服务价值法共 7 种方法对大清河流域(唐河)生态补偿标准进行估算,并采用离差平方法(GDP、水量)对生态保护成本进行分摊测算。

9.1　流域生态环境保护总成本

流域生态环境保护总成本分为直接成本和间接成本。直接成本考虑的是进行水源涵养与生态保护所开展的各项措施,包括在林业建设、水质改善、实施环境综合整治等方面人力、物力、财力的直接投入;间接成本则是为保护流域上游的水源涵养和生态功能维护,当地限制部分行业发展,关、停、并、转部分企业所遭受的潜在发展损失。

具体核算时以生态保护总成本法理论为基础,结合调研实际,重点核算上游浑源县(千佛岭乡、王庄堡镇)和灵丘县所投入的直接保护成本和产业限制发展的机会成本。直接成本采用动态核算理论,将 2016—2020 年连续 5 年的投入折算为年直接成本;机会成本以县域统计年鉴上 2015—2019 年连续 5 年的 GDP 为基础进行核算。

9.1.1　直接成本

唐河流域上游地区主要包括山西省大同市浑源县(千佛岭乡、王庄堡镇)和灵丘县全境,上游地区为了改善流域环境,提供更高质量的生态服务,加强了对流域保护的投入力度,根据调研结果,将上游地区保护水资源的生态建设成本主要分为:林业建设投入(植树造林、封山育林、退耕还林、未成林管护)、水质改善投入(水质监测站建设、污水处理场建设)、生态工程建设投入(水土流失治理、生态污染防治)、环境综合整治投入(土地开发整理、农村环境整治、畜禽养殖污染防治)和移民搬迁投入。

9.1.1.1　**林业建设**

林业建设是流域上游水源涵养区提高森林覆盖率发生的相应投入,主要包括植树造林、封山育林、退耕还林、未成林管护等费用。

1. 植树造林和封山育林

依据国家和山西省补偿标准,唐河流域上游地区植树造林每亩补助 800 元(分 3 年付清,在实际执行过程中,每年的补助费稍有调整),未成林管护费为 10 元/亩,封山育林费为 2016 年以前 70 元/亩、2017 年以后 100 元/亩。

根据调研得到的数据,2015—2020 年浑源县和灵丘县在封山育林上年均投入 57.7 万元,人工造林年均投入 2 135 万元(见表 9-1),未成林管护费近 5 年平均每年投入 73 万元。

表 9-1　2015—2020 年植树造林和封山育林投资情况

年度	人工造林				封山育林			
	灵丘县		浑源县		灵丘县		浑源县	
	面积/亩	金额/万元	面积/亩	金额/万元	面积/亩	金额/万元	面积/亩	金额/万元
2015	37 150	1 344.5	7 000	350	18 000	126	5 000	35
2016	35 010	1 239.8			5 000	35		
2017	34 800	2 489.26			5 000	50		
2018	33 200	2 656	3 000	300			10 000	100
2019	36 550	1 977.5	8 520	681.6				
2020	15 000	1 200	7 173	573.84				
合计	191 710	10 907.06	25 693	1 905.44	28 000	211	15 000	135
年均投入	2 135				57.7			

注:数据来源于浑源县林业局、灵丘县林业局。

在统计年内,唐河流域上游地区为京津风沙源治理、环京津冀生态屏障区建设、重要水源地保护方面做出了重大贡献。其中,在京津风沙源治理工程中封山育林 25 000 亩投入资金 190 万元、人工造林 110 200 亩投入资金 6 586 万元;环京津冀生态屏障区建设工程人工造林 24 000 亩投入资金 1 830 万元;重要水源地造林工程中人工造林 8 550 亩投入资金 577.5 万元。

2. 退耕还林

根据 2000 年《国务院关于进一步做好退耕还林还草试点工作的若干意见》、2002 年《国务院关于进一步完善退耕还林政策措施的若干意见》以及 2003 年 1 月 20 日实施的退耕还林条例,鼓励把坡耕地退耕以减少水土流失、保护流域生态。退耕引起了种植业的损失,只有补偿大于或接近于退耕引起的损失时,上游农户才有退耕动力,否则退耕后复垦的可能性很大,为确保退耕的可持续性,参考国家对于退耕还林的有关补偿政策及标准,大同市浑源县和灵丘县从 2002 年开始实施退耕还林工作,其退耕还林的经济补偿标准大致分为以下三类:

(1)当年退耕还林每亩补助老百姓 1 500 元(其中国家补助 1 200 元,山西省补助 300 元,共分 5 年付清);

(2)生态林退耕还林补助按前 8 年 160~170 元/亩、后 8 年 90 元/亩、16 年后 20 元/亩执行;

(3)经济林退耕还林补助按前 5 年补助 160~170 元/亩、后 5 年补助 90 元/亩、10 年后不补的标准测算。

为保护唐河上游水源涵养区的生态环境,仅 2020 年浑源县千佛岭乡和王庄堡镇退耕总户数 563 户 1 829 人,总面积达 7 173 亩,其中贫困户 222 户 746 人退耕面积为 2 996 亩。由于唐河上游区退耕还林执行期是 2002—2006 年,经济林均已超过 10 年,不再给予补助,因此 2020 年退耕还林补助只包括了 2002—2006 年的生态林和 2020 年当年的退耕还林补助金额,共计 1 261 万元(见表 9-2)。

表 9-2　唐河上游地区 2020 年退耕还林补助情况[①]

区域	2002—2004 年[②]		2005—2006 年[③]		2020 年退耕还林[④]		总计	
	生态林面积/亩	补助/元	生态林面积/亩	补助/元	面积/亩	补助/元	面积/亩	补助/万元
千佛岭乡	329.12	6 582	1 663.4	149 706	4 187	6 280 950	6 179.52	644
王庄堡镇	1 934.56	38 691	3 691.39	332 225	2 986	4 478 565	8 611.95	485
灵丘县	43 602	872 040	5 000	450 000			48 602	132
合计	45 865.68	917 313	10 354.79	931 931	7 173	10 759 515	63 393.47	1 261

注:①数据来源于浑源县、灵丘县林业局;②2002—2004 年退耕还林地每年补助 20 元/亩;③2005—2006 年退耕还林地每年补助 90 元/亩;④2020 年退耕还林地每年补助 1 500 元/亩。

9.1.1.2　生态工程和水质改善

根据调研结果,将生态工程建设成本分为流域河道治理工程投入和水土流失治理投入两部分;水质改善成本分为水质自动监测站建设投入和污水处理场建设投入两部分。核算采用动态理论方法,依据 2016—2020 年连续 5 年已经实施的生态保护建设成本,将其动态投入折算为年直接成本(见表 9-3)。

表 9-3　2016—2020 年流域生态工程建设和水质改善成本投入

项目			总投资/万元	年投资/万元
生态工程建设	流域河道治理工程[①]	灵丘县三河综合治理工程	58 598.54	
		灵丘县大东河治理工程	2 738	
		合计(2 年完成)	61 337	30 668
	水土流失治理[②]	国家水土保持重点建设工程刘庄、华山流域综合治理工程	1 361	
		京津风沙源治理二期工程	2 445	
		灵丘县坡耕地水土流失综合治理项目	3 490	
		合计	7 296	1 459
水质改善成本	水质自动监测站建设[③]	南水芦断面水质自动监测站建设项目	600	
		王庄堡断面水质自动监测站建设项目	230	
		合计(2 年完成)	830	415
	污水处理场建设[⑥]	灵丘县红石塄乡农村生活污水治理工程[④]	1 389.45	
		灵丘县县城超出污水处理厂能力一体化处理装置租赁费、灵丘县污水处理厂提质提效工程	10 310.42	
		灵丘县污水处理厂氧化沟生物改造工程[⑤]	5 893.6	
		合计	17 593.47	3 519

注:表中数据①来源于灵丘县水务局《灵丘县三河治理月报 2020 年 10 月 31 日》;②来源于灵丘县水务局《2016—2020 年(水土保持)专项行动扶贫资金台账》;③来源于灵丘县水务局《灵丘县 2018 年南水芦断面水质自动监测站建设项目自评价报告》、《灵丘县 2019 年王庄堡断面水质自动监测站建设项目自评价报告》、灵丘县环保局《大同市中央、省级环保专项资金绩效评价名单》;④来源于灵丘县环保局《灵丘县发展和改革局关于"灵丘县红石塄乡农村生活污水治理工程可行性研究报告"的批复》;⑤灵丘县环保局《大同市中央、省级环保专项资金绩效评价名单》;⑥数据均来源于灵丘县水务局。

灵丘县唐河流域河道治理工程主要为:灵丘县三河(县城段)综合治理工程和大东河治理工程(见图 9-1),三河(泽水河、水河槽、塌涧河)综合治理工程总投资 58 598.54 万元,分两年完成;大东河治理工程共治理长度 15 km,工程总投资 2 738 万元;两项河道治理工程年总投资 30 668 万元。水土流失治理包括国家水土保持重点建设工程刘庄流域和华山流域综合治理工程、京津风沙源治理二期工程、坡耕地水土流失综合治理项目,综合治理面积 1 495.6 km^2,完成水源工程 25 处,节水工程 24 处,年总投资 1 459 万元。

图 9-1　河道治理工程

水质自动监测站建设项目包括:灵丘县红石塄乡下北泉村东面的南水芦断面的水质自动监测站建设及辅助堤坝工程、王庄堡村的王庄堡断面水质自动监测站建设项目,两项工程分两年完成,年均投资 415 万元;污水处理场建设包括:灵丘县红石塄乡农村生活污水治理工程、灵丘县县城超出污水处理厂能力一体化处理装置租赁费、灵丘县污水处理厂提质增效工程(见图 9-2)、灵丘县污水处理厂氧化沟生物改造工程,年总投资 3 519 万元。

(a)　(b)

图 9-2　污水处理厂提质增效改造工程

9.1.1.3　环境综合整治

1. 土地开发整治

浑源县煤炭、花岗岩矿产资源丰富,其中花岗岩总储量达 6 亿 m^3,每年可生产花岗岩 2 万 m^3,上缴税费 3 000 余万元。为保护唐河源头生态环境,自 2017 年浑源全县花岗岩矿叫停开始,每年花岗岩矿直接经济损失达 2 亿元。叫停之后,浑源县唐河流域涉及的矿山破坏面积 15 975 亩,其中煤矿占 9 817 亩,花岗岩矿山占 6 158 亩。为改善被破坏区的生态环境、促进生态系统恢复、保护水源地,浑源县加强了对破坏和退化区的土地复垦工作,从 2019 年进行大面积的矿山生态修复开始,到 2020 年两年内唐河流域完成矿山修复面积 7 700 余亩,矿山绿化栽植各种树木 24 万余株,土地复垦平均每年投入经费 310 万元。在此基础上,为提高耕地质量、增加有效耕地面积、改善农业生态条件和生态环境、提高土地利用率,浑源县结合土地利用现状,调整土地利用结构,重新分配土地资源,2020 年上达枝村土地整理工作投入经费 57 万元。另外,灵丘县在伊家店沟坝地治理工程中,土地整理规模 285.31 亩,投入经费 210 万元。总之,在保护唐河流域生态环境中,除直接经济损失外,浑源县和灵丘县在土地开发整理中投入经费达 577 万元。

2. 农村环境整治

根据《全国农村环境综合整治"十三五"规划》、省生态环境厅对各市、县农村环境综合整治项目工作的安排部署,灵丘县 2016—2018 年开展了饮用水源地保护、农村生活污水治理、农村生活规模化以下畜禽养殖污染防治四项农村环境综合整治工作(见图 9-3),总投入经费 2 315.91 万元,年均投入 463.2 万元。

(a)　(b)

图 9-3　农村环境综合整治

(c)

(d)

续图 9-3

浑源县对千佛岭乡小道沟村、宽坪村、钟楼坡村、龙嘴村，王庄堡镇王庄堡村、杏庄村、下牛还村等唐河源头村镇进行农村环境综合整治，投资 368.6 万元，千佛岭乡和王庄堡镇在农村环境综合整治上年均投入 73.7 万元，通过农村环境综合治理改善了农村的生活环境，使农村生活污水污染、水源地污染、生活垃圾和畜禽粪便污染问题得到了初步改善，增强了农村干部和群众的生态环境保护意识，有效保护了水源地的水资源环境。

3. 畜禽养殖污染防治

浑源县唐河水源头千佛岭乡和王庄堡镇 2017 年和 2018 年共完成养殖场畜禽粪污治理 7 家，其中千佛岭乡 3 家，王庄堡镇 4 家，年均投入资金 30.5 万元；灵丘县 2016—2020 年在畜禽废弃物治理及资源化利用上总投资 683.7 万元，年均投入 136.7 万元。两县年均投资 167.2 万元。

4. 移民搬迁

水源区生态环境保护是提高水质水量的关键，生态移民是保护水源区生态环境的一条重要途径。生态移民有利于减轻环境压力，保障水源区的稳定与发展。浑源县千佛岭乡和王庄堡镇为保护水源区的生态环境和水质安全，实施了部分人口搬迁，为保护水源地的水资源，上游地区的居民付出了很大代价。在实施移民搬迁工程中，千佛岭乡和王庄堡镇共有 15 个行政村 1 310 户和 3 360 名移民进行了搬迁，按建档立卡贫困户每人补助 3.88 万元、同步搬迁户每人补助 1.2 万元计算，浑源县千佛岭乡和王庄堡镇移民搬迁项目共投入经费 8 148.48 万元(见表 9-4)。

表 9-4　浑源县移民搬迁项目投资情况

乡(镇)	建档户数/户	建档人数/人	建档经费/万元	同步户数/户	同步人数/人	同步经费/万元	合计/万元
千佛岭乡	538	1 230	4 772.4	539	1 551	1 861.2	6 633.6
王庄堡镇	122	306	1 187.28	111	273	327.6	1 514.88
总计	660	1 536	5 959.68	650	1 824	2 188.8	8 148.48

注：数据来源于浑源县扶贫办。

基于上述分析，唐河流域生态服务的提供者上游浑源县千佛岭乡和王庄堡镇、灵丘县，为保护下游地区河北省保定市涞源等 7 县(市)的水生态环境，投入了大量的人才、物力和财力,其年均直接投入成本为 49 017.28 万元(见表 9-5)。

表 9-5　直接成本核算

项目	林业建设投入				生态工程建设投入		合计/(万元)
	封山育林	新造林	未成林管护	退耕还林	流域河道治理工程	水土流失治理	
金额/(万元/年)	57.7	2 135	73	1 261	30 668	1 459	
项目	水质改善投入		环境综合整治投入			移民搬迁	49 017.28
	水质监测站建设	污水处理场建设	土地开发整理	农村环境整治	畜禽养殖污染防治		
金额/(万元/年)	415	3 519	577	536.9	167.2	8 148.48	

9.1.2　发展权限损失机会成本(间接成本)

由于流域生态保护的需要,唐河上游浑源县不得不关闭和拒批了一批污染较大的企业(如花岗岩矿山、煤矿等),对污染较大行业发展的明显限制,影响了区域经济的发展,减少了地方政府的财政收入和水源区居民的收入,同时灵丘县加大了水源地治理和水质监测投入等,较大程度地影响了流域上游地区经济的发展。由于限制企业发展造成的经济损失及其对地区经济的影响难以精确统计和确定,利用相邻县(市)的人均可支配收入和浑源、灵丘两县的人均可支配收入对比,给出相对其他县(市)的居民收入水平的差异,从而反映发展权的限制可能造成的经济损失。

本书中因相邻县涞源县的地区人均生产总值[23 053 万元/(人·年)](县域统计年鉴 2015—2019 年平均值)远远高于浑源县[11 042 万元/(人·年)]和灵丘县[13 155 万元/(人·年)],因此采用经济发展水平相对较低的山西省的农村和城镇的人均生产总值[17 129 万元/(人·年)]作为计算上游地区发展机会成本补偿的参考依据。

补偿测算公式如下:

年补偿额度=[参照县(市)山西省的城镇居民人均可支配收入−上游地区浑源和灵丘城镇居民人均可支配收入]×上游地区浑源 2 乡和灵丘城镇居民人口+[参照县(市)山西省的农民人均纯收入−上游地区浑源和灵丘农民人均纯收入]×上游地区浑源 2 乡和灵丘农业人口

由于县域统计年鉴经济指标是以县域为单位进行统计的,浑源县包括 12 个乡(镇),而唐河上游地区只包括千佛岭和王庄堡 2 个乡(镇),按照 GDP 指标比例(2/12)测算出发展权限损失为 71 355 万元。

发展权限损失测算需要用到的主要社会经济指标(2015—2019 年平均值)及测算结果见表 9-6。

表 9-6 发展权限的损失测算结果

社会经济指标(2015—2019 年均值)	浑源县	灵丘县	浑源县 2 乡(镇)+灵丘县	山西省
城镇人口	141 323	75 839	99 392	
农村人口	212 699	166 022	201 472	
城镇居民人均可支配收入/(元/人)	21 851	25 643	23 747	24 082
农村居民人均可支配收入/(元/人)	6 801	6 799	6 800	10 177
补偿金额/万元	71 355			

注:山西省数据来源于 GDP 县域统计年鉴,浑源县、灵丘县数据来源于大同市统计年鉴。

9.2 基于生态保护成本和污染治理成本的标准核算

上游地区作为流域的水源涵养区,在生态建设和保护工作中所付出的成本,在整个流域内发挥着巨大的经济效益、社会效益和环境效益。根据水资源的准公共物品属性、生态与环境资源的有偿使用理论和外部成本内部化等前述生态补偿研究的基本理论,上游地区供给下游的水资源量和水质直接关系到该地区的用水效益,因此上游的生态建设投入应得到下游地区的补偿。

水是生态中最活跃的因子,也是与人类生产生活最密切的因素,因而在生态保护总成本的基础上,引入水量分摊系数 KV_t、水质修正系数 KQ_t 和效益修正系数 KE_t,在补偿公平性原则的指导下,利用总成本修正模型对生态保护总成本予以修正,同时避免生态补偿标准中未考虑水量参数的校正而导致下游补偿结果偏离[1][2]。

本书从唐河上游生态保护成本入手,以前面测算出的。上游生态保护成本作为补偿基数,利用水量分摊系数、水质修正系数和效益修正系数,测算上游生态建设和保护外部所需的补偿量,即下游应支付给上游的补偿金额。如果上游地区造成下游污染,则需在测算上游补偿标准时核减下游地区污染治理成本。

因测算出的生态保护总成本基数较大:总成本(C_t)120 372 万元=直接成本(DC_t)49 017 万元+间接成本(IC_t)71 355 万元),故本书采用直接成本(DC_t)49 017 万元估算下游地区需分摊的生态保护污染治理成本。

9.2.1 水量分摊系数

在流域上游地区生态建设和保护持续投入的作用下,上游地区的总水量提供了上下游地区的国民经济和生活用水,同时确保了流域上下游地区植被、河湖湿地等生态用水。基于这样的水资源利用状况,确定水量分摊系数 KV_t 为下游地区利用上游水量 $W_{下}$ 占上游总水量 $W_{总}$ 的比例。

在水量分摊系数 KV_t($KV_t = W_{下} / W_{总}, 0<KV_t<1$)中,上游总水量 $W_{总}$ 取唐河山西天然河

---

[1] 刘玉龙, 许凤冉, 张春玲, 等. 流域生态补偿标准计算模型研究. 理论前沿, 2006(22): 35-38.

[2] 王金南. 流域生态补偿与污染赔偿机制研究. 北京:中国环境科学出版社, 2014.

川径流量 1.128 1 亿 m^3,下游地区利用上游水量 $W_下$ 取自山西省出境河北涞源的天然河川径流量 0.975 5 亿 m^3(大同市水资源公报 2014—2019 年的平均值),则下游因利用上游水量而需承担上游生态建设和保护成本的分摊量为 C_tKV_t。

9.2.2　水质修正系数

在水资源利用过程中,水质的优劣同样能够影响用水效益,上游地区供给下游水量的水质越好,其发挥的效益越大。本书以常用的水质指标 COD 浓度作为上下游交界断面处的代表性指标,假设上下游交界断面所要求的水质标准为 S(mg/L),即上游地区有责任保证上下游交界断面处的水质达到 S,以保证下游地区的正常用水,否则下游需因享用优于或劣于标准水质 S 的水量而对上游地区进行补贴或获得相应的赔偿。因此,需引入水质修正系数 KQ_t 对下游分摊的成本 C_tKV_t 进行修正,具体测算公式为

$$KQ_t = \frac{1 + P_tM_t}{C_tKV_t}$$ [1]

式中:P_t 为供给下游的水量;M_t 为削减单位 COD 排放量时的投资额;$P_t \times M_t$ 为上游地区因向下游地区提供优(劣)于标准水质水量而获得的补贴(赔偿)。

当 $Q_t = S$ 时,$P_t = 0$,$KQ_t = 1$,下游地区只需因利用上游水量而分摊成本 C_tKV_t;

当 $Q_t < S$ 时,$P_t > 0$,$KQ_t > 1$(或当 $Q_t > S$ 时,$P_t < 0$,$KQ_t < 1$),下游地区除需分摊成本 C_tKV_t 外,因享用优于(劣于)标准水质的水量而对上游地区补贴(赔偿)$P_t \times M_t$。

依据《地表水环境质量标准》(GB 3838—2002),确定唐河流域上游地区(大同市)供给下游地区(保定市)的水环境质量为Ⅲ类标准,即当上下游交界断面南水芦监测站的水质 Q_t 为Ⅲ类时,河北保定只需因利用上游水量而分摊成本 DC_tKV_t;当南水芦监测断面的水质 Q_t 低于(或高于)标准水质 S 时,河北保定除需分摊成本 DC_tKV_t 外,还需因享用优于(劣于)标准水质的水量而对山西大同市补贴(获得赔偿)P_tM_t。

从 2017—2020 年南水芦监测断面的水质监测数值可知,断面的 COD 监测数据平均值 Q_t 为 8.466 7 mg/L(Ⅰ类),而 COD 要求的标准评价值 S 为 20 mg/L(Ⅲ类)。因交界断面处水质 Q_t 低于 S,所以下游地区除需分摊成本 DC_tKV_t 外,还需要对水质为 Q_t 情况下比水质为 S 下所少排放的 COD 量 11.5 mg/L 进行补偿,采用上游地区环境保护中削减单位 COD 排放量的投资为 M_t(5 747 元/t)进行估算,则每年上游地区因向下游提供比标准水质 S 更优的水量而获得的补贴 P_tM_t 为 646.59 万元。

9.2.3　效益修正系数

为保证上游地区的生态建设投入部门和下游地区的受益部门的投资效益大于成本,以保持投资的积极性,本书中效益修正系数 KE_t 参考新安江流域各部门综合指标的经验值 1.2,不同地区 KE_t 的实际取值在补偿机制逐步建立的过程中,应有一个逐步调整的过程。

根据以上分析,确定下游地区总的补偿量公式为

---

[1] 刘玉龙, 许凤冉, 张春玲,等. 流域生态补偿标准计算模型研究. 理论前沿, 2006, 22: 35-38。

$$CD_t = C_t KV_t KQ_t KE_t$$ [1]

式中：CD_t 为下游地区的补偿量；C_t 为生态建设与保护总成本（本书取直接成本 DC_t）；KV_t 为水量分摊系数；KQ_t 为水质修正系数；KE_t 为效益修正系数。

经测算，唐河流域生态保护与建设年补偿量为 5.16 亿元，具体测算公式及数据见表 9-7。

表 9-7　基于生态保护成本和污染治理成本的生态补偿测算结果

<table>
<tr><td rowspan="3">$KV_t = W_{下}/W_{总}$</td><td>$W_{下}$/亿 m³</td><td>0.975 5①</td><td rowspan="4">$KQ_t = 1+(P_tM_t)/(C_tKV_t)$</td><td>$P_t$/(tCOD/年)</td><td>$11.53\times10^{-5}\times W_{下}$</td></tr>
<tr><td>$W_{总}$/亿 m³</td><td>1.128 1②</td><td>M_t/(元/tCOD)</td><td>5 747③</td></tr>
<tr><td>KV_t</td><td>0.864 7</td><td>$P_t\times M_t$/万元</td><td>646.59</td></tr>
<tr><td rowspan="3">C_tKV_t/万元</td><td>DC_t</td><td>49 017</td><td>KQ_t</td><td>1.015 3</td></tr>
<tr><td>DC_tKV_t</td><td>42 387</td><td rowspan="2">$CD_t = C_tKV_tKQ_tKE_t$</td><td>KE_t(参考新安江)</td><td>1.2④</td></tr>
<tr><td></td><td></td><td>总补偿量/亿元</td><td>5.16</td></tr>
</table>

注：1. 数据①、②来源于《大同市水资源公报》2014—2019 年内相关数据的平均值，数据③来源于《大清河水系水污染物排放标准制定及费效分析研究》，数据④来源于《流域生态补偿标准计算模型研究》；
2. $W_{下}$ 取自山西省出境河北涞源的天然河川径流量；
3. $W_{总}$ 取唐河山西天然河川径流量；
4. P_t 为每年监测断面水质比标准水质所少(多)排放的 COD 量；
5. M_t 为削减单位 COD 所需的成本；
6. P_tM_t 为上游地区因向下游地区提供标准水质的水量所需的成本。

9.3　基于水质水量保护目标的标准核算

基于水质水量保护目标的标准核算方法是在掌握流域水量、水质演变情况的基础上，结合流域综合区划，设定水资源开发利用的总量控制标准和跨界断面水量、水质考核标准，分析流域水资源开发利用与保护活动中存在的补偿或者赔偿关系，以确定赔偿量。流域跨界断面水质目标是测算基于标准核算的重要依据。流域跨界水质的确定通常以流域水环境功能区划为基础。一般来说，如果已经有上一级政府批准实施的流域水污染防治规划，那么以规划中确定的跨界断面水质目标作为生态补偿依据最为合理。本书以唐河出境的南水芦国家地表水考核断面（简称国考断面）水质考核指标值作为唐河流域生态补偿的依据。

9.3.1　监测断面和指标选取

唐河南水芦断面位于灵丘县下北泉村东，并由下北泉村出境入河北涞源，2018 年按照国家、省（市）要求，在唐河出境断面监测点建成了南水芦水质自动监测站。按照《地表水环境质量标准》（GB 3838—2002），唐河出境国考断面的水质应达到地表水Ⅲ类，标准

[1] 刘玉龙，许凤冉，张春玲，等. 流域生态补偿标准计算模型研究. 理论前沿，2006(22)：35-38。

中主要污染物具体标准级别及标准值见表 9-8。

表 9-8 《地表水环境质量标准》(GB 3838—2002)中主要污染物标准值　单位:mg/L

污染物标准值	最低检出限	Ⅰ类(优)	Ⅱ类(优)	Ⅲ类(良好)	Ⅳ类(轻度污染)	Ⅴ类(中度污染)	劣Ⅴ类(重度污染)
化学需氧量	10	15	15	20	30	40	
高锰酸盐指数	0.5	2	4	6	10	15	
氨氮	0.01~0.05	0.15	0.5	1	1.5	2	
总磷	0.01	0.02	0.1	0.2	0.3	0.4	

本书根据《山西省地表水跨界断面生态补偿考核方案(试行)》的通知(晋环发〔2021〕6 号)和《关于落实山西省地表水生态补偿跨界考核有关工作的函》(晋环函〔2021〕55 号),确定南水芦水质自动监测站 2017—2020 年的水质监测指标化学需氧量、高锰酸盐指数、氨氮、总磷作为主要的水质参数(见表 9-9)。水量指标选取山西省出境河北涞源的天然河川径流量 0.975 5 亿 m^3(大同市水资源公报 2014—2019 年的平均值)进行测算。

表 9-9 南水芦水文站 2017—2020 年水质监测值

测量年度	化学需氧量/(mg/L)	高锰酸盐指数/(mg/L)	氨氮/(mg/L)	总磷/(mg/L)	水质类别
2017	7.391 7(Ⅰ)	1.725 0(Ⅰ)	0.168 3(Ⅱ)	0.097 5(Ⅱ)	Ⅱ类
2018	9.725 0(Ⅰ)	1.791 7(Ⅰ)	0.250 8(Ⅱ)	0.128 3(Ⅲ)	Ⅲ类
2019	9.166 7(Ⅰ)	1.791 7(Ⅰ)	0.631 7(Ⅲ)	0.070 0(Ⅱ)	Ⅲ类
2020	7.583 3(Ⅰ)	1.450 0(Ⅰ)	0.308 9(Ⅱ)	0.069 2(Ⅱ)	Ⅱ类
平均值	8.466 7(Ⅰ)	1.689 6(Ⅰ)	0.339 9(Ⅱ)	0.091 3(Ⅱ)	Ⅱ类

9.3.2 标准测算模型

本书采用“多因子指标测算模型”对流域生态补偿总金额进行测算,出境国考断面水质按Ⅲ类标准核算。模型将下游引用水量作为补偿基础依据,则下游应获得的赔偿总金额计算公式如下:

$$P = Q \sum L_i C_i N_i \quad (i = 1, 2, \cdots, n)$$ [1]

式中:P 为补偿总金额;Q 为下游引水量,选取山西省出境河北涞源的天然河川径流量

[1] 郑海霞. 中国流域生态服务补偿机制与政策研究. 北京:中国经济出版社,2010.

0. 975 5 亿 m^3;L_i 为第 i 种污染物水质提高的级别数;C_i 为第 i 种污染物提高一个级别净化所需成本;N_i 为超标的倍数。

N_i 算法参考《地表水环境质量评价办法(试行)》,其公式如下:

超标倍数 N_i=(某指标的国考断面浓度-该指标的Ⅲ类水质标准浓度)/该指标的Ⅲ类水质标准浓度

在计算 C_i 时,由于每减少 1 t 污染物所需成本在不同地区的标准差异较大(部分地区污染物治理成本见表 9-10),故本书选用与唐河流域水质接近的《大清河水系水污染物排放标准制定及费效分析研究》中测算的污染物成本进行估算❶。

表 9-10　部分地区生态补偿污染物治理成本　　单元:元/t

地区或流域	江苏省[①]	浙江省[①]	东江流域[①](江西、广东)	湘江流域[①](湖南)	汉江水源地[②](山东)
化学需氧量	15 000		700	700	3 500
高锰酸盐指数		1 000			
氨氮	100 000	5 000	900	875	4 375
总磷			50 000		
地区或流域	辽河流域[③](辽宁)	北京市污水处理厂[④]	红枫湖流域[⑤](贵州)	赤水河流域[⑤](贵州)	大清河水系[⑥](河北)
化学需氧量	3 053. 53		4 000		5 747
高锰酸盐指数				1 000	
氨氮	27 499. 02		20 000	7 000	13 514
总磷		50 000~150 000	20 000	10 000	114 943

注:1. 表中数字表示每减少 1 t 污染物所需的治理成本(元/t);

2. 如果为赔偿,则按表中数据的 3 倍计算;

3. 数字来源:①来源于《流域生态补偿与污染赔偿机制研究》(王金南等),②来源于《流域生态补偿模式、核算标准与分配模型研究——以汉江水源地生态补偿为例》(胡仪元等),③来源于《城市污水处理厂 COD 和 NH_3—N 治理成本分析》(董志刚),④来源于《城市污水处理厂化学除磷效果及运行成本研究》(念东),⑤来源于《贵州省赤水河流域生态补偿标准核算研究》(刘霄),⑥来源于《大清河水系水污染物排放标准制定及费效分析研究》(段思聪)。

9. 3. 3　主要污染物监测值及补偿总金额

根据国家与山西省政府签订的目标责任书、《山西省水污染防治工作方案》及"水十条",确定唐河流域上游地区(大同市)供给下游地区(保定市)的水环境质量南水芦(国考断面考核)水质目标为地表水Ⅲ类。如果大同市供给保定市的水质达到国家《地表水环境质量标准》(GB 3838—2002)的Ⅲ类,大同市、保定市都不进行补偿;如果大同市供给

❶　段思聪. 大清河水系水污染物排放标准制定及费效分析研究. 河北工业大学,2017.

保定市的水质优于Ⅲ类标准,保定市需要对大同市进行补偿;如果大同市供给保定市的水质劣于Ⅲ类标准,则大同市要对保定市给予赔偿。

根据南水芦水质自动监测站 2017—2020 年的水质监测值平均值,化学需氧量(COD)、高锰酸盐指数符合地表水环境质量Ⅰ类标准,氨氮、总磷符合地表水环境质量Ⅱ类标准,4 项考核指标均高于唐河出境国考断面所要求的地表水Ⅲ类标准,因此结合上述公式,测算得出唐河下游河北保定市每年需给上游山西大同市的补偿总金额为 455. 78 万元(见表 9-11)。

表 9-11　基于水质水量的补偿金额测算

指标	化学需氧量	高锰酸盐指数	氨氮	总磷
实测平均浓度/(mg/L)	8. 466 7	1. 689 6	0. 339 9	0. 091 2
实测级别	Ⅰ	Ⅰ	Ⅱ	Ⅱ
评价标准浓度(Ⅱ类)/(mg/L)	15	4	0. 5	0. 1
标准级别(Ⅱ类)	Ⅱ	Ⅱ	Ⅱ	Ⅱ
评价标准值(Ⅲ类)/(mg/L)	20	6	1	0. 2
标准级别(Ⅲ类)	Ⅲ	Ⅲ	Ⅲ	Ⅲ
水质从Ⅲ级提高到Ⅱ级所减少的水体污染物量/(mg/L)	5	2	0. 5	0. 1
每减少 1 t 污染物所需的成本(元/t)	5 747	1 000	13 514	114 943
水质提高 1 个级别(Ⅲ级到Ⅱ级)净化所需成本 C_i(元/m^3)	0. 028 7	0. 002 0	0. 006 8	0. 011 5
超标倍数 N_i(按Ⅲ级算)	−0. 576 7	−0. 718 4	−0. 660 1	−0. 543 5
污染物提高的级别 L_i	2	2	1	1
$L_iC_iN_i$/(元/m^3)	−0. 033 1	−0. 002 9	−0. 004 5	−0. 006 2
各项污染物补偿量 P_i/万元	−323. 30	−28. 03	−43. 51	−60. 94
总补偿量/万元	−455. 78			

注:计算各项污染物补偿量 P_i 时,下游引水量 Q 值选取山西省出境河北涞源的天然河川径流量 0. 975 5 亿 m^3。

表 9-11 中各项参数计算方法如下:

净化成本 C_i 测算方法:提高水质级别所减少的污染物量与单位污染物治理成本的乘积。其中,提高水质级别所减少的污染物量按标准级别Ⅲ级到目标级别Ⅱ级时减少的污染物浓度计算,单位污染物治理成本按《大清河水系水污染物排放标准制定及费效分析

研究》中测算的污染物成本进行估算❶

超标倍数 N_i 测算方法:各污染物南水芦国考断面的实测平均浓度超过该污染物Ⅲ类水质标准浓度的倍数,即

N_i=(污染物南水芦断面实测浓度-该污染物Ⅲ类水质标准浓度)/该污染物Ⅲ类水质标准浓度

提高级别 L_i 测算方法:污染物标准级别Ⅲ级与南水芦断面实测水质级别的差值。

9.4 基于跨界超标污染物通量的补偿

流域水质生态补偿标准的确定涉及跨界水质达标情况、污染物排放通量、环境监管技术水平、流域社会经济发展水平等因素。所谓污染物通量,是指某污染物通过目标断面的量,由断面污染物浓度和断面流量相乘得到。与污染物浓度相比,污染物通量还考虑了水体的纳污能力。

建立基于跨界断面水质目标的基本要求是:出境河流水质满足跨界断面水质控制目标的要求。基于跨界超标污染物通量的补偿标准计算方法是指,超过水质控制目标的断面按照超标的污染物项目、河流水量(河长)以及商定的补偿标准,也就是以跨界的超标污染物排放通量确定超标补偿金额。

按照国家、省(市)要求,唐河出境国考断面的水质需稳达地表水Ⅲ类标准[《地表水环境质量标准》(GB 3838—2002)],本书采用南水芦水质自动监测站 2017—2020 年的水质监测指标化学需氧量、高锰酸盐指数、氨氮、总磷作为主要的水质参数(见表 9-9),污染物净化成本仍选用大清河水系水污染物排放标准(见表 9-10)中测算的成本进行估算,选取山西省出境河北涞源的天然河川径流量 0.975 5 亿 m^3(大同市水资源公报 2014—2019 年平均值)作为水量指标。按照多污染物因子模型测算补偿金的扣缴量,具体公式如下:

多因子补偿资金=∑(断面水质目标浓度值 - 断面水质浓度监测值)×年断面水量×水质补偿标准❷

对比南水芦监测站 2017—2020 年各污染因子监测值与地表水Ⅲ类标准可知,其断面水质浓度监测值均小于目标浓度值,因此按照跨界断面超标污染物通量补偿中的多污染物因子测算模型,初步测算出河北保定市每年应补偿给山西大同市的总金额为 897.66 万元,具体数据及测算结果见表 9-12。如果断面污染因子监测浓度超过地表水Ⅲ类标准,即南水芦监测断面显示水质保护效果未达到目标浓度要求时,则为了体现污染赔偿对上游污染行为的惩戒作用,提高生态补偿对流域水环境保护的激励作用,按多污染物因子模型测算山西大同给河北保定的赔偿金额时,则以污染物净化成本的 3 倍进行核算。

---

❶ 段思聪. 大清河水系水污染物排放标准制定及费效分析研究. 河北工业大学,2017.

❷ 王金南. 流域生态补偿与污染赔偿机制研究. 北京:中国环境科学出版社,2014.

表 9-12　基于跨界超标污染物通量的补偿测算结果

项目	断面监测值/(mg/L)	断面目标值/(mg/L)	污染物超标量/(mg/L)	年断面水量/(万 m^3)	需去除污染物的量/t	水质补偿标准/(元/t)	总补偿金额/(万元)
化学需氧量	8.466 7	20	11.533 3	9 755	1 125.09	5 747	646.59
高锰酸盐指数	1.689 6	6	4.310 4	9 755	420.49	1 000	42.05
氨氮	0.339 9	1	0.660 1	9 755	64.39	13 514	87.02
总磷	0.091 2	0.2	0.108 8	9 755	10.61	114 943	122.00
合计							897.66

注:1. 污染物超标量指单位浓度的断面目标值与断面监测值之差(“断面目标值”减去“断面监测值”);
2. 水质补偿标准为“每减少 1 t 污染物所需的成本”。

9.5　大清河流域(唐河)生态系统服务价值评估

生态系统服务功能指自然生态系统及其物种所提供的能够满足和维持人类生活需要的条件和过程,包括供给服务、调节服务、支持服务和文化服务四类。生态补偿制度的最终目标是恢复、维护和改善生态系统服务功能,因此生态系统服务与生态补偿制度的关系密切。从服务功能上来看,环境经济学中的外部性理论明确表示,当外部边际成本等于外部收益时,环境效益可达到最大化,因此从理论上来讲,生态系统所提供的生态价值可作为生态补偿的上限。

9.5.1　数据来源

流域土地利用类型数据来源于清华大学地球系统科学系宫鹏教授团队发表在地学领域顶级期刊《地球系统科学数据》的土地覆盖数据产品,分辨率为 30 m×30 m(http://data.ess.tsinghua.edu.cn)(见图 9-4)。

由图 9-4 可知,大清河(唐河)流域山西段各类土地利用面积分别为:林地 583 km^2,草地 916 km^2,耕地 647 km^2,湿地 0.03 km^2,水体 1.08 km^2,未利用土地 15.05 km^2。

9.5.2　评估方法

从 20 世纪 70 年代开始对生态系统服务及其价值进行研究,当时由于绝大部分生态系统服务价值难以准确计算,以及缺乏相应的价值评估理论与方法体系而一直进展缓慢。1997 年,Costanza 等的研究成功使生态系统服务价值的原理与方法从科学意义上得以明确,才将生态系统服务研究推向了生态经济研究的前沿。然而,Costanza 对全球生态系统服务价值的估计只是全球范围的一个均值,当其应用到区域尺度上时,就会不可避免地产生较大的误差。鉴于此,近年来国内的一些专家参照 Costanza 等的研究基础与方法,对自然生态系统的功能与效益进行了分析,最有代表性的研究工作是谢高地等在 Costanza 提出的评价模型的基础上,对一些生态服务价值评估当量进行了适当调整,编制了“中国生态系统服务价值当量因子表”,这更适合于中国的实际情况。本书采用谢高地等编制的

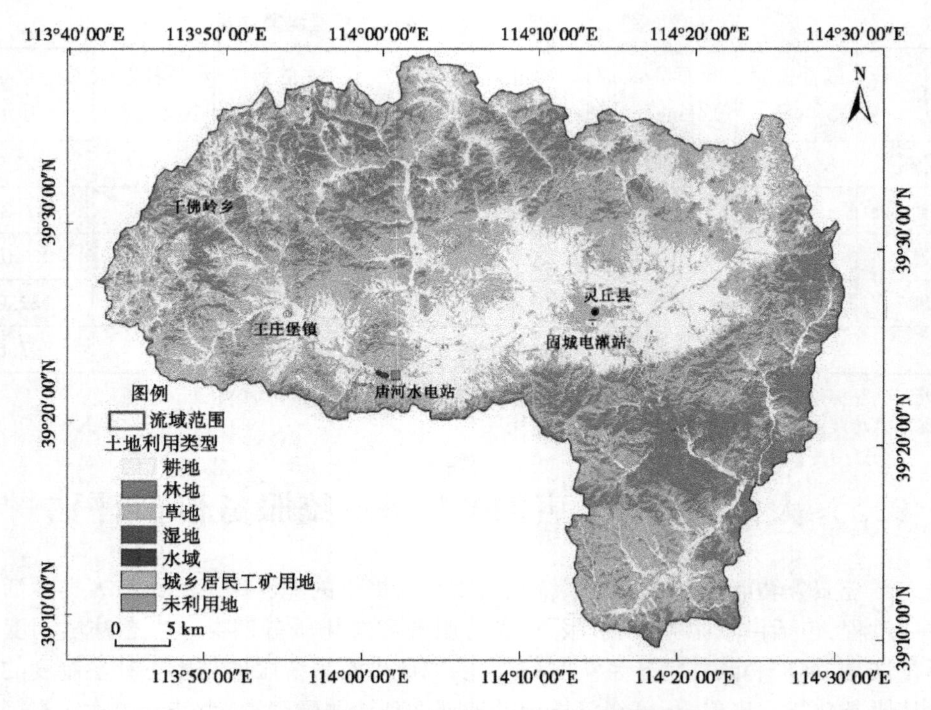

图 9-4　大清河(唐河)流域 2020 年土地利用类型

中国陆地生态系统单位面积生态服务价值当量和生态服务价值表(见表 9-13 和表 9-14)计算大清河流域(唐河)不同土地利用类型的生态服务功能的经济价值。其计算公式为

$$ESV = \sum_{k=1}^{6} A_k VC_k$$

式中:ESV 为流域生态系统服务的总价值,元;A_k 为流域内第 k 种土地利用类型的分布面积,hm^2;VC_k 为第 k 种土地利用类型单位面积的生态功能总服务价值,元/(hm^2·a)。❶

表 9-13　中国陆地生态系统单位面积生态服务价值当量(2007 年)

一级类型	二级类型	林地	草地	耕地	湿地	水体	未利用土地
供给服务	食物生产	0.33	0.43	1	0.36	0.53	0.02
	原材料生产	2.98	0.36	0.39	0.24	0.35	0.04
调节服务	气体调节	4.32	1.5	0.72	2.41	0.51	0.06
	气候调节	4.07	1.56	0.97	13.55	2.06	0.13
	水源涵养	4.09	1.52	0.77	13.44	18.77	0.07
	废物处理	1.72	1.32	1.39	14.4	14.85	0.26

❶　谢高地,鲁春霞,成升魁. 全球生态系统服务价值评估研究进展. 资源科学,23(6):5-9.

续表 9-13

一级类型	二级类型	林地	草地	耕地	湿地	水体	未利用土地
支持服务	保持土壤	4.02	2.24	1.47	1.99	0.41	0.17
	维持生物多样性	4.51	1.87	1.02	3.69	3.43	0.4
文化服务	提供美学景观	2.08	0.87	0.17	4.69	4.44	0.24
总计		28.12	11.67	7.9	54.77	45.35	1.39

表 9-14　中国不同陆地生态系统生态服务价值(2007 年)　单位:元/(hm^2 · a)

一级类型	二级类型	林地	草地	耕地	水体	未利用土地	湿地
供给服务	食物生产	148.2	193.11	449.1	238.02	8.98	161.68
	原材料生产	1 338.32	161.68	175.15	157.19	17.96	107.78
调节服务	气体调节	1 940.11	673.65	323.35	229.04	26.95	1 082.33
	气候调节	1 827.84	700.6	435.63	925.15	58.38	6 085.31
	水源涵养	1 836.82	682.63	345.81	8 429.61	31.44	6 035.9
	废物处理	772.45	592.81	624.25	6 669.14	116.77	6 467.04
支持服务	保持土壤	1 805.38	1 005.98	660.18	184.13	76.35	893.71
	维持生物多样性	2 025.44	839.82	458.08	1 540.41	179.64	1 657.18
文化服务	提供美学景观	934.13	390.72	76.35	1 994	107.78	2 106.28
总计		12 628.69	5 241	3 547.9	20 366.69	624.25	24 597.21

9.5.3　评估结果与分析

根据大清河流域(唐河)不同土地利用类型的面积和单位面积生态服务价值,计算出大清河流域(唐河)生态系统服务功能价值(见表 9-15)。

2020 年大清河流域(唐河)生态系统所提供的生态价值共计约 14.49 亿元。其中,森林生态系统所提供的生态服务价值最高,为 73 606.33 万元,占总价值的 50.79%;其次是草地,为 48 018.79 万元,占总价值的 33.14%;耕地的生态服务价值为 22 968.12 万元,占总价值的 15.85%;水体的生态服务价值为 219.02 万元,占总价值的 0.15%;未利用地和湿地的生态服务价值分别为 93.98 万元和 7.93 万元,占总价值的 0.06%和 0.01%。生态服务价值从大到小依次为:森林>草地>耕地>水体>未利用地>湿地。

表 9-15　大清河流域(唐河)生态系统服务功能价值　　单位:万元

一级类型	二级类型	林地	草地	耕地	水体	未利用土地	湿地	合计
供给服务	食物生产	863.78	1 769.30	2 907.35	2.56	1.35	0.05	5 544.39
	原材料生产	7 800.40	1 481.34	1 133.87	1.69	2.70	0.03	10 420.03
调节服务	气体调节	11 307.93	6 172.08	2 093.28	2.46	4.06	0.35	19 580.16
	气候调节	10 653.57	6 419.00	2 820.15	9.95	8.79	1.96	19 913.42
	水源涵养	10 705.91	6 254.35	2 238.68	90.65	4.73	1.95	19 296.27
	废物处理	4 502.22	5 431.41	4 041.22	71.72	17.58	2.09	14 066.24
支持服务	保持土壤	10 522.66	9 216.93	4 273.82	1.98	11.49	0.29	24 027.17
	维持生物多样性	11 805.28	7 694.55	2 965.48	16.57	27.05	0.53	22 509.46
文化服务	提供美学景观	5 444.58	3 579.83	494.27	21.44	16.23	0.68	9 557.03
总计		73 606.33	48 018.79	22 968.12	219.02	93.98	7.93	144 914.17

从生态服务功能价值来看,从大到小依次为:保持土壤>维持生物多样性>气候调节>气体调节>水源涵养>废物处理>原材料生产>提供美学景观>食物生产。保持土壤功能价值最显著,为 24 027.17 万元,占总价值的 16.58%;维持生物多样性功能价值为 22 509.46 万元,占总价值的 15.53%;气候调节功能价值为 19 913.43 万元,占总价值的 13.74%;气体调节功能价值为 19 580.16 万元,占总价值的 13.51 %;水源涵养功能价值为 19 296.27 万元,占总价值的 13.32 %;废物处理功能价值为 14 066.24 万元,占总价值的 9.71%;原材料生产功能价值为 10 420.03 万元,占总价值的 7.19 %;提供美学景观功能价值为 9 557.03 万元,占总价值的 6.59 %;食物生产功能价值为 5 544.39 万元,占总价值的 3.83%(见表 9-15,图 9-5~图 9-17)。

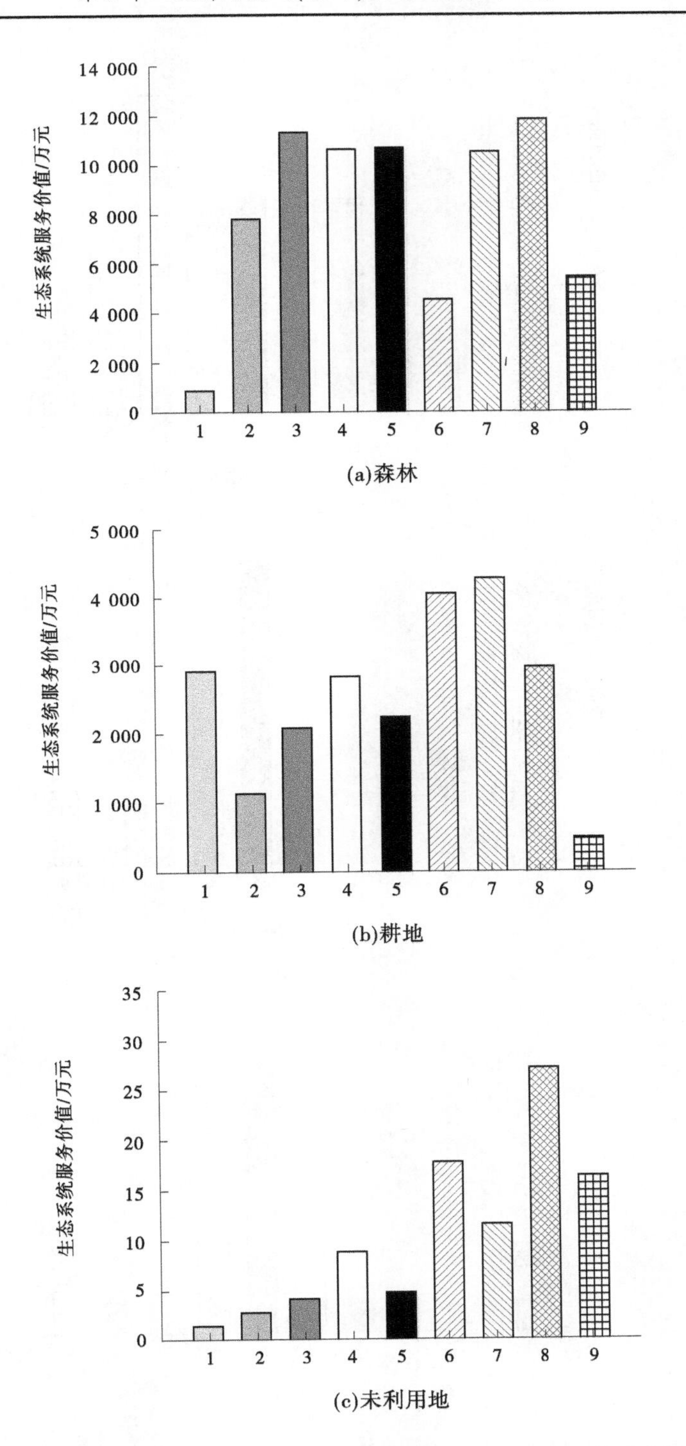

(a)森林

(b)耕地

(c)未利用地

注:图中横坐标1~9分别表示食物生产、原材料生产、气体调节、气候调节、水源涵养、废物处理、保持土壤、维持生物多样性、提供美学景观。

图9-5　山西大清河流域(唐河)不同生态系统服务价值

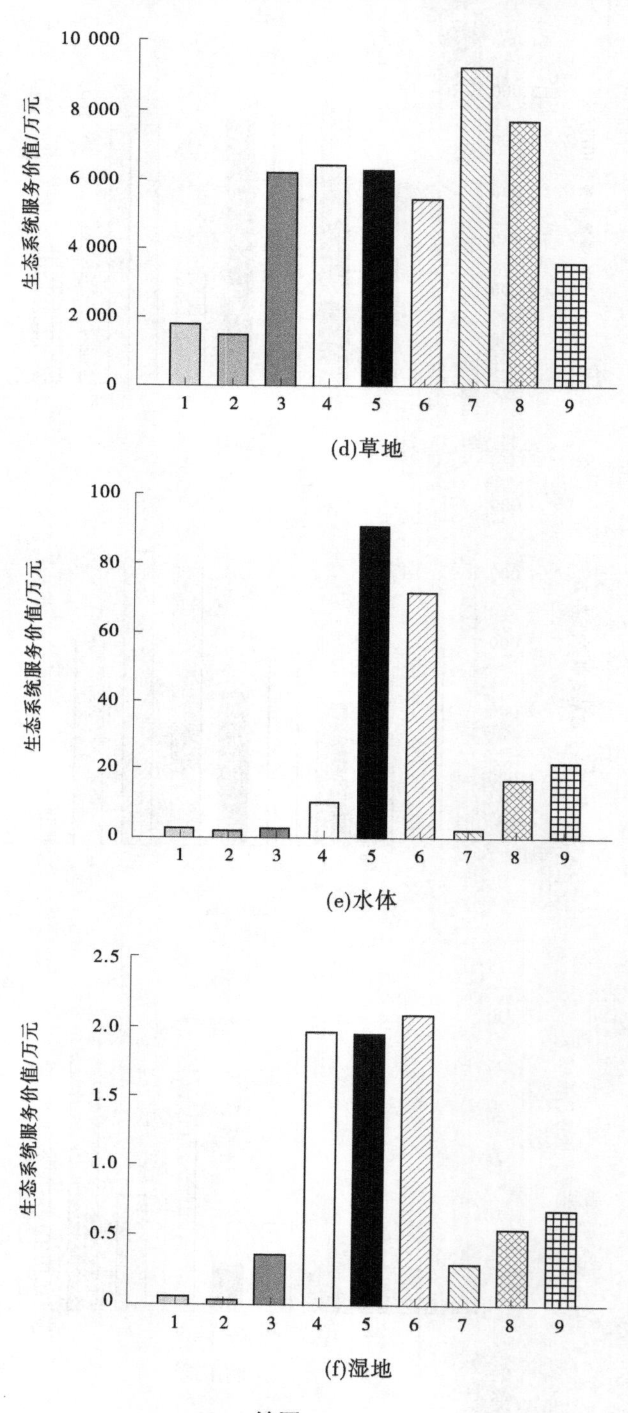
生态系统服务价值/万元
10 000
8 000
6 000
4 000
2 000
0
1 2 3 4 5 6 7 8 9
(d)草地
生态系统服务价值/万元
100
80
60
40
20
0
1 2 3 4 5 6 7 8 9
(e)水体
生态系统服务价值/万元
2.5
2.0
1.5
1.0
0.5
0
1 2 3 4 5 6 7 8 9
(f)湿地

续图 9-5

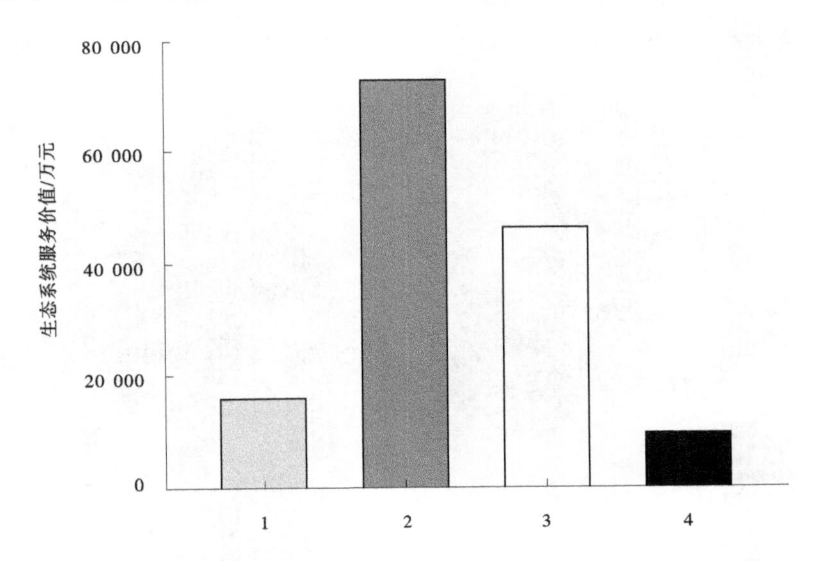

注:图中横坐标 1~4 分别表示供给服务、调节服务、支持服务、文化服务。

图 9-6　山西大清河流域(唐河)生态服务价值

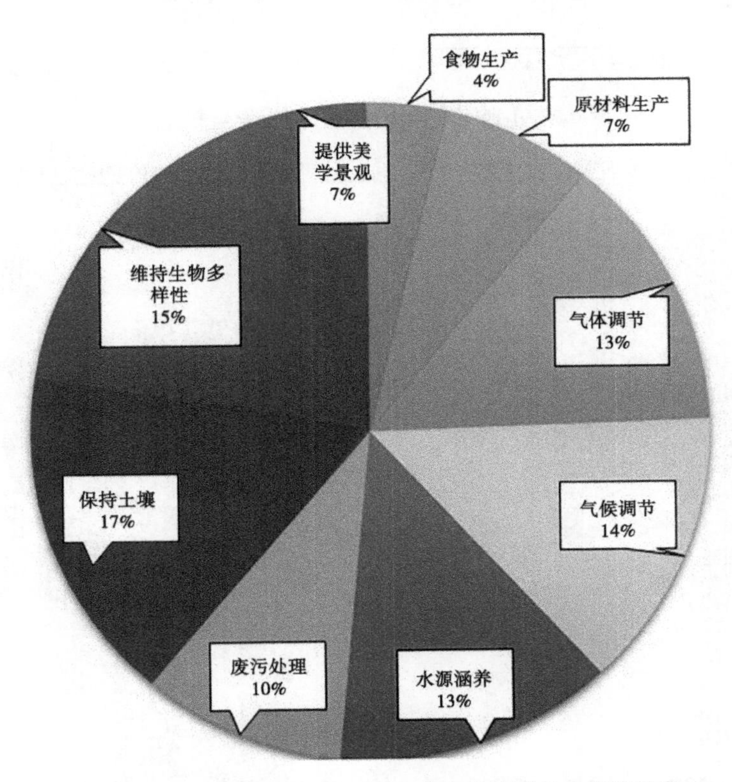

图 9-7　山西大清河流域(唐河)生态系统服务功能贡献率

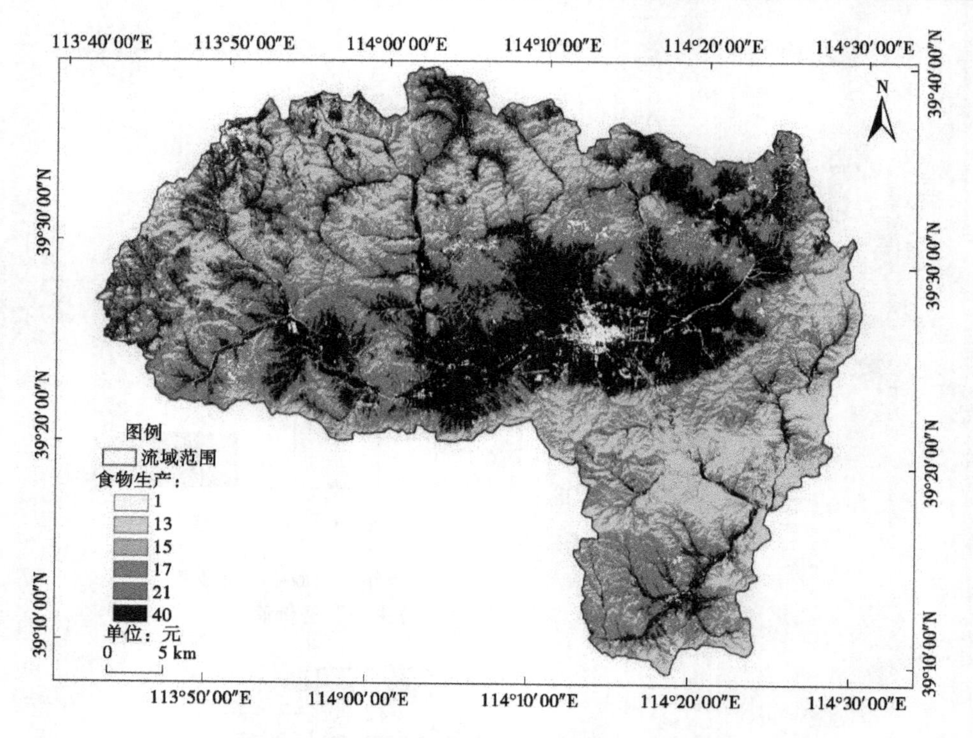

图 9-8 山西大清河流域(唐河)食物生产价值

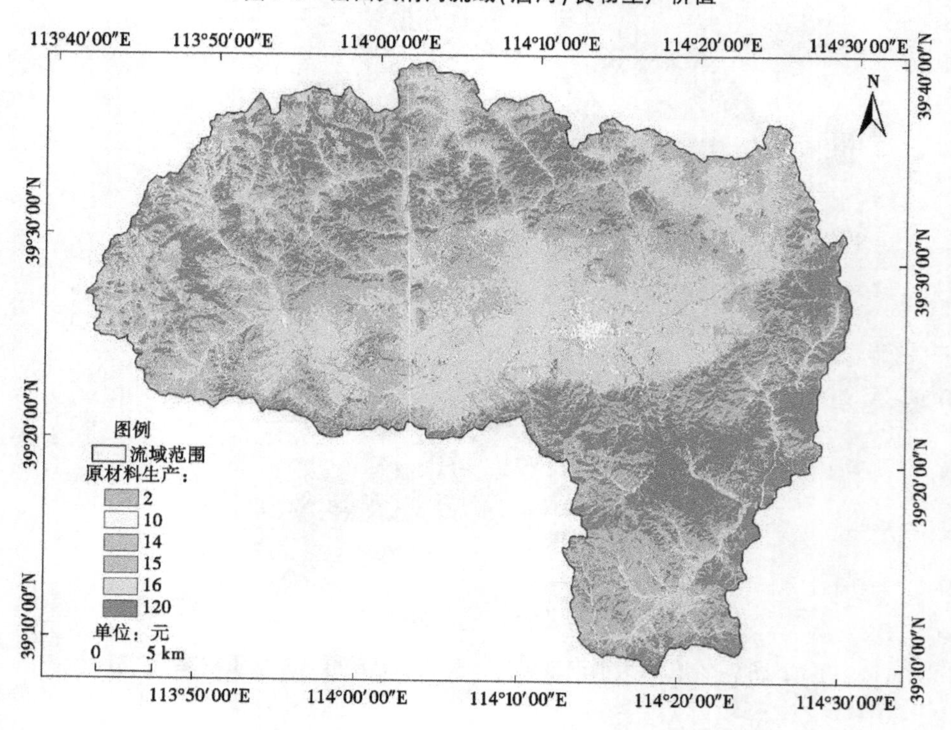

图 9-9 山西大清河流域(唐河)原材料生产价值

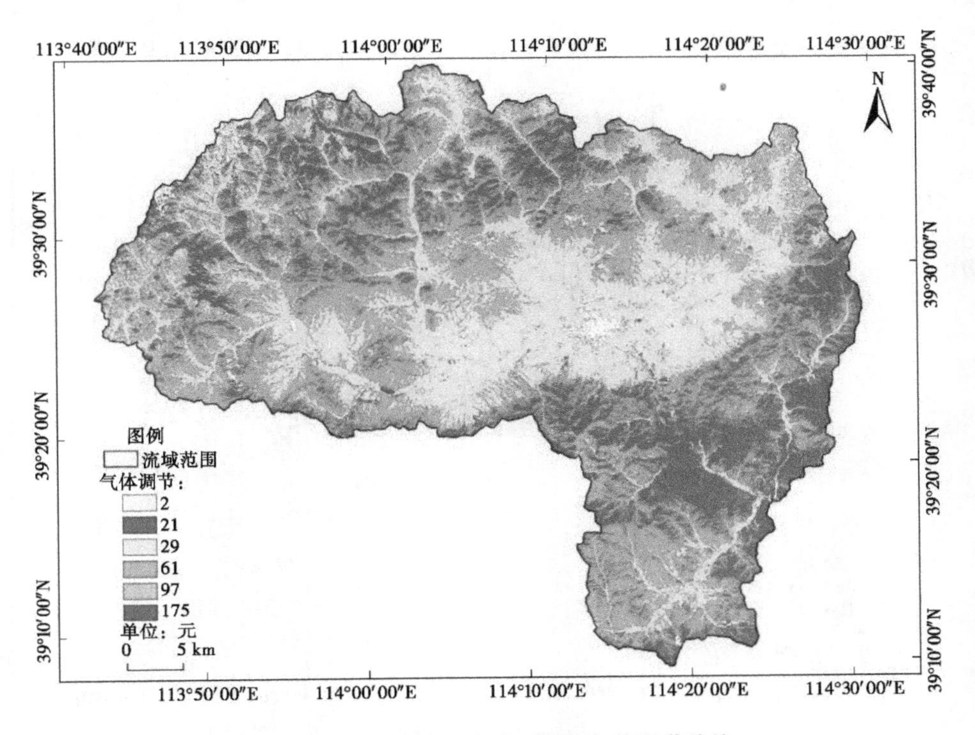

图 9-10　山西大清河流域(唐河)气体调节价值

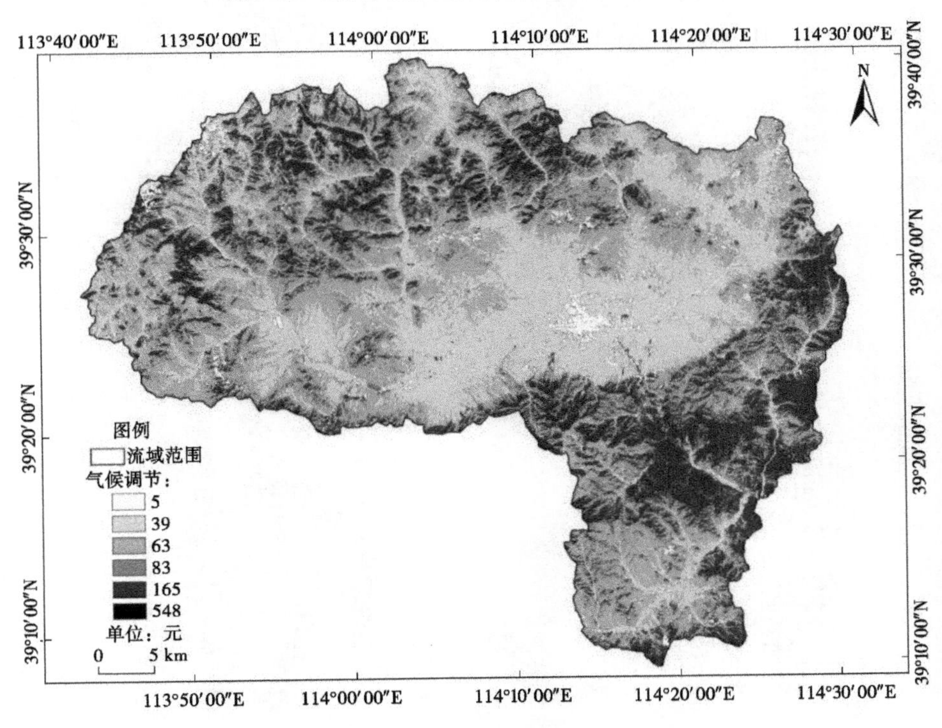

图 9-11　山西大清河流域(唐河)气候调节价值

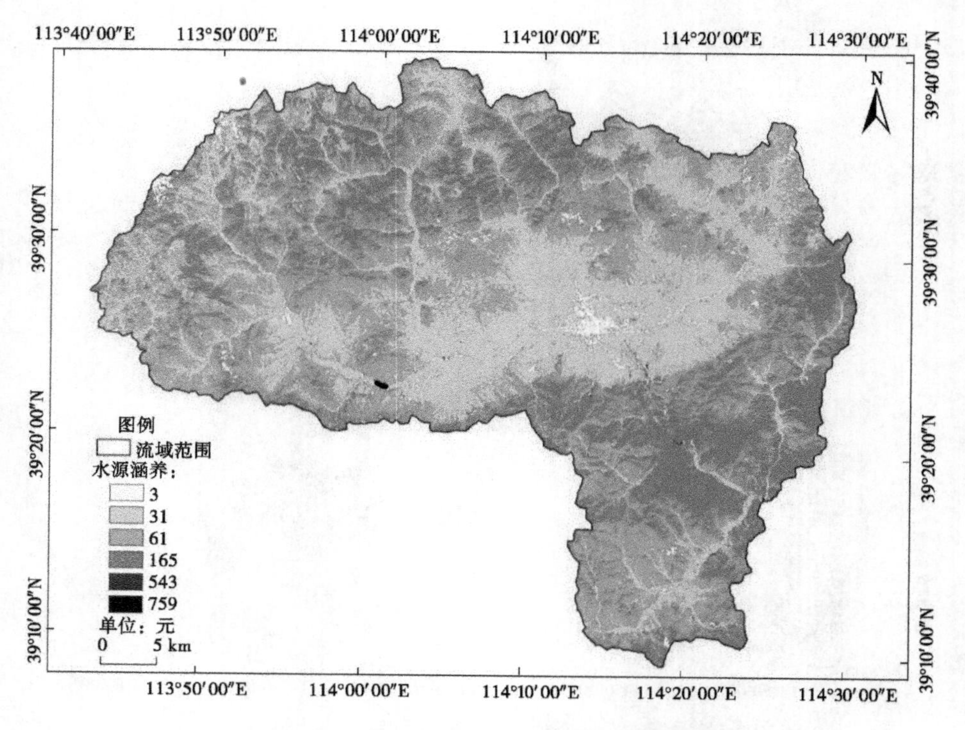

图 9-12　山西大清河流域(唐河)水源涵养价值

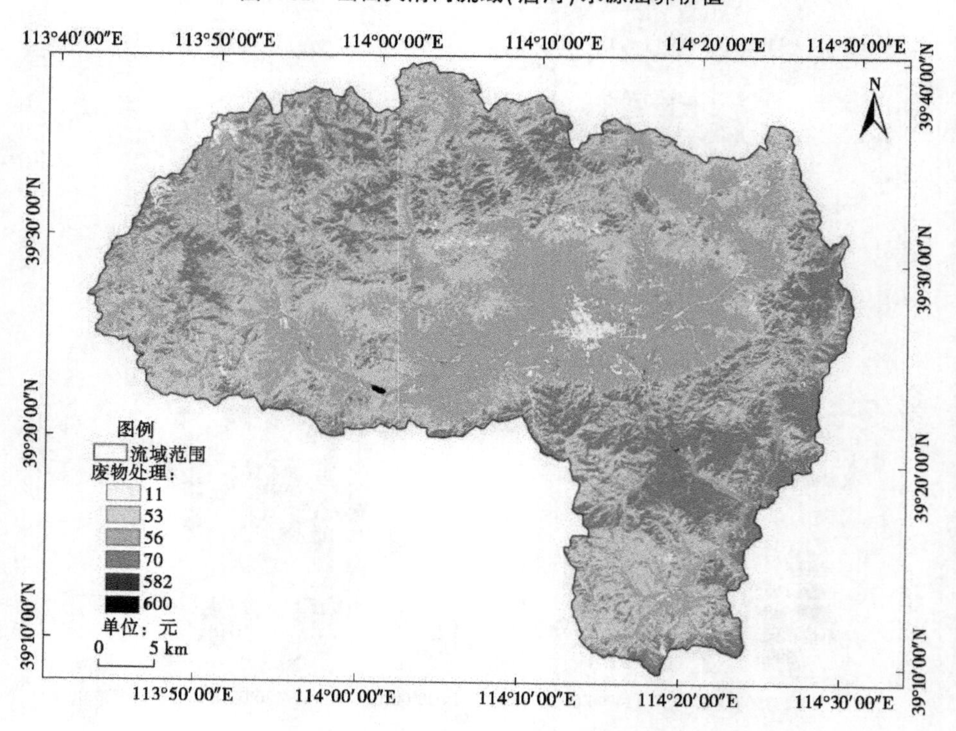

图 9-13　山西大清河流域(唐河)废物处理价值

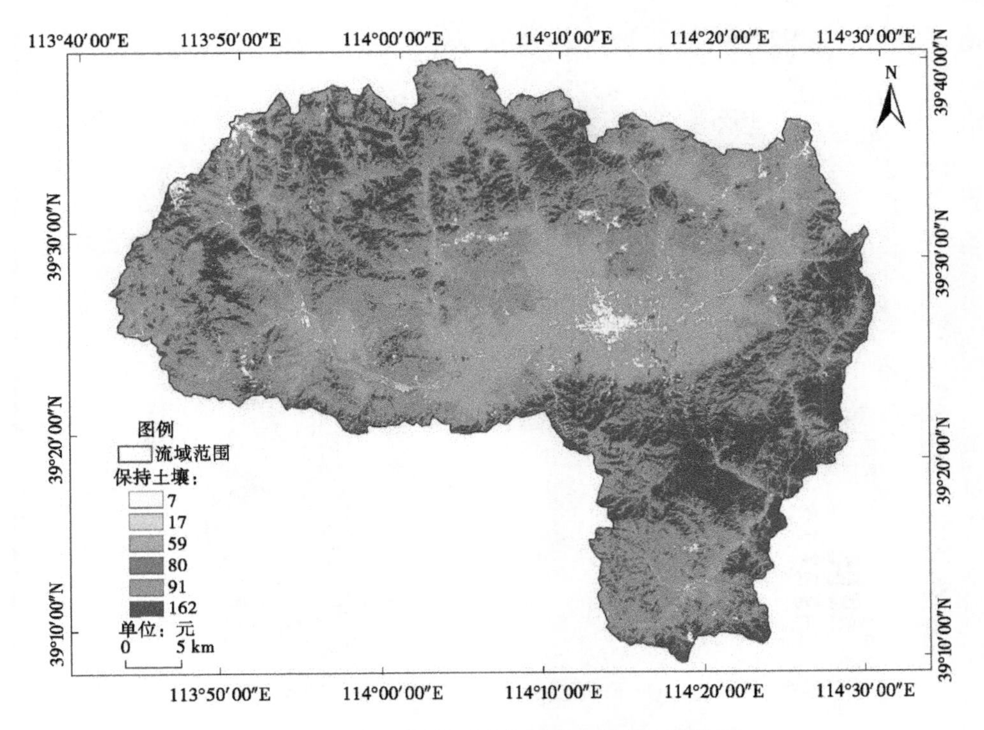

图 9-14　山西大清河流域(唐河)保持土壤价值

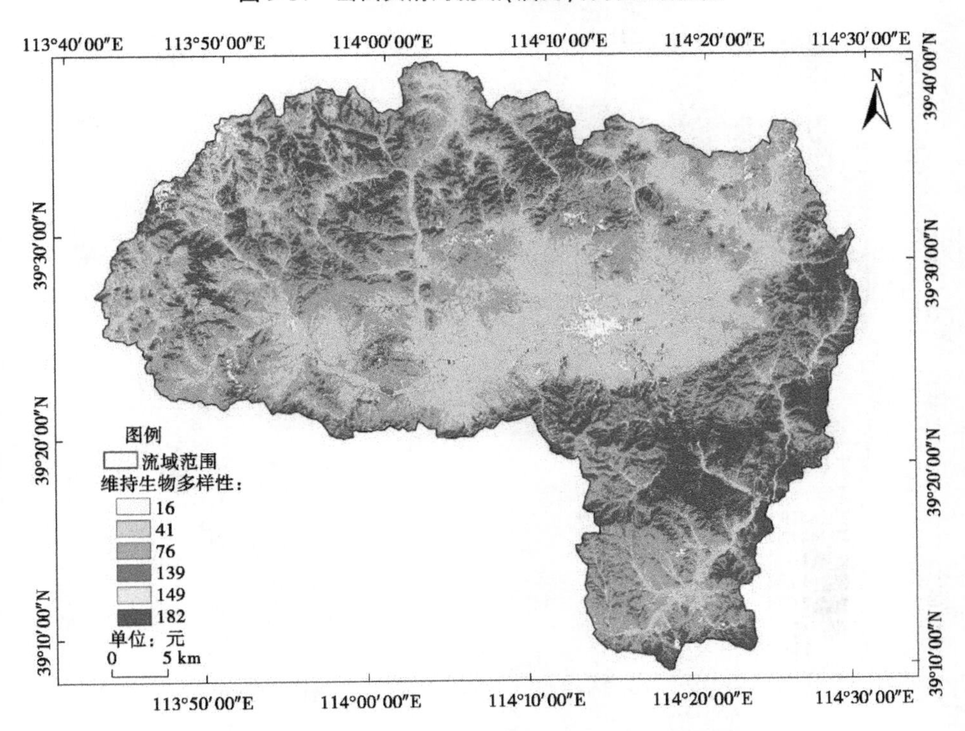

图 9-15　山西大清河流域(唐河)维持生物多样性价值

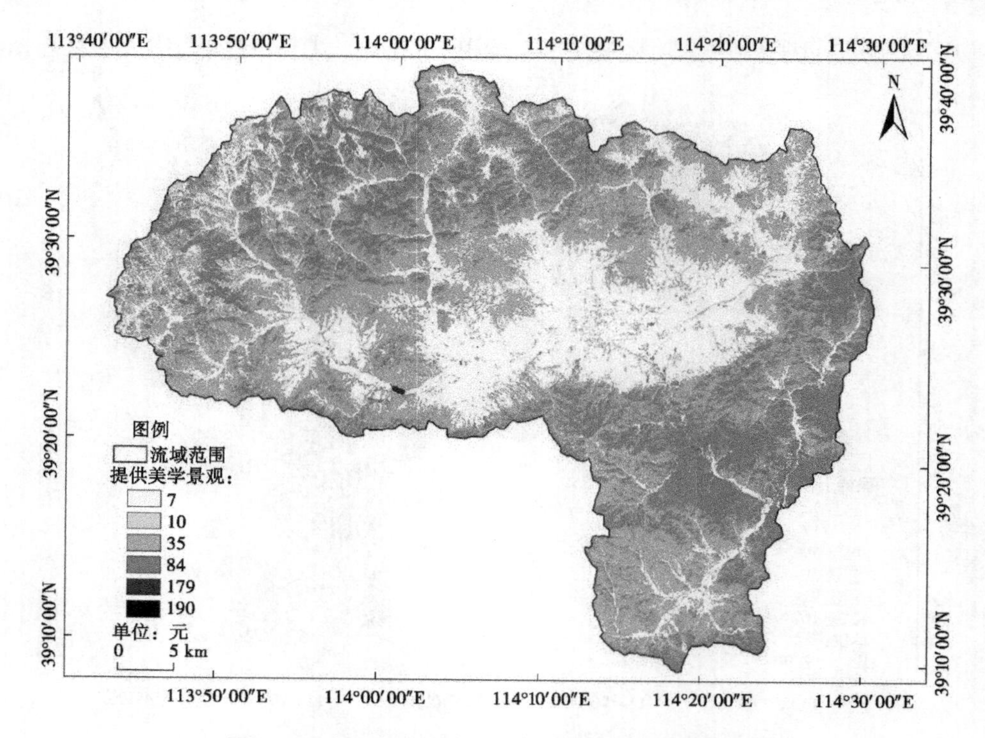

图 9-16　山西大清河流域(唐河)提供美学景观价值

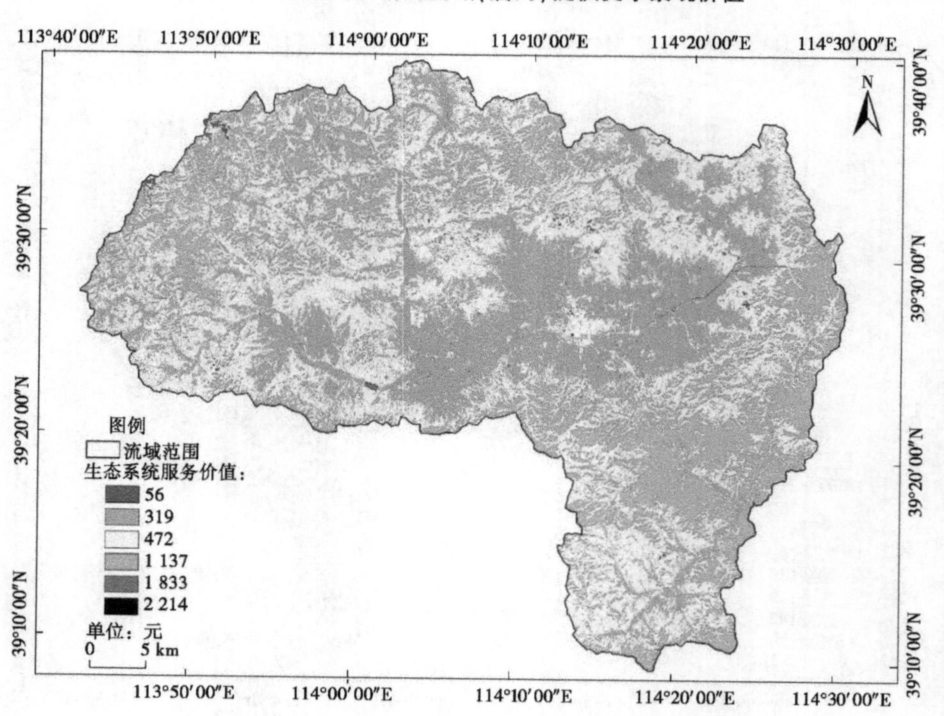

图 9-17　山西大清河流域(唐河)生态系统服务价值

从各生态服务功能构成看,除食物生产功能中耕地贡献最大为 52.44%和废物处理功能中草地贡献最大为 38.61%,其他 7 种功能中都是林地贡献率最高,森林生态系统对原材料生产、气体调节、气候调节、水源涵养、保持土壤、维持生物多样性和提供美学景观功能的贡献率分别为 74.86%、57.75%、53.50%、55.48%、43.79%、52.45%和 56.97%(见图 9-5)。

然而,并不是所有的生态服务功能都可以列入生态补偿范围,在实际应用中,需结合每项生态服务功能的外溢范围和其是否可以从真正意义上改善生态,确定其是否可以列入补偿范围。气体调节和保护生物多样性功能的外溢范围过大,生态功能辐射到全国甚至全世界,无法确定具体的生态补偿主体;另外,提供粮食和原材料的功能是生态系统的自然特性,无法增加流域生态价值的边际效益,因此在测算大清河流域(唐河)生态补偿标准时气体调节、保护生物多样性、提供粮食和原材料功能不能列入生态补偿标准,具体补偿范围见表 9-16[1],据此,计算得出大清河流域(唐河)可列入生态补偿的生态服务功能的总价值约为 8.69 亿元(见表 9-17)。

表 9-16　大清河流域(唐河)生态服务功能补偿范围

一级功能	二级功能	受益者			是否改善生态		是否计入补偿范围
		流域内	全国	全球	是	否	
供给功能	提供食物	√				√	
	提供原材料	√				√	
	水资源供给	√			√		√
调节功能	调节气体			√	√		
	调节气候	√			√		√
	涵养水源	√			√		√
	废物处理	√			√		√
支持功能	保持土壤	√			√		√
	保护生物多样性			√	√		
文化景观	提供美学景观		√		√		√

表 9-17　大清河流域(唐河)生态补偿　　单位:万元

一级类型	二级类型	林地	草地	耕地	水体	未利用土地	湿地	合计
调节服务	气候调节	10 653.57	6 419.00	2 820.15	9.95	8.79	1.96	19 913.42
	水源涵养	10 705.91	6 254.35	2 238.68	90.65	4.73	1.95	19 296.27
	废物处理	4 502.22	5 431.41	4 041.22	71.72	17.58	2.09	14 066.24
支持服务	保持土壤	10 522.66	9 216.93	4 273.82	1.98	11.49	0.29	24 027.17
文化服务	提供美学景观	5 444.58	3 579.83	494.27	21.44	16.23	0.68	9 557.03
总计		41 828.94	30 901.52	13 868.14	195.74	58.82	6.97	86 860.13

[1] 伍国勇,董蕊,于法稳. 小流域生态补偿标准测算——基于生态服务功能价值法. 生态经济,2019,12:210-214,229.

9.6 基于水资源价值的大清河流域(唐河)生态补偿标准

9.6.1 计算依据

当流域生态服务价值可直接货币化时,可基于市场价格实施流域补偿。根据水质的好坏来判定是受水区向水源区补偿,还是水源区向受水区补偿。依据《地表水环境质量标准》(GB 3838—2002),确定上游供给水质应为Ⅲ类标准。如果上游供给下游的水质达到国家《地表水环境质量标准》(GB 3838—2002)的Ⅲ类,上游与下游都不进行补偿,如果水质优于Ⅲ类标准,下游需要对上游进行补偿,如果劣于Ⅲ类标准,则上游要对下游进行赔偿。计算公式为

$$P = QC\&$$

式中:P 为补偿额;Q 为调配水量;C 为水资源价格,可采用污水处理成本或水资源市场价格;& 为判定系数,当水质好于Ⅲ类时,&=1,当水质劣于Ⅴ类时,&=-1,否则 &=0❶。

9.6.2 结果与分析

根据灵丘县发展和改革局《灵丘县发展和改革局关于调整我县污水处理费的通知》(灵发改字〔2019〕118号),居民污水处理费为0.85元/t。另据《大同市水资源公报》(见表9-18),2014—2019年唐河年均天然河川径流量出境河北为9 755万 m^3,补偿额为8 291.75万元。当南水芦跨界断面水质好于水质Ⅲ类时,由河北补偿山西8 291.75万元;反之,则由山西赔偿河北省8 291.75万元。

表9-18 2014—2019年唐河天然河川径流量

年份	入境天然径流量	本地径流量/亿 m^3	本地加入境/亿 m^3	与1956—2000年比较		实际/亿 m^3	
				多年均值	偏丰枯/%	入境	出境
2014		0.993 9	0.993 9	2.211 5	-55.1		0.924 8
2015		1.110 5	1.110 5	2.211 5	-49.8		0.983 4
2016		1.017 1	1.017 1	1.451 8	-29.9		0.893 0
2017		1.059 2	1.059 2	1.451 8	-27		0.902 6
2018		1.348 0	1.348 0	1.451 8	-7.1		1.141 7
2019		1.240 0	1.240 0	1.451 8	-14.6		1.007 6

9.7 生态保护成本的分摊测算

唐河上游山西省大同市浑源和灵丘两县对流域生态环境的保护和建设,不仅能使下

❶ 李怀恩,尚小英,王媛.流域生态补偿标准计算方法研究进展.西北大学学报(自然科学版),2009,39(4):667-672.

游河北省保定市涞源县、唐县、定州市、望都县、清苑县、安新县等受水区享有生态系统增值带来的好处,也能使上游的浑源县和灵丘县两个县的调水区受益,因此调水区和受水区之间应建立公平合理的生态补偿量的分摊方法。

国内外对生态补偿资金分摊量的确定方法研究较少,目前使用的几种典型分摊方法为:支付能力法(地区生产总值 GDP 法)、人均 GDP 法、受益区用水量法、综合指标法、离差平方法等。本书采用研究中经常使用的地区生产总值(GDP)法、人均 GDP 法、受益区用水量法和受益区人口法、流域面积法对估算的生态保护成本分别进行分摊比例测算,同时在综合考虑各种分摊比例权重的基础上,运用综合指标法、离差平方法估算出 5 种分摊比例的综合分摊系数,以此作为上下游地区生态补偿的最终分摊系数。

9.7.1　分摊地区确定

唐河发源于浑源县温庄抢风岭,自西北向东南流经浑源县王庄堡镇,至西会村入灵丘县境,于下北泉出省境进入河北省,在山西境内河流全长 96 km。出山西后继续向西南方向流经倒马关乡、黄石口乡、神南乡和白合镇,注入唐河在唐县的出口西大洋水库。唐河流经地区包括:山西省大同市的浑源县[2 个乡(镇)]、灵丘县全境,河北省保定市的涞源县、唐县、顺平县、定州市、望都县、清苑县、安新县,在安新县境内汇入北方内陆名湖白洋淀,后入大清河。全长 273 km,流域面积 4 990 km^2,唐河在山西省流域面积 2 193 km^2。

唐河流经各地的地区生产总值、户籍人口、人均生产总值见表 9-19。

表 9-19　唐河流域各地的地区生产总值、户籍人口、人均生产总值

社会经济指标	山西省		河北省		
	浑源县	灵丘县	涞源县	唐县	顺平县
人均 GDP/元	11 042	13 155	23 053	13 096	20 385
GDP/万元	386 254	327 558	667 504	781 889	638 201
户籍人口/万	35	25	29	60	31

社会经济指标	河北省				
	定州市	望都县	清苑区	安新县	
人均 GDP/元	25 131	21 683	19 225	11 496	
GDP/万元	311 1216	589 767	1 328 437	585 169	
户籍人口/万	124	27	69	51	

由于西大洋水库控制的流域面积占唐河流域面积的 88. 7%,在保定市的经济建设方面发挥了重要作用,且西大洋水库位于唐河在唐县的出口,因此在测算分摊比例时,本应以唐河流经的山西省 2 县和河北省 7 县为基础,但考虑到利用地区生产总值 GDP 法、受益区人口法、人均 GDP 测算时,河北省分摊比例分别为 95. 16%、92. 71%、61. 29%(见表 9-20、表 9-21),为减少河北省的分摊比例,本书采用山西省浑源县 2015—2019 年社会经济指标的 1/6、灵丘县 2 个县分别和河北省涞源县和唐县 2 县、河北省涞源县 1 县的社会经济指标进行分摊比例的测算。因此,本书用社会经济指标(GDP、人均 GDP 和户籍人

口)测算生态补偿分摊比例时采用3种方案进行,各方案分别采用山西省2县和河北省7县(方案1)、山西省2县和河北省涞源县和唐县2县(方案2)和山西省2县和河北省涞源县1县(方案3)的社会经济指标。

表9-20 山西省和河北省按社会经济指标测算的分摊比例

方案	社会经济指标			分摊比例/%	
	指标	山西省	河北省	山西省	河北省
方案1	人均GDP/元	12 099	19 153	38.71	61.29
	GDP/万元	391 934	7 702 183	4.84	95.16
	户籍人口/万人	31	391	7.29	92.71
方案2	人均GDP/元	12 099	18 075	40.10	59.90
	GDP/万元	391 934	1 449 393	21.29	78.71
	户籍人口/万人	31	89	25.74	74.26
方案3	人均GDP/元	12 099	23 053	34.42	65.58
	GDP/万元	391 934	667 504	36.99	63.01
	户籍人口/万人	31	29	51.49	48.51

9.7.2 分摊测算方法

9.7.2.1 人均国内生产总值基准法

生态补偿标准的确定在坚持受益者付费、使用者补偿、保护者受益的原则下,也要考虑负担水平,因此可用“人均GDP”作为计算指标,来确定各地区的补偿系数。

设某受益地人均GDP为G_i,所有受益区人均GDP平均值为G_0,则

$$\alpha_i = G_i/G_0$$

其中$\alpha_i>1$表示地区经济发展水平高于受益区平均水平;$\alpha_i<1$表示地区经济发展水平低于受益区平均水平;$\alpha_i=1$表示地区经济发展水平处于受益区平均水平状况。

则各地区补偿费承担比例β_i可通过各地区人均国内生产总值比例系数占受益全区人均生产总值比例系数来确定:

$$\beta_i = \alpha_i / \sum \alpha_i$$

按此测算出方案1、方案2、方案3的分摊比例分别为38.71%、61.29%,40.10%、59.90%,34.42%、65.58%,具体测算过程及参数见表9-21。

表9-21 按人均生产总值测算的分摊比例

方案	指标	山西省	河北省	两省平均
方案1	人均GDP/元	12 099	19 153	15 626
	α_i/%	77.43	122.57	
	β_i/%	38.71	61.29	

续表 9-21

方案	指标	山西省	河北省	两省平均
方案2	人均GDP/元	12 099	18 075	15 087
	α_i/%	80.19	119.81	
	β_i/%	40.10	59.90	
方案3	人均GDP/元	12 099	23 053	17 576
	α_i/%	68.84	131.16	
	β_i/%	34.42	65.58	

9.7.2.2　支付能力法(地区生产总值GDP法、受益区人口法)

实际的生态补偿资金支付是人们的生态补偿支付意愿与支付能力的统一,支付意愿是一定主体愿不愿意为生态保护付出代价、支付成本;支付能力是一定主体有没有能力支付生态补偿资金的问题。支付能力作为生态补偿资金筹集的关键性约束条件,收入水平的低下,会使人们对生态补偿资金的筹集"无能为力"和"不得已"破坏生态环境,因此生态补偿资金支付能力衡量的关键指标GDP、个人可支配收入(见"人均国内生产总值基准法")、受益区户籍人口就显得尤为重要。

以GDP作为支付能力系数的计算指标:

$$g_i = GDP_i / \sum GDP_i$$

以受益区户籍人口作为支付能力系数的计算指标:

$$p_i = 受益区人口_i / \sum 受益区人口_i$$

具体测算结果见表9-20,方案1、方案2和方案3以GDP作为支付能力系数的分摊比例分别为4.84%、95.16%,21.29%、78.71%,36.99%、63.01%;以受益区户籍人口作为支付能力系数的分摊比例分别为7.29%、92.71%,25.74%、74.26%,51.49%、48.51%。

9.7.2.3　受益程度法(用水量、流域面积)

受益程度是指不同数量的生态资源或环境物品给相同或不同地区(个人)带来的效益(效应)存在程度上的差异。一般而言,人们的受益程度与其所占有或享受到的资源数量成正比,因此可以用引入水量(或分配水量)的多少为计算指标衡量人们的受益程度。本书用唐河在山西的径流量与山西出境河北的径流量作为流域在山西的总水量与提供给下游河北的引水量,同时采用引水量、流域面积2个参数来分别测算上下游的生态资源受益程度。

引水量系数 q_i 分配测算:

$$q_i = Q_i / Q_{山西}$$

流域面积系数 s_i 分配测算:

$$s_i = S_i / \sum S_{总}$$

按引水量、流域面积测算的数据及分摊比例结果见表9-22。

表 9-22 按引水量、流域面积测算的分摊比例

指标	唐河(全流域)	唐河(山西)	出境(河北)	分摊比例/%	
				山西省	河北省
流域面积/km²	4 990	2 193		43.95	56.05
本地径流量/亿 m³		1.128 1	0.975 5	13.53	86.47

注:表中数据来源于大同市水资源公报(2014—2019 年的平均值)。

9.7.3 综合分摊系数

在综合考虑以上 5 种分摊比例权重的基础上,运用综合指标法、离差平方法估算出 5 种分摊比例的综合分摊系数,作为上下游地区生态补偿的最终分摊系数。

9.7.3.1 综合指标法

为消除单指标法分摊所造成的各种片面性或不合理性,在所选单指标分摊方法计算的基础上,对各项单指标分摊方法进行权重赋值,利用综合指标分析法对生态补偿资金分摊量进行综合考虑,从而尽量达到合理分摊的目的。假设综合考虑的各因素的权重相等,则综合分摊系数用公式表示为

$$C_i = \frac{\beta_i + g_i + p_i + q_i + s_i}{5}$$

式中:C_i 为综合分摊系数;支付能力分摊系数包括 3 项,人均生产总值分摊系数 β_i,地区生产总值分摊系数 g_i,受益区户籍人口分摊系数 p_i;受益程度分摊系数包括 2 项,引水量分摊系数 q_i,流域面积分摊系数 s_i。

根据上式测算出的综合分摊系数见表 9-23,方案 1、方案 2 和方案 3 按综合指标法测算的分摊比例分别为 21.66%、78.34%,28.92%、71.08%,36.07%、63.93%。

表 9-23 用离差平方法测算的综合分摊系数表 %

方案	地区	测算方法	分摊比例	x	$(x_i - x)^2$	s^2	w_i	C_i	合计
方案 1	山西省	人均 GDP(β_i)	38.71	21.66	2.91	3.36	19.59	7.58	20.22
		GDP(g_i)	4.84	21.66	2.83	3.36	19.73	0.96	
		户籍人口(p_i)	7.29	21.66	2.07	3.36	21.15	1.54	
		引水量分摊(q_i)	43.95	21.66	4.97	3.36	15.76	6.92	
		流域面积分摊(s_i)	13.53	21.66	0.66	3.36	23.77	3.22	
	河北省	人均 GDP(β_i)	61.29	78.34	2.91	3.36	19.59	12.01	79.78
		GDP(g_i)	95.16	78.34	2.83	3.36	19.73	18.78	
		户籍人口(p_i)	92.71	78.34	2.07	3.36	21.15	19.61	
		引水量分摊(q_i)	56.05	78.34	4.97	3.36	15.76	8.83	
		流域面积分摊(s_i)	86.47	78.34	0.66	3.36	23.77	20.55	

续表 9-23

方案	地区	测算方法	分摊比例	x	$(x_i - x)^2$	s^2	w_i	C_i	合计
方案 2	山西省	人均 GDP(β_i)	40.10	28.92	1.25	1.64	20.24	8.12	28.67
		GDP(g_i)	21.29	28.92	0.58	1.64	22.78	4.85	
		户籍人口(p_i)	25.74	28.92	0.10	1.64	24.61	6.34	
		引水量分摊(q_i)	43.95	28.92	2.26	1.64	16.39	7.20	
		流域面积分摊(s_i)	13.53	28.92	2.37	1.64	15.97	2.16	
	河北省	人均 GDP(β_i)	59.90	71.08	1.25	1.64	20.24	12.12	71.33
		GDP(g_i)	78.71	71.08	0.58	1.64	22.78	17.93	
		户籍人口(p_i)	74.26	71.08	0.10	1.64	24.61	18.28	
		引水量分摊(q_i)	56.05	71.08	2.26	1.64	16.39	9.19	
		流域面积分摊(s_i)	86.47	71.08	2.37	1.64	15.97	13.81	
方案 3	山西省	人均 GDP(β_i)	34.42	36.07	0.03	2.03	24.92	8.58	38.33
		GDP(g_i)	36.99	36.07	0.01	2.03	24.97	9.24	
		户籍人口(p_i)	51.49	36.07	2.38	2.03	17.68	9.10	
		引水量分摊(q_i)	43.95	36.07	0.62	2.03	23.09	10.15	
		流域面积分摊(s_i)	13.53	36.07	5.08	2.03	9.34	1.26	
	河北省	人均 GDP(β_i)	65.58	63.93	0.03	2.03	24.92	16.34	61.67
		GDP(g_i)	63.01	63.93	0.01	2.03	24.97	15.73	
		户籍人口(p_i)	48.51	63.93	2.38	2.03	17.68	8.58	
		引水量分摊(q_i)	56.05	63.93	0.62	2.03	23.09	12.94	
		流域面积分摊(s_i)	86.47	63.93	5.08	2.03	9.34	8.07	

9.7.3.2　离差平方法

离差平方法模型的基本原理是根据某种分摊方法所确定的生态补偿资金分摊值与平均分摊值的关系确定其权重系数,以对其补偿分摊量进行调节。一般而言,当某种分摊方法所确定的分摊值 x_i 偏离平均分摊值 x 较大时,就确定较小的权重系数;反之,则确定较大的权重系数,从而使其分摊额度差距过大的状况得到改善。

假定有 n 种分摊方法,分摊的平均值为 x,分摊权重函数为 w_i,则

$$w_i = \frac{(n-1)s^2 - (x_i - \bar{x})^2}{(n-1)^2 s^2}$$

式中:样本方差 $s^2 = \sum_{i=1}^{n}(x_i - \bar{x})^2/(n-1)$

w_i 应满足的条件如下:

(1) $\sum_{i=1}^{n} w_i = 1$;

(2)权重系数 w_i 与离差平方 $(x_i - x)^2$ 成反向关系,即 $(x_i - x)^2$ 小则 w_i 大;反之,$(x_i - x)^2$ 大则 w_i 小;

(3)以 D 表示综合分摊系数估值,x 表示期望综合分摊系数,则依概率 C 收敛于 x,则综合分摊系数的估值 $D_i = \sum_{i=1}^{n} w_i x_i$。

用离差平方法测算的各项指标参数及综合分摊系数结果见表9-23、表9-24。方案1、方案2和方案3按离差平方法测算的分摊比例分别为20.22%、79.78%和28.67%、71.33%和38.33%、61.67%。

表9-24 上下游地区按照单指标法及综合法测算的分摊系数

方案	测算方法		山西省	河北省
方案1	单项指标法	人均GDP(β_i)	38.71	61.29
		GDP(g_i)	4.84	95.16
		户籍人口(p_i)	7.29	92.71
		引水量分摊(q_i)	43.95	56.05
		流域面积分摊(s_i)	13.53	86.47
	综合分摊法	综合指标法(C_i)	21.66	78.34
		离差平方法(D_i)	20.22	79.78
方案2	单项指标法	人均GDP(β_i)	40.10	59.90
		GDP(g_i)	21.29	78.71
		户籍人口(p_i)	25.74	74.26
		引水量分摊(q_i)	43.95	56.05
		流域面积分摊(s_i)	13.53	86.47
	综合分摊法	综合指标法(C_i)	28.92	71.08
		离差平方法(D_i)	28.67	71.33

续表 9-24

方案	测算方法		山西省	河北省
方案3	单项指标法	人均 GDP(β_i)	34.42	65.58
		GDP(g_i)	36.99	63.01
		户籍人口(p_i)	51.49	48.51
		引水量分摊(q_i)	43.95	56.05
		流域面积分摊(s_i)	13.53	86.47
	综合分摊法	综合指标法(C_i)	36.07	63.93
		离差平方法(D_i)	38.33	61.67

9.7.4　利用综合分摊系数测算的成本分摊量

本书采用7种不同的方法对唐河流域生态补偿标准进行估算,其中生态环境保护成本(直接成本)、发展机会权限成本(间接成本)、基于生态保护和污染治理成本、生态系统服务价值法4种为上游为基于保护唐河流域水质水量测算所付出的成本,需要在上下游之间进行分摊;而基于水质水量保护目标的标准核算法、基于跨界超标污染物通量的补偿测算法、水资源价值法3种是上游山西省给下游河北省提供0.975 5亿m^3(大同市水资源公报2014—2019年的平均值)的地表水,且依据《地表水环境质量标准》(GB 3838—2002)达到水环境质量为Ⅲ类标准时,下游应该给予上游的补偿,但同时在达不到地表水Ⅲ类标准时,上游应该给予下游相应的赔偿,不需要进行二次分摊。

运用综合指标法、离差平方法估算出的综合分摊系数,分别对生态环境保护成本(直接成本)、发展机会权限成本(间接成本)、基于生态保护和污染治理成本、生态系统服务价值法4种方法估算出的生态保护成本进行分摊测算,具体分摊比例及相应成本见表9-25。

表9-25　按综合分摊系数测算的成本分摊量　单位:万元

	测算方法	总成本	综合指标法		离差平方法	
			山西省(21.66%)	河北省(78.34%)	山西省(20.22%)	河北省(79.78%)
方案1	直接成本	49 017	10 617	38 400	9 911	39 106
	间接成本	71 355	15 455	55 899	14 428	56 927
	生态保护和污染治理的成本	51 640	11 185	40 455	10 442	41 198
	生态系统服务价值	86 860.12	18 814	68 046	17 563	69 297

续表 9-25

	测算方法	总成本	综合指标法		离差平方法	
			山西省（28.92%）	河北省（71.08%）	山西省（28.67%）	河北省（71.33%）
方案2	直接成本	49 017	14 176	34 842	14 053	34 964
	间接成本	71 355	20 636	50 719	20 457	50 897
	生态保护和污染治理的成本	51 640	14 934	36 706	14 805	36 835
	生态系统服务价值	86 860. 12	25 120	61 740	24 903	61 957
	测算方法	总成本	综合指标法		离差平方法	
			山西省（36.07%）	河北省（63.93%）	山西省（38.33%）	河北省（61.67%）
方案3	直接成本	49 017	17 681	31 337	18 788	30 229
	间接成本	71 355	25 738	45 617	27 350	44 004
	生态保护和污染治理的成本	51 640	18 627	33 013	19 794	31 846
	生态系统服务价值	86 860. 12	31 330	55 530	33 293	53 567

9.7.5　利用离差平方法测算生态补偿总成本

采用不同方法(7 种)估算出的生态补偿标准差异较大,因此在利用综合指标法、离差平方法对 4 个单项成本进行分摊的基础上,选用离差平方模型确定出 7 种估算方法的权重系数 w_i,利用权重系数对不同方法(7 种)测算的补偿金额进行调节,从而得到各地区相对合理的补偿标准。

9.7.5.1　单项投入分摊用综合指标法测算

在 4 个单项投入成本用综合指标法测算出区域分摊成本的基础上,对所有 7 种不同方法估算得到的补偿金额,利用离差平方法模型进行调节,得到各区域具体的生态补偿总成本见表 9-26。按方案 1、方案 2 和方案 3 测算出的山西省和河北省需要分摊的生态补偿金分别为 13 635 万元、30 023 万元,18 207 万元、27 376 万元,22 706 万元、24 773 万元。

9.7.5.2　单项投入分摊用离差平方法测算

在 4 个单项投入成本用离差平方法模型测算出区域分摊成本的基础上,对所有 7 种不同方法估算得到的补偿金额,再次利用离差平方法模型进行调节,得到各区域具体的生态补偿总成本见表 9-27。按方案 1、方案 2 和方案 3 测算出的山西省和河北省需要分摊的生态补偿金分别为 12 729 万元、30 549 万元和 18 048 万元、27 467 万元和 24 130 万元、23 950 万元。

表 9-26　用离差平方方法测算的总成本(单项成本用综合指标法测算分摊)

单位:万元

方案	地区	测算方法	成本	x	$(x_i - x)^2$	s^2	w_i/%	C_i	G_i 合计
方案 1	山西省	直接成本	10 617	14 018	11 565 207	14 885 741	24. 70	2 623	13 635
		间接成本	15 455	14 018	2 066 442	14 885 741	31. 79	4 913	
		生态保护和污染治理的成本	11 185	14 018	8 024 271	14 885 741	27. 34	3 058	
		生态系统服务价值	18 814	14 018	23 001 305	14 885 741	16. 16	3 041	
	河北省	直接成本	38 400	30 349	64 816 023	748 059 546	16. 43	6 308	30 023
		间接成本	55 899	30 349	652 799 881	748 059 546	14. 24	7 962	
		生态保护和污染治理的成本	40 455	30 349	102 118 511	748 059 546	16. 29	6 589	
		生态系统服务价值	68 046	30 349	1 421 050 744	748 059 546	11. 39	7 750	
		水质水量保护目标	456	30 349	893 627 951	748 059 546	13. 35	61	
		跨界超标污染物通量	898	30 349	867 404 629	748 059 546	13. 45	121	
		水资源价值	8 292	30 349	486 539 540	748 059 546	14. 86	1 232	
方案 2	山西省	直接成本	14 176	18 716	20 617 361	26 536 897	24. 70	3 502	18 207
		间接成本	20 636	18 716	3 683 858	26 536 897	31. 79	6 560	
		生态保护和污染治理的成本	14 934	18 716	14 304 914	26 536 897	27. 34	4 084	
		生态系统服务价值	25 120	18 716	41 004 559	26 536 897	16. 16	4 061	
	河北省	直接成本	34 842	27 665	51 510 076	609 665 994	16. 43	5 725	27 376
		间接成本	50 719	27 665	531 508 434	609 665 994	14. 24	7 225	
		生态保护和污染治理的成本	36 706	27 665	81 742 993	609 665 994	16. 29	5 981	
		生态系统服务价值	61 740	27 665	1 161 150 431	609 665 994	11. 38	7 024	
		水质水量保护目标	456	27 665	740 315 265	609 665 994	13. 29	61	
		跨界超标污染物通量	898	27 665	716 464 710	609 665 994	13. 40	120	
		水资源价值	8 292	27 665	375 304 057	609 665 994	14. 96	1 240	

续表 9-26

方案	地区	测算方法	成本	x	$(x_i - x)^2$	s^2	w_i/%	C_i	G_i 合计
方案 3	山西省	直接成本	17 681	23 344	32 072 202	41 280 586	24.70	4 367	22 706
		间接成本	25 738	23 344	5 730 580	41 280 586	31.79	8 182	
		生态保护和污染治理的成本	18 627	23 344	22 252 610	41 280 586	27.34	5 093	
		生态系统服务价值	31 330	23 344	63 786 365	41 280 586	16.16	5 064	
	河北省	直接成本	31 337	25 020	39 898 216	487 333 564	16.44	5 152	24 773
		间接成本	45 617	25 020	424 227 962	487 333 564	14.25	6 500	
		生态保护和污染治理的成本	33 013	25 020	63 889 967	487 333 564	16.30	5 382	
		生态系统服务价值	55 530	25 020	930 820 705	487 333 564	11.36	6 309	
		水质水量保护目标	456	25 020	603 416 604	487 333 564	13.23	60	
		跨界超标污染物通量	898	25 020	581 902 866	487 333 564	13.35	120	
		水资源价值	8 292	25 020	279 845 065	487 333 564	15.07	1 250	

表 9-27　用离差平方方法测算的总成本(单项成本用离差平方法测算分摊量)

方案	地区	测算方法	成本	x	$(x_i - x)^2$	s^2	w_i/%	C_i	合计
方案 1	山西省	直接成本	9 911	13 086	10 078 567	12 972 267	24.70	2 448	12 729
		间接成本	14 428	13 086	1 800 813	12 972 267	31.79	4 587	
		生态保护和污染治理的成本	10 442	13 086	6 992 798	12 972 267	27.34	2 855	
		生态系统服务价值	17 563	13 086	20 044 622	12 972 267	16.16	2 839	
	河北省	直接成本	39 106	30 882	67 636 695	777 207 474	16.42	6 423	30 549
		间接成本	56 927	30 882	678 337 879	777 207 474	14.24	8 108	
		生态保护和污染治理的成本	41 198	30 882	106 429 117	777 207 474	16.29	6 710	
		生态系统服务价值	69 297	30 882	1 475 718 000	777 207 474	11.39	7 895	
		水质水量保护目标	456	30 882	925 750 471	777 207 474	13.36	61	
		跨界超标污染物通量	898	30 882	899 056 517	777 207 474	13.45	121	
		水资源价值	8 292	30 882	510 316 168	777 207 474	14.84	1 231	
方案 2	山西省	直接成本	14 053	18 555	20 262 446	26 080 082	24.70	3 471	18 048
		间接成本	20 457	18 555	3 620 443	26 080 082	31.79	6 504	
		生态保护和污染治理的成本	14 805	18 555	14 058 664	26 080 082	27.34	4 048	
		生态系统服务价值	24 903	18 555	40 298 692	26 080 082	16.16	4 025	
	河北省	直接成本	34 964	27 757	51 942 884	614 194 090	16.43	5 745	27 467
		间接成本	50 897	27 757	535 478 078	614 194 090	14.24	7 250	
		生态保护和污染治理的成本	36 835	27 757	82 406 975	614 194 090	16.29	6 002	
		生态系统服务价值	61 957	27 757	1 169 664 170	614 194 090	11.38	7 049	
		水质水量保护目标	456	27 757	745 354 947	614 194 090	13.30	61	
		跨界超标污染物通量	898	27 757	721 422 685	614 194 090	13.40	120	
		水资源价值	8 292	27 757	378 894 799	614 194 090	14.95	1 240	

续表 9-27

方案	地区	测算方法	成本	x	$(x_i - x)^2$	s^2	w_i/%	C_i	合计
方案3	山西省	直接成本	18 788	24 806	36 217 138	46 615 592	24. 70	4 641	24 130
		间接成本	27 350	24 806	6 471 187	46 615 592	31. 79	8 695	
		生态保护和污染治理的成本	19 794	24 806	25 128 485	46 615 592	27. 34	5 412	
		生态系统服务价值	33 293	24 806	72 029 966	46 615 592	16. 16	5 382	
	河北省	直接成本	30 229	24 185	36 535 955	451 548 594	16. 44	4 970	23 950
		间接成本	44 004	24 185	392 830 990	451 548 594	14. 25	6 271	
		生态保护和污染治理的成本	31 846	24 185	58 703 855	451 548 594	16. 31	5 193	
		生态系统服务价值	53 567	24 185	863 307 997	451 548 594	11. 36	6 083	
		水质水量保护目标	456	24 185	563 053 667	451 548 594	13. 20	60	
		跨界超标污染物通量	898	24 185	542 278 558	451 548 594	13. 33	120	
		水资源价值	8 292	24 185	252 580 540	451 548 594	15. 11	1 253	

9.8　生态保护成本分摊实施建议

方差分析表明,利用综合指标法、离差平方法估算出的分摊比例和分摊成本核算均没有显著差异,因此在今后的生态补偿实施过程中,选用其中之一即可。

本节以离差平方法为例,利用方案2(山西省2县和河北省涞源县唐县2县)和方案3(山西省2县和河北省涞源1县)的补偿分摊比例及补偿成本作为基础,对山西省和河北省在唐河流域近3年(2022—2024年)的生态补偿成本分摊提出实施建议。

9.8.1　分摊比例建议

9.8.1.1　成本分摊

本书采用直接成本、间接成本、生态保护和污染治理的成本、生态系统服务价值4种方法测算出的生态保护成本分别为49 017万元、71 355万元、51 640万元、86 860.12万元。

在生态补偿总成本确定的基础上,可选择离差平方法测算的方案2(山西省、河北省分摊比例分别为28.67%、71.33%)或方案3(山西省、河北省分摊比例分别为38.33%、61.67%)对山西省和河北省进行成本分摊。

实际补偿时,山西省、河北省可在此基础上,结合实际对各项成本及分摊比例进行调整。

9.8.1.2　水质水量分摊

流域生态保护需确保跨界断面水质水量达标,在不考虑生态保护成本,只考虑跨界(南水芦)断面水质水量达标需付出的成本时,则核算出的结果为河北省给山西省的生态补偿金额;如果断面水质水量不达标,则核算结果为山西省给河北省的赔偿,此时不需要再次进行分摊。

本书基于水质水量保护目标法、跨界超标污染物通量法测算时,水量指标选取山西省出境河北省涞源县的天然河川径流量0.975 5亿m^3(大同市水资源公报2014—2019年的平均值),水质目标选取地表水Ⅲ类标准,核算结果为:河北省需补偿山西省(或山西省需赔偿河北省)费用分别为455.8万元、897.7万元。实际补偿时,山西省、河北省可在此基础上,结合实际进行调整。

另外,利用水资源价值法测算,河北省因利用唐河上游符合标准的水资源而需补偿给山西省8 291.75万元。此部分补偿可在双方协商的基础上进行调整。

9.8.2　补偿标准的动态调整

以山西省供给河北省的水质水量目标为前提进行补偿测算时,因每年的水质水量在不同月份均有差异,因此在实施过程中可进行动态调整,涉及的动态调整方案为生态保护和污染治理成本、水质水量保护目标、跨界超标污染物通量3种与水质水量有关的核算方法。

9.8.2.1　生态保护和污染治理成本

依据基于生态保护和污染治理成本的生态补偿测算公式为

$$CD_t = C_t KV_t KQ_t KE_t$$

式中，$KV_t = W_{下} / W_{总}$；$KQ_t = 1 + (P_t M_t)/(C_t KV_t)$；$KE_t$ 为常数。

分别对生态保护成本 C_t(增加)、下游用水量 $W_{下}$(增加)、COD 排放浓度(减少)3 个参数变化 10%时的总成本变化量进行分析，测算出各项指标发生变化时补偿金额的变化量见表 9-28。

表 9-28　基于生态保护成本和污染治理成本的生态补偿动态调整

变化项目	$KV_t = W_{下} / W_{总}$			$C_t KV_t$/万元			
	$W_{下}$/亿 m^3	$W_{总}$/亿 m^3	KV_t	C_t/万元	$C_t KV_t$		
当前测算	0.975 5	1.128 1	0.864 7	49 017	42 387		
成本增 10%	0.975 5	1.128 1	0.864 7	53 919	46 625		
水量增 10%	1.073 1	1.128 1	0.951 2	49 017	46 625		
COD 浓度减少 10%	0.975 5	1.128 1	0.864 7	49 017	42 387		
变化项目	$KQ_t = 1 + P_t M_t / C_t KV_t$				$CD_t = C_t KV_t KQ_t KE_t$		金额增量/%
	P_t/(tCOD/年)	M_t/(元/tCOD)	$P_t M_t$/万元	KQ_t	KE_t	补偿金额/亿元	
当前测算	1 125.09	5 747	646.59	1.015 3	1.2	5.16	
成本增 10%	1 125.09	5 747	646.59	1.013 9	1.2	5.67	9.85
水量增 10%	1 237.60	5 747	711.25	1.015 3	1.2	5.68	10.00
COD 浓度减少 10%	1 207.69	5 747	694.06	1.016 4	1.2	5.17	0.11
合计							19.96

由表 9-28 可知，成本、水量分别增加 10%，COD 浓度减少 10%时，可在单项补偿金额(5.16 亿元)的基础上分别增加 9.85%、10.00%、0.11%；如果 3 个污染指标均增加/减少 10%，则在原补偿标准(5.16 亿元)的基础上增加 19.96%。具体实施过程中，可进行适当调节。

9.8.2.2　水质水量保护目标法

依据基于水质水量保护目标的标准核算的生态补偿测算公式($P = Q \sum L_i C_i N_i$)分别对下游用水量 Q(增加)、污染物排放超标倍数(减少)2 项 5 个参数变化 10%时的总成本变化量进行分析，测算出各项指标发生变化时补偿金额的变化量见表 9-29。

表 9-29　基于水质水量保护目标法的生态补偿动态调整

增加项目	污染物类别	实测平均浓度/(mg/L)	变化后的平均浓度/(mg/L)	实测级别	污染物标准值/(mg/L)	提高 1 个级别(Ⅲ级到Ⅱ级)净化所需成本 C_i/(元/m^3)	
COD 浓度减少 10%	COD	8.466 7	7.620 03	Ⅰ	20	0.028 7	
高锰酸盐浓度减少 10%	高锰酸盐	1.689 6	1.520 64	Ⅰ	6	0.002 0	
氨氮浓度减少 10%	氨氮	0.339 9	0.305 91	Ⅱ	1	0.006 8	
总磷浓度减少 10%	总磷	0.091 3	0.082 17	Ⅱ	0.2	0.011 5	
增加项目	污染物类别	超标倍数 N_i	变化后超标倍数 N_i	COD 提高的级别 L_i	补偿金额/万元	增加后金额/万元	金额增量/%
COD 浓度减少 10%	COD	-0.576 7	-0.619 0	2	-323.29	-347.02	-7.34
高锰酸盐浓度减少 10%	高锰酸盐	-0.718 4	-0.746 6	2	-28.03	-29.13	-3.92
氨氮浓度减少 10%	氨氮	-0.660 1	-0.694 1	1	-43.51	-45.75	-5.15
总磷浓度减少 10%	总磷	-0.543 5	-0.589 2	1	-60.94	-66.06	-8.40
	污染物补偿/元				-455.77	-487.96	-7.06
水量增加 10%	水质水量补偿/元				-455.77	-501.35	-10.00
	合计						-17.06

由表 9-29 可知,COD、高锰酸盐、氨氮、总磷浓度分别减少 10%时,可在单项补偿金额(323.29 万元、28.03 万元、43.51 万元、60.94 万元)的基础上分别增加 7.34%、3.92%、5.15%、8.40%;如果 4 个污染指标均增加 10%,则在原补偿标准(455.77 万元)的基础上增加 7.06%;如果水量增加 10.00%,则在原补偿标准(455.77 万元)的基础上增加 10.00%;各项污染指标和水量均增加 10%,则在原补偿标准(455.77 万元)的基础上增加 17.06%。具体实施过程中,可进行适当调节。

9.8.2.3　跨界超标污染物通量法

依据基于跨界超标污染物通量法的生态补偿测算公式[多因子补偿资金 = Σ(断面水质目标浓度值 - 断面水质浓度监测值)×年断面水量 × 水质补偿标准],分别对下游用水量 Q(增加)、污染物排放超标倍数(减少)2 项 5 个参数变化 10%时的总成本变化量进行分析,测算出各项指标发生变化时补偿金额的变化量见表 9-30。

表 9-30 基于跨界超标污染物通量法的生态补偿动态调整

项目变化量	污染物类别	断面监测值/(mg/L)	减少后平均浓度/(mg/L)	断面目标值/(mg/L)	年断面水量/万 m^3	去除污染物的量/t
COD 浓度减少 10%	COD	8. 466 7	7. 620 03	20	9 755	1 125. 09
高锰酸盐浓度减少 10%	高锰酸盐	1. 689 6	1. 520 64	6	9 755	420. 49
氨氮浓度减少 10%	氨氮	0. 339 9	0. 305 91	1	9 755	64. 39
总磷浓度减少 10%	总磷	0. 091 2	0. 082 08	0. 2	9 755	10. 61
项目变化量	污染物类别	提高水质标准需去除污染物的量/t	水质补偿标准/(元/t)	补偿金额/万元	增加后金额/万元	金额增量/%
COD 浓度减少 10%	COD	1 207. 69	5 747	646. 59	694. 06	7. 34
高锰酸盐浓度减少 10%	高锰酸盐	436. 97	1 000	42. 05	43. 70	3. 92
氨氮浓度减少 10%	氨氮	67. 71	13 514	87. 02	91. 50	5. 15
总磷浓度减少 10%	总磷	11. 50	114 943	122. 00	132. 22	8. 38
	污染物补偿/元			897. 66	961. 48	7. 11
水量增加 10%	水质水量补偿/元			897. 66	987. 42	10. 00
	合计/元					17. 11

由表 9-30 可知，COD、高锰酸盐、氨氮、总磷浓度分别减少 10%时，可在单项补偿金额(646. 59 万元、42. 05 万元、87. 02 万元、122. 00 万元)的基础上分别增加 7. 34%、3. 92%、5. 15%、8. 38%；如果 4 个污染指标均增加 10%，则在原补偿标准(897. 66 万元)的基础上增加 7. 11%；如果水量增加 10%，则在原补偿标准(897. 66 万元)的基础上增加 10%；各项污染指标和水量均增加 10%，则在原补偿标准(897. 66 万元)的基础上增加 17. 11%。具体实施过程中，可进行适当调节。

在 2022—2024 年实施生态补偿、选择不同的生态补偿方法时，可根据提供给下游水质水量的变化倍数，依据上述金额增量进行成倍增减。

第 10 章　大清河流域(唐河)生态补偿体系设计

实施生态保护补偿是调动各方积极性、保护好生态环境的重要手段,是生态文明制度建设的重要内容。近年来,《国务院办公厅关于健全生态保护补偿机制的意见》(国办发〔2016〕31 号)、《财政部、环境保护部、发展改革委和水利部关于加快建立流域上下游横向生态保护补偿机制的指导意见》(财建〔2016〕928 号)和《山西省人民政府办公厅关于健全生态保护补偿机制的实施意见》(晋政办发〔2016〕172 号)的印发,对流域生态补偿机制的建立提出了新的目标,要求到 2020 年,基本建立流域上下游横向生态保护补偿机制。因此,按照国务院及相关部委的决策部署,借鉴我国部分省(市)、流域已经开展的横向生态补偿方案,根据大清河流域(唐河)实际情况,优化设计大清河流域(唐河)上下游横向生态补偿体系。

10.1　补偿原则

以"环境质量只能变好,不能变差""污染者付费、保护者受奖""下游监督上游"等原则为指导,将流域跨界断面的水质、水量作为补偿基准,科学选择对断面水质和水量影响最为显著的监测指标为考核因子,合理确定考核断面与考核目标,按照水质优劣程度和水量多少程度确定生态补偿标准,最终优化建立大清河流域(唐河)上下游横向生态保护补偿机制。

(1)区际公平、权责对等。大清河流域(唐河)上游承担保护生态环境的责任,同时享有水质改善、水量保障带来利益的权利。下游地区对上游地区为改善生态环境付出的努力做出补偿,同时享有水质恶化、上游过度用水的受偿权利。

(2)省级为主,中央引导。中央财政对跨省流域建立横向生态保护补偿给予引导支持,推动建立长效机制。大清河流域(唐河)横向生态保护补偿工作的落实由流域上下游地方政府协商实施。

(3)全面推进,多方筹资。根据大清河流域(唐河)特点和生态环境保护的要求,突出重点、注重实效,全面建立统一规范的全流域生态保护补偿机制。采取多方式、多途径的办法加大流域生态保护补偿金筹措力度,促进流域上游地区可持续发展和全流域水环境质量改善。

(4)责任共担,区别对待。大清河流域(唐河)范围内所有市、县既是流域水生态的保护者,也是受益者,对加大流域水环境治理和生态保护投入承担共同责任。同时,综合考虑不同地区受益程度、保护责任、经济发展等因素,在资金筹措和分配上向流域上游地区、向欠发达地区倾斜。

(5)水质优先,奖惩分明。将大清河流域(唐河)水质指标作为补偿资金分配的主要因素,建立奖惩机制,对水质状况较好、水环境和生态保护贡献大、节约用水多的县(市)加大补偿,反之则少予或不予补偿,进一步调动各县(市)保护生态环境的积极性。

(6)规范运作,公开透明。按照建立生态保护补偿长效机制的要求,用标准化方式筹措、用因素法公式分配生态保护补偿金,明确资金筹集标准、分配方法、使用范围、管理职责分工及监督检查办法等,实现大清河流域(唐河)生态补偿资金筹措与分配的规范化、透明化。

10.2　补偿范围与考核指标

10.2.1　补偿范围

大清河流域(唐河)跨界生态补偿机制实施范围为大清河流域(唐河)流经的2个省:山西省和河北省。

10.2.2　实施期限

实施期限为2022—2024年,期限3年。实施期内根据补偿情况,逐步完善流域生态补偿标准测算体系、政策措施和机制建设,完善目标考核体系、改进补偿资金分配办法,规范补偿资金使用。

10.2.3　考核断面

考核断面为南水芦,位于灵丘县下北泉村,东经114.426 5°,北纬39.292 5°,为大同出境/国考断面。

10.2.4　考核指标与目标

横向生态补偿依据实际监测数据组织实施。以核定后的南水芦断面水质和水量数据为基准,开展大清河流域(唐河)上下游横向生态补偿。考核指标包括水质和水量。

水质考核指标包括化学需氧量(COD)、高锰酸盐指数、氨氮和总磷。按照“水十条”要求,南水芦(国考断面考核)目标为:《地表水环境质量标准》(GB 3838—2002)Ⅲ类。具体目标为:COD 20 mg/L,高锰酸盐指数6 mg/L,氨氮1 mg/L,总磷0.2 mg/L。

水量指标为断面径流量。南水芦断面现状基准年的出境水量(实测)分别为正常年份(保证率50%)7 671万m^3;一般枯水年份(保证率75%)3 586万m^3;特殊枯水年份(保证率95%)2 224万m^3。正常年份与特殊枯水年份之间,断面出境水量按照丰增枯减原则,采用直线内插法核定。

10.3　补偿资金来源

大清河流域(唐河)生态补偿的资金来源主要有以下六类:

一是固定来源,即在财政收入中,固定用于流域生态补偿的相关收入;

二是体现在项目预算(包括生态建设、生态保护、生态开发以及其他公共建设项目)中的生态补偿资金,这部分资金是根据项目建设的需要来确定,其金额相对不固定;

三是体现在中央对地方转移支付中的生态补偿资金,这部分资金,根据财政转移支付制度的计算公式,视中央财政的财力来确定;

四是体现在所在流域上下游同级政府之间的横向财政转移支付,专门用于流域生态保护与环境污染防治,视流域实际和上下游经济发展水平而定;

五是流域上下游政府本级财政收入中,可以用于流域补偿的其他支出,由于流域生态功能不同,环境问题不同,地方财力不同,这部分收入在不同地区之间也会存在差异;

六是通过政府引导,来自市场领域的用于流域生态补偿的资金。

10.4　补偿主体与补偿客体

大清河流域(唐河)生态补偿主体包括两个方面:①一切从利用流域水资源水环境保护中受益的群体。这些用水活动包括工业生产用水、农牧业生产用水、城镇居民生活用水、水力发电用水、利用水资源开发的旅游项目、水产养殖等。②一切生活或生产过程中向外界排放污染物,影响流域水量和流域水质的个人、企业或单位。主要是具有污染排放的工业企业用水、商业家庭市政用水、水上娱乐及旅游用水等。

大清河流域(唐河)生态补偿客体是执行水环境保护工作等保障水资源可持续利用做出贡献的地区和个人。一般包括流域上游区域及周边地区实施各项水源保护措施,为保障向下游提供持续利用的水资源,投入了大量的人力、物力、财力,甚至以牺牲当地的经济发展为代价。对这些为保护流域水生态、水安全做出贡献的地区,流域下游乃至国家作为受益地区理应负起补偿的责任。

根据国家与省环境保护责任书目标要求,大清河流域(唐河)断面当年水质指标值高于考核目标值时,由上游省、市、县对下游省、市、县给予补偿;大清河流域(唐河)断面当年水质指标值等于或低于考核目标值时,由下游省、市、县对上游省、市、县给予补偿。

(1)断面水质不达标。根据考核目标要求,大清河流域(唐河)断面当年水质指标值高于考核目标值时,补偿主体为山西省,受偿主体为河北省,由山西省向河北省补偿。

(2)断面水质达标。考核目标要求,大清河流域(唐河)断面当年水质指标值等于或低于考核目标值时,补偿主体为河北省,受偿主体为山西省,由河北省向山西省补偿。

10.5　补偿资金核算方法

断面补偿金每年核算一次,取决于南水芦断面年均水质和水量情况,生态补偿系数计算公式如下:

$$T = Q(1 + M)$$

$$M = PW$$

$$P = \frac{1}{4}\sum_{i=1}^{4}\frac{C_i}{C_{i0}}$$

$$W = W_i / W_{i0}$$

式中:T 为生态补偿金额,万元;Q 为生态补偿标准,万元;M 为生态补偿金额系数;P 为水质补偿系数;W 为水量补偿系数;C_i 为某项水质指标的年均浓度值,mg/L;C_{i0} 为某项水质指标的基本限值,mg/L;W_i 为当年断面径流量,万 m^3/年;W_{i0} 为断面径流量基准值,万 m^3/年。

如果 $P \leqslant 1$,则河北省补给山西省;如果 $P>1$,则山西省赔偿河北省。

10.6 补偿程序

山西省、河北省的生态环境部门负责按年核定大清河流域(唐河)断面考核结果,通报水利部海河水利委员会和有关市人民政府,同时抄送两省财政厅。年终,水利部海河水利委员会依据两省生态环境部门汇总的当年补偿结果形成补偿结果通知单,由两省财政厅统一结算。

10.7 监测工作要求

10.7.1 工作机制

两省生态环境部门共同负责组织省环境监测中心对大清河流域(唐河)跨省界考核断面(南水芦断面)进行水质水量监测。监测机构按月将监测结果上报省生态环境部门。生态环境部门不定期抽查监测机构监测质量保证执行情况,定期评估其监测工作绩效。

10.7.2 技术要求

(1)断流、冰封不能监测时,现场采样人员要对监测现场保存不少于 3 张不同角度的证明照片,同时至少 2 名现场采样人员在监测日志上进行签字确认,监测日志与现场照片留存监测机构存档备查。

(2)客观原因导致断面现场发生重大变化难以监测时,监测单位可在断面坐标位置上下游无污染争议适合采样位置进行采样,监测点位临时移动情况在监测报告中注明。

(3)监测结果失真,不真实反映且证据确凿的,按《环境监测数据弄虚作假行为判定及处理办法》及有关规定对相关责任单位和人员进行责任追究。

10.7.3 数据采信

(1)自动监测优先。大清河流域(唐河)南水芦断面设有水质自动监测站,采用水质自动监测站月平均有效数据进行年度考核。

(2)人工监测为辅。以监测机构当月内人工监测的结果进行年度考核。

(3)数据异议采信上级环保部门同月数据。

10.8　补偿资金使用

补偿资金全部用于水污染防治重点工程、水污染风险防控以及考核断面水质监测等。

10.9　实施效果评估

通过层次分析法研究大清河流域(唐河)实施生态补偿与污染赔偿的效果,量化生态补偿机制对大清河流域(唐河)污染防治的政策效应;同时根据实地跟踪调研,总结相关经验,提出大清河流域(唐河)生态保护和污染防治的量化指标,评估地方政府和管理部门履行生态补偿与污染赔偿职能的状况,生态补偿与污染赔偿资金使用的效率及经济社会效益等,根据实施效果调整和修正相关政策和补偿方式,提出政策建议。

第11章 大清河流域(唐河)生态补偿模式分析

11.1 大清河流域(唐河)生态补偿模式的原则

流域生态补偿是以公共物品理论、外部性理论以及生态资本理论为基础,根据“谁使用、谁付费,谁保护、谁受益”原则所确定的流域下游生态服务受益者通过市场或政府手段完成对上游生态服务提供者的补偿支付。在选择大清河流域(唐河)补偿模式时应遵循以下原则。

11.1.1 个性化原则

个性化原则即根据大清河流域(唐河)受益者的不同特点来决定其具体补偿模式。流域生态补偿模式的种类繁多却各有各自的限制条件与适用范围,因而在确定大清河流域(唐河)生态补偿模式时,不仅要考虑补偿模式的适用条件,还应结合受益主体的特点来进行选择。例如:规模较小、补偿主体集中、产权界定清晰的,可以采用市场补偿模式;对于规模较大、补偿主体分散、产权界定模糊的,可以采用政府补偿为主、市场补偿为辅的模式。

11.1.2 重点论原则

根据大清河流域(唐河)的实际情况,上游地区多是经济落后、交通不便的弱势地区,既不能独自承担生态建设成本,又不具备在已经建立上游对其进行补偿的情况下,对没有完成约定生态补偿任务的部分进行赔偿的能力。因此,目前应该侧重地偏向保护上游生态服务建设者的一方,严格下游受益者对已经提供的生态服务的补偿支付。

11.1.3 灵活性原则

大清河流域(唐河)自然条件复杂,区域差异明显,无论从水平地带性还是垂直地带性上来看,其生态环境都有较大的差异,所以不同的区域就面临着不同的生态环境问题,因此应把需要生态补偿的地区按生态环境的现状和问题进行分区,划分出不同的补偿类型区,因地制宜,实行分区补偿。

11.1.4 有效性原则

大清河流域(唐河)生态补偿机制的建立主要应从规范并推广补偿费的征收入手,合理收费,并逐步总结经验,循序推行。损害、受益明显的,采用先定性后定量、先少后加的方法进行补偿。同时,要将长期效应和短期效应结合起来,保证大清河流域(唐河)生态补偿的有效性。

11.2　大清河流域(唐河)生态补偿模式的选择

11.2.1　“节流型”补偿模式

“节流型”补偿也称“输血”式的补偿方式,是指政府或补偿者将筹集起来的补偿资金定期转移给被补偿方,让被补偿方有效利用筹集来的补偿资金。这种支付方式的优点是被补偿方拥有较大的灵活性;缺点是补偿资金可能转化为消费性支出,不能从机制上帮助受补偿方真正做到“生态致富”。

11.2.2　“开源型”补偿模式

“开源型”补偿类似于“造血型”补偿,是指政府或补偿者运用“项目支持”或“项目奖励”的形式,将补偿资金转化为技术项目安排到被补偿方(地区)。补偿的目标是增加落后地区发展能力,形成造血机能与自我发展机制,使外部补偿转化为自我积累能力和自我发展能力。

“开源型”补偿的具体方式有 4 种:一是由过去的以政策扶贫为主转变为以项目扶贫为主,如实施生态经济防护林扶贫工程,既可改善这些地区的生态环境质量、防止水土流失、根除洪涝水患,又能促进当地农牧业综合协调发展和加快农民脱贫致富步伐。二是重点扶持交通、水利等基础设施建设,重视生产条件的改善,降低这些地区进入市场的成本,增强“造血”机能。三是重视人力资源开发,通过发展文化教育和卫生事业,普及科技知识,加强职业技能培训,提高人口素质,促进上游地区的可持续发展能力。四是利用青山秀水、自然和人文景观独具特色的优势,加强山水风光旅游、民族风情旅游、自然生态旅游、休闲度假旅游等旅游功能区建设,将生态旅游培育成为区域经济的新增长点。

对于大清河流域(唐河)而言,上述 4 种补偿类型并不是独立存在的,而是相互补充、相互依存、相互影响的,是一种“你中有我、我中有你”的关系。本书认为,在大清河流域(唐河)更多地要从政府介入的层面来探讨其生态补偿模式,同时考虑补偿的实施效果,把生态保护融入区域经济发展之中,从而真正达到生态补偿的目的。

11.3　大清河流域(唐河)生态补偿模式的创新

11.3.1　财政转移型生态补偿模式

财政转移型生态补偿模式的实质就是政府在公平基础上将部分财政收入进行重新再分配的过程,政府运用补贴或奖励的形式,对保护和建设生态环境中的公益劳动行为给予不完全的报酬支付,对因保护生态环境而牺牲自身利益的人们给予不完全的补偿。财政转移方式在山西省“退耕还林”、建设防护林等工作中起到了主导作用。但同时也造成了另一种弊端:经济落后地区生态环境工作的活动态势很大程度上取决于财政资金的供给量。这种完全依赖“外部输入”的做法,使当地生态保护和建设工作缺乏自我发展的机制,丧失了生态保护的内驱原动力和内生支撑力。此外,生态补偿机制的赔偿资金是按照财政收入的一定比例支出,与实际发生的经济损失或贡献大小的关联度不强,无法对损益者所牺牲的利益进行全部性补偿,难以满足受补者对补偿强度的现实需求。综观国内外流域生态补偿实践过程,不论取得的效果还是凸显的问题都反映出,实行生态补偿,关键在于资金投入。科学合理的财政转移支付制度是实现大清河流域(唐河)公共服务均等化的重要保障,也对大清河流域(唐河)生态环境补偿模式的建立具有重要的意义。必须加大对大清河流域(唐河)生态治理地区的一般性转移,考虑安排环境治理专项转移支付资金或生态环境补偿专项转移支付资金用于生态环境保护和建设,通过建立生态环境费制度,设立固定的生态环境保护与建设资金渠道,实现大清河流域(唐河)生态环境保护与建设投入的规范化、社会化和市场化。

11.3.2　反哺式生态补偿模式

首先选择生态关联性高、相对独立的生态系统,该系统具有生态环境受益者和损益者,受益者按适当比例对损益者进行补偿。由于生态环境资源作为外部性的公共物品具有投入产出的外溢性,对区际环境变化与相邻地区社会增长之间内在联系的清晰揭示存在一定困难,确定科学合理的补偿计算方法并对补偿额度进行操作量化是反哺式生态补偿模式能否顺利实施的关键性因素,必须在生态补偿的受益者和损益者之间找到最佳的平衡点,多方考察,联动运作,建立一套相应的生态补偿评价体系。为了提高大清河流域(唐河)内生态环境质量,化解大清河流域(唐河)内水资源污染、短缺等危机,可以运用反哺式生态补偿模式来协调大清河流域(唐河)上游与下游地区之间的经济利益关系,其补偿模式有以下几种:上游地区为水质达标所进行的现实工作量;下游地区如果没有得到上游达标水质而造成的经济损失量;上游地区为进一步改善水环境而进行的经济工作量。

11.3.3　异地开发生态补偿模式

异地开发生态补偿模式是对传统生态补偿模式的一种完善和补充。首先,根据大清河流域(唐河)生态环境资源的分布格局和生态环境功能分区来调整、优化生产力布局,生态资源相对丰富的地区发展环境容量依赖型产业。生态屏障区、生态环境脆弱、生态文化价值区、生态自然遗产区等生态重点保护区的企业允许到大清河流域(唐河)环境容量大的地区进行定向异地开发,异地开发所取得的利税返回原地区,作为支持原地区生态环境保护和建设事业的启动资金。这种做法使生态保护区形成一种自我积累的投入机制,生态补偿实现了由单纯性的"输入式"向"自我发展式"转化,真正实现了大清河流域(唐河)经济与环境的双赢。

11.3.4　公益性生态补偿模式

公益性生态补偿模式是生态补偿模式未来的发展趋势,目前山西省根据生产经营方式和环境保护活动等因素来探索增收生态环境补偿费,补偿金纳入预算管理后转为用于生态环境保护的专项费用,对因保护生态而放弃正常发展的受损者进行补偿,对生态环境的建设者进行资助。生态环境补偿费的增收范围为:对生态环境产生不良影响的生产者、开发者和经营者收取生态资源补偿税,对生态资源的直接使用者收取生态资源税,对生态资源的受益者收取生态资源维护费等。公益性生态补偿模式能够处理好地区和地区之间、近期与长期之间的生态利益关系,在法律和市场手段的共同调节下能盘活整体生态资源,为社会发展构建起环境资源支撑体系。

第 12 章　大清河流域(唐河)生态补偿机制分析

大清河流域(唐河)生态补偿是促进流域生态、经济和社会协调发展的重要举措,科学合理的补偿机制能够促进流域生态补偿工作顺利开展,并保证补偿目标顺利实现。流域生态补偿是一项复杂的系统工程,其顺利运行并发挥相应作用需要一个完整的运行机制和一系列行之有效的配套机制,这些机制是整个流域生态补偿的重要组成部分。大清河流域(唐河)生态补偿机制构建的总体框架是对整个生态补偿过程的凝练与概括(见图 12-1)。

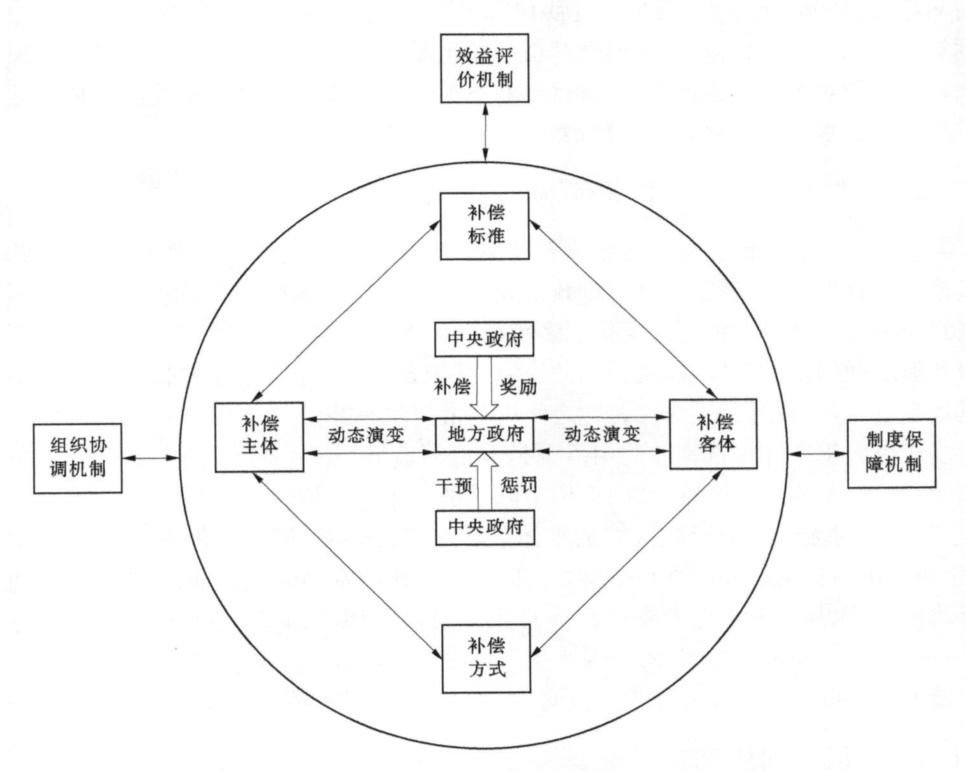

图 12-1　大清河流域(唐河)生态补偿机制的总体框架

12.1　横向生态补偿机制

为了实现大清河流域(唐河)的水资源、水环境、水生态、水安全等永续利用,需引入横向生态补偿机制,使大清河流域(唐河)的社会经济发展与生态环境保护相协调,实现大清河流域(唐河)的可持续协调健康发展。目前针对大清河流域(唐河)的实际应用情况和现行的行政管理体制,建议建立以下几种生态补偿机制。

12.1.1　区域间横向转移补偿机制

各级政府的资金总量是有限的,而流域生态补偿的资金需求量是相当大的。一要建立大清河流域(唐河)生态补偿基金,基金主要由从流域县(市)区域财政中提出,实行与县(市)地方财政收入增长、征收挂钩的办法,根据各县(市)人口规模、经济发展水平、环境保护现状和区域环境容量,实行差别待遇,每年提取一定比例纳入流域生态补偿专项基金,加大对重要的生态功能区和自然保护区所在县(市)的财政转移支付补助。二要建立大清河流域(唐河)生态补偿保障金,要求流域内各县(市)缴纳一定数额的生态保证金,对完成年度流域生态环境建设与保护目标责任考核合格的,给予全额返还,不合格纳入流域生态建设专项资金,主要用于奖励在流域生态建设中做出积极贡献的区域。三要建立大清河流域(唐河)上下游"环境责任协议"制度。采用流域水质水量协议的模式,在上游达到规定的水质水量目标时,下游地区就给予上游地区一定的补偿;反之,当上游地区造成水污染事故对下游造成损坏,上游就要对下游给予一定的赔偿。赔偿额与超标污染物的种类、浓度、水量以及超标时间挂钩。

12.1.2　多级横向生态补偿机制

多级横向生态补偿机制主要是为有效保护和合理持续利用生态系统,通过公共政策或其他市场经济手段,调节不具有行政隶属关系但又与生态利益关系密切相关的不同地区间经济利益关系的一种制度安排。多级横向生态补偿机制并不是简单地在省(区、市)同级政府之间的生态补偿,而是不同的流域、区域及市、县等通过各种公共政策经济手段或其他市场化经济手段,逐级在各地之间进行横向生态补偿。

多级横向生态补偿机制的适用范围是大清河流域(唐河)水体依次流经行政非隶属关系的市、县、乡等行政区域,其中市位于流域的最上游,县位于中游,乡位于下游。市因其生产、生活对流经3个行政区域的水体造成污染,给中下游地区的用水带来一定的影响,相应地市与县构成补偿方与受偿方。同时县并未对水体造成污染,若对流经县的水体进行改善,乡因县改善水体而享受到满足生态要求的环境,则县与乡构成受偿方与补偿方;另一方面,若县未改善水体,乡因水生态环境遭到破坏可向县索要赔偿,此时县与乡构成补偿方与受偿方。补偿方和受偿方明确之后,一级一级地依次进行生态补偿。

12.1.3　梯级横向生态补偿机制

梯级横向生态补偿机制是将大清河流域(唐河)内的水按照水价的高低划分为不同的等级,根据等级内的单位水价和用水量相应地进行生态补偿。由于水体受污染程度不同,其恢复到同一标准时所需的成本较高,故补偿费用随着水价和用水量的增加而增加。当大清河流域(唐河)上游梯级区域造成水体污染时,不仅提高了相邻梯级区域的治理水污染的费用,还对下游梯级区域造成经济损失,从而上游梯级区域对下游梯级区域造成的损害进行补偿。

梯级横向生态补偿机制分为两方面:上游对下游实施的上升式梯级生态补偿和下游对上游实施的下降式梯级生态补偿。为尽量控制大清河流域(唐河)补偿方法对流域水体产生的不利影响,从而更好地协调流域梯级间的利益矛盾,侧重介绍上游对下游的梯级生态补偿,选取用水量消耗与水价补偿相结合的方法对水体受污染的下游梯级区域进行补偿。引入水价机制,根据大清河流域(唐河)下游区域内的水体受污染程度,同时结合当地区域的单位水价和所需用水量,以折合水价的方式进行补偿,下游梯级区域所得补偿效益为补偿水价与实际水价的差值效益。

12.2　多元化生态补偿机制

12.2.1　横向为主、纵向为辅的多元互补机制

横向补偿为主、纵向补偿为辅的多元互补机制是指在发挥政府政策类补偿方式的引导作用下,同时不断激活市场的补偿方式。实现从“输血式补偿”到“造血式补偿”的转变,通过生态补偿实现大清河流域(唐河)的可持续发展。横向生态补偿主要发生在同级实体间,而纵向生态补偿体现在中央对地方实施的政策,自上而下地辅助同级实体间形成多元互补机制(见图 12-2)。

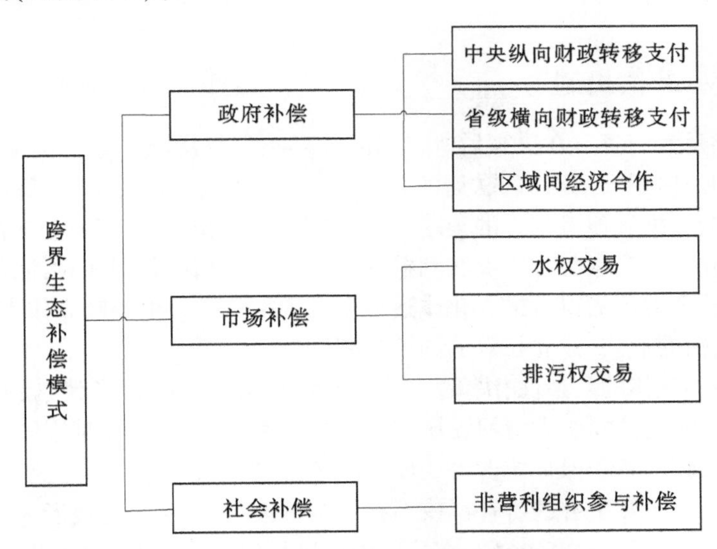

图 12-2　跨界流域多元互补生态补偿机制

横向为主、纵向为辅的多元互补机制主要通过经济、政策和市场等手段,利用资金补偿、政策补偿等不同形式,解决大清河流域(唐河)内生态保护和经济发展中出现矛盾的问题。基于横向为主、纵向为辅的多元互补机制,实行资金补偿和政策补偿。资金补偿实施方式主要通过交易等各种市场化经济手段,不同区域地方人民政府间进行地区横向财政转移支付,中央政府对不同地区经济利用纵向财政转移进行辅助。政策补偿通过建立大清河流域(唐河)供水区与受水区之间的交流对接,即借助具有资源优势的地方供水区

通过对口协作关系弥补发展水平较差的受水区,充分发挥市场在资源配置中的作用,使二者实现生态补偿的根本目的。

12.2.2　一对多、多对多、多对一的多方补偿机制

横向生态补偿中的补偿者与受偿者之间不存在行政上的隶属关系,经济带中不同的行政区间有可能会出现一个或多个补偿者对应多个或一个受偿者。存在多个补偿者的情况下,需要多方考虑大清河流域(唐河)行政区的地理位置和社会经济发展水平。城市临界区域的共享资源应改变单一按面积或者位置远近来确定补偿的方式,朝着按资源利用率或使用价值分配补偿份额的综合补偿方式努力。与此同时,大清河流域(唐河)具有较高经济实力及较大行政区划的核心城市应积极带动周边城市参与补偿机制,建立与其经济实力相适应的补偿标准。补偿方面可以依据自身情况制定,如水质净化、栖息地保护、防洪抗旱、景观美化等。完善的补偿管理机制则还需根据资源综合使用情况、自身社会经济发展实力等多方面综合分析,才能真正做到公平公正,明确责任补偿主体。

大清河流域(唐河)存在多个受偿者的情况下,需要首先明确受偿主体,排在最前的应该是资源提供最多或者受损最严重的地区。为此需要确定受偿优先等级,等级的划分可以从当地环境现状、经济发展水平、提供资源质量等方面综合考虑。受偿方面与补偿方面对应,由地方政府自主协商以平衡区域的生态效益和经济效益,最大限度地实现资源优化配置。

12.2.3　博弈型补偿机制

博弈型补偿是参与各方在决策后所得到的补偿不仅仅局限于自身决策,而是参与各方策略共同影响。由于大清河流域(唐河)生态补偿涉及众多行为主体,每一个行为主体作为参与方,都会根据其他参与方的策略,结合自身实际情况以及当前经济社会环境做出对自身最有利的决策,当参与方中存在利益趋同形成一个利益共同体时,演化成集体的不断博弈,以实现整个群体的得益最大化或达成某种均衡状态。中央政府作为博弈组织者,以补偿奖励或处罚的形式,建立长效的约束机制。

由于生态补偿主体的复杂性,决策需要参与各方沟通交流、磋商谈判,并不断优化策略选择,形成动态演化博弈。大清河流域(唐河)按照利益的相关方对流域资源的使用关系,可以分为使用破坏者和保护建设者。使用破坏者在流域资源使用中获得了利益,需要支付生态补偿金,在博弈中可进行补偿或不补偿两种决策,而保护建设者为了保护资源而放弃了自身利益,需要获得相应补偿,在博弈中可进行保护或者不保护两种决策。在整个博弈的过程中,大清河流域(唐河)所有行为主体的行为和由此造成的效果是相互影响、相互作用的。

12.2.4　多渠道、多种类补偿机制

多种补偿机制是指在进行横向生态补偿时不局限于资金补偿,既可以通过管理权交易、股权转让等衡量物质价值的补偿方式完善补偿机制,也可以根据政府、市场与社会各部门之间的互动,明确各治理主体的责任,构建多渠道、多种类的补偿机制(见图 12-3)。

大清河流域(唐河)补偿与受偿双方通过水权等交易提升自身在行政上的影响力和领导力,有利于社会经济水平提高的同时也激发参与生态补偿机制的积极性。补偿基金基于市场化运作,通过股份投资发展绿色生态,经过一系列的基金募集、转让及管理推动生态项目实施,并且从长远角度来看,大清河流域(唐河)的对口协作、横向援助建立跨区域合作关系意义深远。政府充分发挥引导作用,利用受益区产业发展和科技优势,适当给予一些政策上的优惠,以达到互惠互利、协作共赢的目的。多种补偿机制的完善有利于在生态补偿机制中对生态环境多层次、多角度的管理控制,使得参与主体更加紧密地联系合作,实现资源的可持续发展。

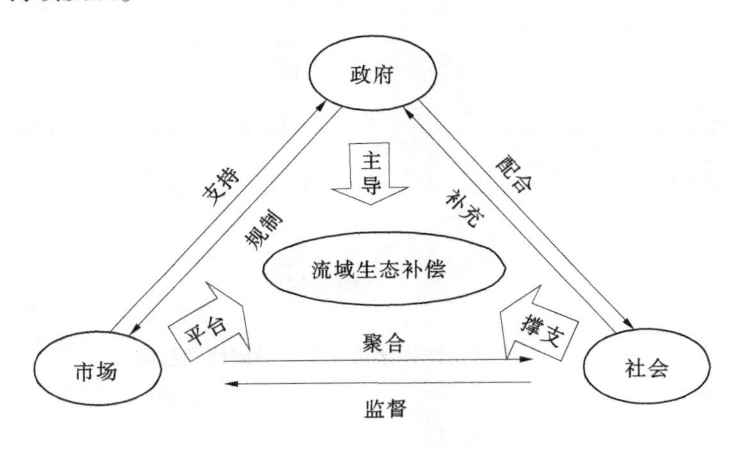

图 12-3　多种类多渠道的流域生态补偿机制

12.3　转移支付补偿机制

横向转移支付是同级政府之间进行的资金转移,由经济发展相对发达地区的政府向经济欠发达地区的政府进行的资金援助。

12.3.1　横向协同机制

大清河流域(唐河)生态补偿横向协同是以流域生态补偿协调机构为平台,流域不同行政区域内政府、市场主体和社会公众组织三元补偿主体代表,围绕着生态环境问题,在问题呈现、权利赋予、动员、异议的具体运作过程中,通过对话、协商、谈判、妥协等集体性选择和行为,进行流域生态补偿目标、补偿标准与分摊量、补偿方式的协同会商,从而达成补偿支付的先定约束(法律的、规制的、协商的),实现多元主体共同进行补偿、促进流域生态环境可持续发展的目的。大清河流域(唐河)横向协同机制需保持多元主体相对独立和平等,政府作为多元化生态补偿的倡导者、秩序的建立者和实施的监督者,应向市场和社会输入“权利”,赋予市场主体自然资源使用权、特许经营权、环境交易权和收益权等,赋予社会公众组织参与、监督、评价与反馈的权利,使他们在生态补偿中拥有合法合理的地位,进而广泛参与。通过三元主体内部和相互间主体协同,以及“主体集聚—集体协商—先定约束—协同行动”的过程协同,最终形成大清河流域(唐河)多元主体横向协同(见图 12-4)。

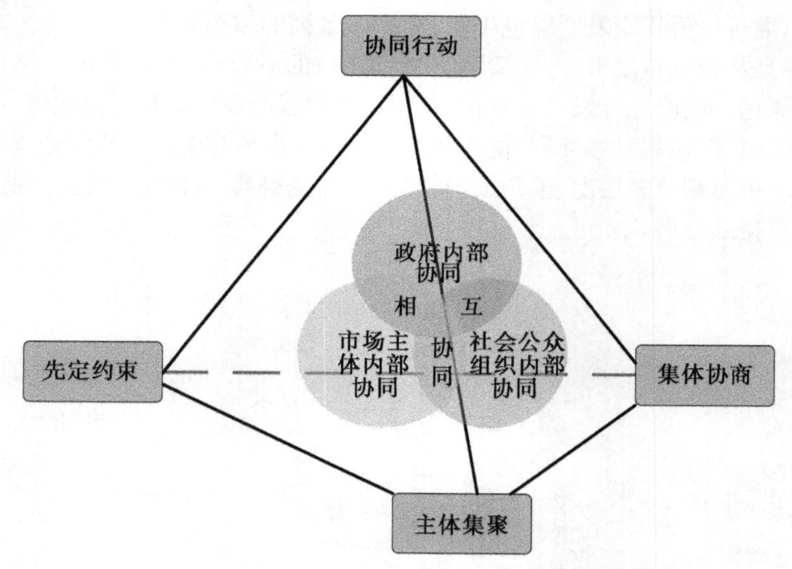

图 12-4　流域生态补偿多元主体横向协同机制

12.3.2　财政转移支付机制

流域生态补偿具有明显的外部性特征,将政府财政统筹作为补偿资金的主要来源将极大保障生态补偿机制的顺利推行。根据大清河流域(唐河)的行政权属和经济发展水平,大清河流域(唐河)的财政转移支付应包括河北省政府、山西省政府和保定市政府、大同市政府实施的专项转移支付,以及以上各级政府提供的横向转移支付。在地方政府财力不足的情况下,可通过申请中央财政转移支付的方式来进行弥补。大清河流域(唐河)的治理和保护受到中央领导的高度重视,面对大清河流域(唐河)现有财政转移支付力度不足和效果不佳的问题,应在继续申请各级政府财政转移支付的同时,按照当地生态建设的重要性和紧迫性合理安排已有财政转移支付经费,以补偿带发展,转被动为主动,实现财政转移支付经费的高效使用。

12.3.3　横向转移支付程序

正当的程序可以有效地确保大清河流域(唐河)生态补偿横向转移支付过程中资金分配的公开透明、公平合理,资金有效使用。针对目前我国流域生态补偿横向转移支付程序存在的问题,提出在对资金申请程序、决策程序、划拨程序、责任追究程序等方面进行规范,使横向转移支付充分发挥作用。

12.3.3.1　申请程序

从申请主体上来看,财政转移支付程序的开端就是资金申请,地方政府是大清河流域(唐河)保护的主要责任主体,是独立的利益诉求主体。生态补偿协议上下游补偿主体是省级政府,而县级政府作为大清河流域(唐河)治理的主要实施主体,在转移支付财政资金的申请中双方都拥有资金申请的权利,多样化的申请主体也造成了申请秩序的混乱与不规范,如果让县级政府申请财政资金,在接受资金后可直接用于项目。但让省级政府申请财政资金,能更好地节省人力物力,并能在资料审核上把关,提高申请的质量,省级政府将收到的资金直接划拨给县级政府用于流域治理,省级政府可作为监督主体,提高资金的使用效率,若出现违约情况,实行政府领导负责制,并让省级政府承担连带责任。这样既提高了省级政府的参与度,也节省了中央的监督精力。因此,大清河流域(唐河)生态补偿横向转移支付资金的申请让地方政府作为申请主体更有效。另外,从申请方式上来看,申请机关可以采取直接送达的方式,也可以采取电子邮件送达的方式。大清河流域(唐河)县级政府申请机关在填写资料时,应严格按照格式如实填写,并将申请材料递交给省级政府部门,由省级政府部门进行初步审核,检查资料是否齐全、格式是否正确,如资料有误,可反馈进行补充或修改。

12.3.3.2　决策程序

一方面,在资金审批决策阶段,要注重程序的公开透明。建立大清河流域(唐河)财政转移支付委员会,委员会由当地财政部门和生态环境部门等的相关责任人组成,共同为流域发展进行财政资金转移的重大情况进行探讨。委员会根据申请政府提交的计划书进行审核,检查是否符合流域的生态治理,对其相关资金转移进行协商决策,并对于地方政府提交的材料,及时做好收集与归纳,做好登记备案。关于财政资金的申请批准,由委员会统一进行讨论,根据少数服从多数的原则得出结果。决策形成后要以书面形式通知申请政府,并将书面通知书向社会公开,在合理期限内申请部门可以进行复核。另一方面,应增加决策异议程序,如申请机关的申请资金未被批准或部分批准,应用书面的方式告知其决策的事实和理由。在合理的期限内,申请机关可以向决策机关提出异议或复议复核,必要时可以邀请双方到场进行陈述,保障复核结果的公正、公开、透明。

12.3.3.3　拨付程序

大清河流域(唐河)生态补偿过程中上下游政府之间的财政资金划拨对流域治理起着至关重要的作用,资金到位且有效使用直接影响着治理效率。在省级横向转移支付委员会下,根据不同层级划分各个级别的委员会。上级对下级具有指导监督作用,负责补偿资金的管理和拨付,省级政府将资金划入政府间转移支付委员会,委员会对资金进行核实,核实后将资金直接拨付到下级委员会,由委员会直接划拨相应的申请部门,并做好通知工作。减少中间划拨环节,不受其相关政府和社会团体的制约,加快转移支付资金划拨进程。为了有效使用补偿资金,建议利用第三方组织对生态效益进行评估,并对资金的使用情况做相应的报告,作为政府考核工作的一部分。

12.3.3.4　责任追究程序

在大清河流域(唐河)生态补偿财政转移支付的整个程序有可能会出现不法行为,其中审计部门应负担起审计监督的责任,检查资金转移支付过程中的申请、划拨、使用等情况,并建立一套严格规范的责任追究机制,预防在财政转移支付程序中的违法行为,对横向财政资金转移过程中除特殊情况外出现的未按时进行资金划拨、资金分配不到位等情况,按照谁主管谁负责的原则,对有关领导进行责任追究,有关领导对财政资金管理监督负主要责任,其他资金管理部门应依法充分地配合相关检查。对挪用、滥用资金的行为造成重大影响的,根据具体情况相应地减少或取消下年的资金拨付,对于政府部门而言,可限制或暂停其财政转移支付项目资金的申请,待后期查清事实后,再决定是否继续发放补偿资金。对个人而言,根据国家法律法规进行相关处罚。

第 13 章　大清河流域(唐河)生态补偿保障机制分析

13.1　建立跨界流域生态补偿的协商机制

我国跨省河流众多,全部由国家负担,国家的财力和精力都不足,主要以跨界政府间协商补偿为主。在大清河流域(唐河)跨界协商补偿中,流域内省(市)级政府之间能否进行有效的沟通与协商直接影响着生态补偿的顺利开展,对此,政府主要扮演"中间人"的角色,通过进一步扩大流域管理机构的职能,完善上下游信息共享机制,建立高效的流域生态补偿协商平台,加强流域内行政区际间的交流与合作,引导上下游省份通过协商、合作,确定补偿的标准和方式,达成补偿协议。同时注重发展市场补偿和民间机构的作用、民间的捐款等,特别是水权交易和水权分配。

13.1.1　建立跨界流域管理委员会

大清河流域(唐河)生态补偿涉及省际之间利益的协调,需突破行政区域的限制,应以有效的地方合作为基础,地方政府之间合作程度如何与是否建立完善生态补偿机制直接相关。流域是一个不可分割的完整生态系统,从流域的整体性出发,以流域为基本单位对流域实行统一管理是各国流域进行管理的成功经验。基于目前大清河流域(唐河)的管理现状,本书认为建立高效、权威、科学的流域管理机构是跨界协商补偿得以实现的组织保障,具体来讲,应从以下几个方面着手,以保证流域管理的权威性:第一,由流域内县(市)级的生态环境、发改、水利、自然资源、财政、农业农村、林业和草原等部门联合组成流域管理委员会。第二,赋予流域管理委员会更多职能。职能健全的流域管理委员会应该能够突破行政区域限制,统筹流域内水、土、气、森林、草原、矿产资源等各个环境资源要素,全面、系统、实际分析流域问题、提出建议。第三,明确流域管理委员会与区域管理的关系,即明确流域管理委员会同其他具有流域管理权力部门的关系。只有明确界定流域管理委员会与其他部门的关系,才能使流域管理委员会对流域进行统一规划与科学管理,才能协调好地方与国家、地方与地方之间的关系,使大清河流域(唐河)内的各地区和各部门互相配合,形成良好的流域管理态势。在大清河流域(唐河)跨界生态补偿中,高效的流域管理委员会代表着地方政府,站在流域全局的角度,对整个流域实行一体化的管理,是构建跨界流域生态补偿协商平台的基础,也实行跨界协商补偿的组织保障。

13.1.2　构建跨界流域生态补偿协商平台

上一级政府作为流域这一"公共物品"的中间人,负责协调流域上下游之间的利益关系,构建上下游政府流域生态补偿协商平台。建议在大清河流域(唐河)管理委员会中增设流域生态补偿管理机构,从而搭建跨界流域生态补偿协商平台(见图 13-1)。流域生态补偿机构充当的是“中间人”的角色,职责是协商、监督和管理流域生态补偿工作。省际间政府的关系,应该以公平竞争、协同合作、互通有无、互相支援、共同发展为主要内容,而且要以自觉自愿为原则。具体来讲,流域生态补偿管理机构应该下设两个小组:协商小组、监督小组。协商小组的主要职能是通过召开联席会议等方式,协调利益相关者之间的矛盾,促成协商双方达成共识。在联席会议上,上下游省份基于平等协商、互利共赢的原则,可以就流域生态补偿的各个问题进行谈判,比如补偿的主体、补偿的标准、补偿的数额、补偿的方式等问题进行深入的探讨协商,流域上下游政府可以就以上内容进行反复的博弈,最终达成一致内容,签订补偿协议。如果经过多次协商,仍然不能达成一致,可以报请上级流域生态补偿机构进行仲裁。一般来讲,通过上下游反复协商的结果应该是最理想的,最能表达上下游政府的意愿,最能实现流域的共建共享。当然,达成的补偿协议并不是永久性的,由于经济发展水平、环境保护意识等各个方面的客观限制,它不可能满足不同时期、各个区域的发展要求,所以它应该是动态的,应该根据各个区域对水资源需求的变化,不断完善补偿协议,从而真正达到流域保护的共建共享。监督小组的主要职能是监督流域生态补偿协议履行的具体情况,流域生态补偿协议签订后,协议内容是否得到切实履行,关系着补偿能否发挥作用,甚至是整个流域生态环境能否得到有效保护,因此监督小组必须就补偿资金是否到位、补偿协议的具体内容是否有效实施等方面进行监督,如果签订协议的省份不履行协议,应该通过国家财政强制划拨等方式强制履行,当然这还需要国家法律进一步完善对政府间达成的行政协议的规定。

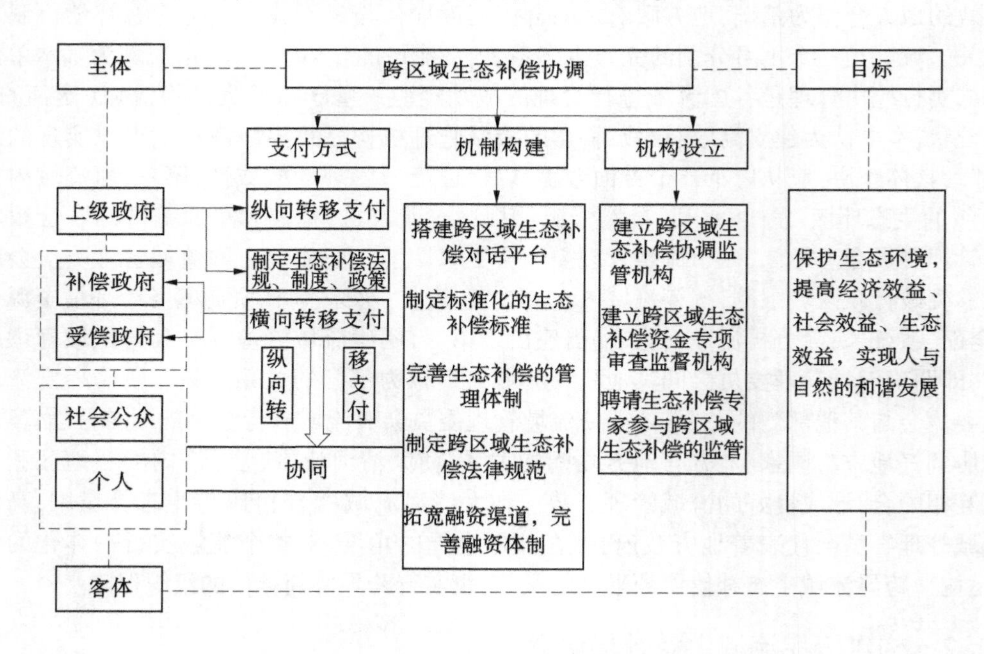

图 13-1　跨界流域生态补偿协商机制

13.1.3　逐步开展省际间水权交易

各省之间水资源分布不均衡、经济发展水平存在差距,仅仅靠跨界协商补偿的方式不能完全满足上下游省份对水资源使用的需求,补偿资金也不足以有效地保护整个流域环境,因此应该建立市场化的补偿模式,使补偿方式多元化,水权交易是水资源市场化管理的创新,有利于实现水资源优化配置,国内的水权交易已经有一些成功的实践,比如东阳—义乌水权交易、甘肃张掖水票交易,但是省际间的水权交易开展得还比较少。跨省流域的水源地一般在上游省份的客观现实对水权交易的需求显得十分迫切,因此应该逐步开展大清河流域(唐河)省际间水权交易。开展水权交易的前提是明确水资源的产权。《国务院关于实行最严格水资源管理制度的意见》明确指出,鼓励开展水权交易,将会加快江河流域水量的分配,建立健全水权制度,积极培育水市场,运用市场机制合理配置水资源。本书建议,在大清河流域(唐河)以搭建的协商平台为基础,通过谈判、协商,加强其在水权分配、交易中的作用,在公平合理的基础上,逐步分配水权,构建水权交易市场(见图 13-2)。同时,对于已经明晰的水资源产权,应该尽快制定相应的法律制度进行保护,建立高效率的水权管理机构或者交易所,为水权交易提供有效的平台。

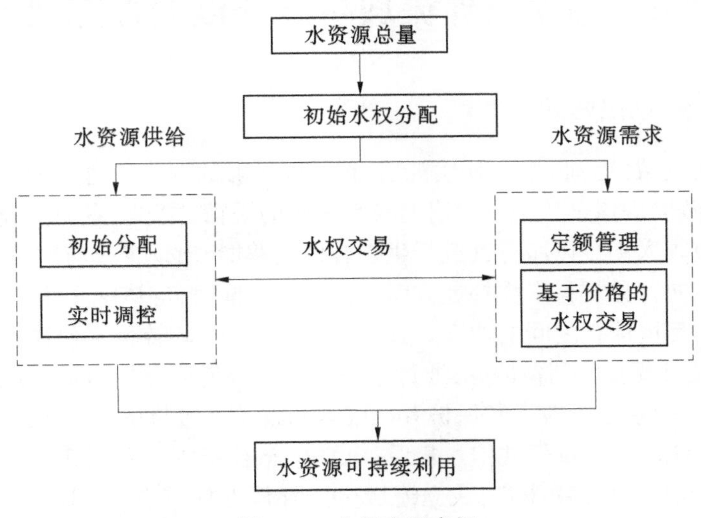

图 13-2　水权交易市场

13.1.4　建立绿色政绩考核机制

跨界流域生态补偿机制难以建立的最根本原因在于地方政府的“自利性”所导致的地方保护主义,要使地方政府积极配合跨界流域生态补偿的顺利开展,特别是省际间协商补偿,就必须充分调动地方政府参与协商补偿的积极性,克服地方保护主义,避免地方政府为了追求自身经济的短期发展,而逃避自身应该承担的保护流域责任,针对这个问题,最有效的方式就是中央政府改变对地方政府唯 GDP 的绩效考核方式。绿色 GDP 的绩效考核机制能够激励地方政府积极参与大清河流域(唐河)生态环境的保护之中,更加注重流域环境保护,特别是能使下游政府在省际间补偿中表现出更多的积极作为,因为下游地区要达到考核要求的水质水量标准,相比向上游政府补偿,达成补偿协议,直接改善水环境质量可能要付出更多的保护成本,这将有利于承认并认可上游地区保护流域环境的积极贡献,从而对上游地区做出补偿。建立大清河流域(唐河)绿色政绩考核机制,应该从以下两方面着手:一是改变单纯以 GDP 和增速作为绩效考核的方式,在绩效考核中引进生态指标,建立绿色 GDP 考核指标体系。考核内容应该增加绿色产业、绿色投入、节能减排、生态保护、污染治理,环境治理成果、经济结果转变等,针对水环境质量考核应该制定的相关细则,规定各省(市)内流域水质水量所要达到的要求。二是按照国家主体功能区的规划,针对不同的行政区域,应该采用不同的绿色 GDP 考核指标。按照环境承载能力的不同,大清河流域(唐河)分为优先开发区、重点开发区、限制开发区和禁止开发区四类,针对不同的开发区应该实行不同的考核指标。对大清河流域(唐河)进行整体产业规划,在禁止开发区和限制开发区应该提高政绩考核指标中生态指标的比例,更多以当地政府的生态环境保护成效、绿色产业、节能产业发展为考核依据,这样可以避免各地之间为了 GDP 的增长速度而恶性竞争,对流域生态环境实行消极保护,转而各个区域依据自身区域特征,发展各自优势产业,实现流域内上下游共同保护、互利共赢的发展局面。

13.2　建立跨界流域生态补偿的保障机制

13.2.1　建立财政保障机制

建立大清河流域(唐河)生态补偿机制,必须以足够的财力和健全的财政制度作为保障。首先,中央政府应该确保地方政府财权与事权的平衡。按照现行的分税制财政体制,当地方政府财政收入不足以履行其进行生态补偿的职能,出现事权与财权不匹配时,中央政府应该通过纵向转移支付来弥补地方财力的不足。同时,应该逐步增加地方政府财力,减少经济发展与环境保护之间的冲突。其次,建立横向财政转移支付制度。大清河流域(唐河)上下游经过反复的利益博弈,通过经济发达的环境受益地区向贫困的保护地区横向财政转移支付,使生态受益者和保护者在成本和收益分摊与享受上达到公平,实现流域资源利益共享和流域保护责任共担。最后,建立生态补偿资金专门账户。设立大清河流域(唐河)生态补偿资金专项账户,成立流域生态补偿专项基金,将中央政府转移支付的生态补偿资金、省级财政支付的生态补偿资金等专项资金列入设立的生态补偿基金账户,实行专款专用。资金的使用应该在流域生态补偿机构的监督下,由流域上下游政府共同协商,形成生态补偿专项资金的预算。预算可以分为两部分:一部分资金,直接划入上游政府,由上游政府对本行政区内为保护流域生态环境做出贡献者和发展受到限制的地区、企业、个人直接进行补偿;还有一部分资金,直接通过基金会或专项资金,形成流域生态治理和流域生态环境保护项目。

13.2.2　建立公众参与机制

建立公众参与机制,对保障大清河流域(唐河)生态补偿机制的顺利进行有着重要的意义。建立跨界流域生态补偿机制需要广泛的群众基础,需要公众的广泛参与。一方面,引入公众参与,特别是在省际间协商补偿,省级政府在进行协商时,代表的是民意,比如,在补偿数额的确定上可以广泛收集、调查流域内居民企业的支付意愿;在协商具体的补偿方式时,也应该广泛听取流域内企业、居民的意见及建议,不论是资金补偿还是产业政策的补偿,最终都将落实到流域内居民或企业中。另一方面,引入公众参与可以提高流域管理的民主性、科学性,政府虽然是流域管理的公共代表,但是具体的利益主体是流域内的居民、企业,他们对流域的管理与决策有着充分的发言权、表决权。建立公众参与流域生态补偿的保障机制应该包括实体和程序两方面。在实体方面,在流域管理中建立政府宏观调控、流域民主协商、准市场运作和用水户参与管理的运行模式,促使相关政府部门在进行流域管理的过程中,采取民主与协商的形式,与相关利益主体进行合作式的管理,切实保障公众的监督权和参与权。在程序方面,应该保障公众的知情权、异议权、申诉权。流域管理委员会应当通过广播、电视、报刊和网络等媒介将相关法规政策、流域规划、污染状况及时向社会公布。同时,建立听证制度、公众参与协商制度,进一步拓宽公众参与的范围和途径。

13.2.3 建立宣传教育机制

大清河流域(唐河)生态补偿的顺利推进与长远发展需要全社会的广泛参与和积极支持,而宣传教育是增进影响力、提升关注度和获取支持力的重要途径。因此,宣传教育机制同样是大清河流域(唐河)生态补偿机制的重要组成部分。大清河流域(唐河)生态补偿宣传教育机制的构建应该分别从宣传和教育两个方面入手:①通过各种手段与方式积极宣传流域生态补偿的目的、意义、重要性与效果;②充分利用各类教育资源积极开展生态补偿和环境保护的相关教育,尽可能提高社会成员对流域生态补偿的认识。

首先是加强创新、深入宣传。宣传是推广生态补偿理念、提升全社会环保意识的重要途径。在构建宣传教育机制、加强宣传过程中,应当将工作重点放在宣传创新上,具体表现在两个方面:宣传理念的创新和宣传方式的创新。

宣传理念的创新就是把保护大清河流域(唐河)水资源、水环境、水安全,推进流域生态补偿作为一种文化思想来进行宣传,而不能把流域生态补偿仅仅当成是一种环保政策来进行宣传,应进一步提升其思想高度与社会价值。因为流域生态补偿是促进水资源可持续发展的具体举措,而环保在某种程度上来说是一种思想意识,只有社会成员具有主动参与环保的意识,才会积极关注国家的环保动态和政策,才会在日常生活中积极主动的配合和投入环境保护与流域生态补偿。

宣传方式的创新也体现在两个方面:一方面是指在进行流域生态补偿宣传的具体过程中除采用以往的网站、电视、广播、报刊、杂志等常规宣传手段外,还应该更多地通过移动互联网方式来进行宣传,灵活应用微博、微信公众号、手机APP广告等各类新的宣传渠道,广泛、密集地进行流域生态补偿的宣传与普及。另一方面是指除采用让公众被动接收宣传内容的方式来进行宣传外,还要通过邀请公众参与流域生态补偿机制构建的方法来进行主动宣传。这种宣传方式就是邀请公众参与流域生态补偿主客体界定、补偿标准核算与讨论、补偿方式选择与应用等流域生态补偿实施过程的各个关键环节,让公众通过切身体验来认识流域生态补偿的重要性,以此达到宣传的效果与目的,是一种通过公众体验来宣传的主动性宣传方式。通过以上方法与举措来进行大清河流域(唐河)生态补偿广泛而深入的宣传,尽可能地扩大流域生态补偿的影响力与关注度,让全体社会成员都意识到大清河流域(唐河)生态补偿的重要性与重要意义,在日常工作生活中主动积极地配合国家相关政策的实施与开展。

其次是依靠教育,不断传承。大清河流域(唐河)生态补偿与环境保护不是一代人、一部分人的工作与任务,而是全社会每一代全体成员共同的责任与义务。为了环境保护与流域生态补偿工作的继承与发展,除加强创新、不断宣传外,还要充分发挥教育的传承与指导作用。

在大清河流域(唐河)生态补偿中,教育的作用主要体现在:一是教育可以建立社会成员参与环保、支持流域生态补偿的社会责任感。这份责任感能够激励社会成员自觉采用具有环保效应的生产生活方式,并积极拥护国家的环保政策,愿意为了整个生态环境的长远发展而放弃部分短期利益。二是教育可以提升公民的环保能力。无论是流域生态补偿还是其他类型的环境保护工程,都需要大量受过专业训练和教育的专门人才投身其中才能正常运行并发挥作用。教育可以使公民有理解环保工程的基础知识,可以使公民有参与环保事业的专业能力,还可以使公民有从事环保工作的专业素养,从而构建并培养全社会公民的环保能力,促进越来越多的人支持并投入大清河流域(唐河)生态补偿及其他各类环保工程。

13.3 建立跨界流域生态补偿的激励机制

流域作为一个复杂的生态系统,需要上下游政府之间的联动合作进行治理,而流域是一个典型公共产品,上下游之间对经济发展和流域生态保护面临艰难的抉择,在成本付出与收益上难以达到平衡。由于流域治理的长期性,而补偿协议的期限短暂,流域治理无法达成一个长效可持续的发展机制,因此为了大清河流域(唐河)的长效发展,促进流域上下游政府之间对流域治理的积极性,迫切需要建立激励机制。

13.3.1 制定激励制度

为了确保大清河流域(唐河)上下游政府对流域治理的积极性,根据重点生态保护区的实际情况,使政府可颁布流域生态补偿激励暂行办法,建立健全的“责任+激励”机制,使大清河流域(唐河)的生态保护与奖惩利益相挂钩。充分发挥财政资金的激励作用,在流域的资金、生态工程、政策等方面有突出成绩的单位和个人进行表扬和奖励,调动大清河流域(唐河)上下游政府对流域治理的积极性。

13.3.2 扩大资金激励的范围

设立大清河流域(唐河)生态补偿专项资金,将补偿资金不仅仅用于流域生态修复的治理,通过财政拨款、财政补贴的方式对重点生态项目等进行补偿,促进流域生态项目的开发。利用财政资金和市场相结合的方式,在大清河流域(唐河)内上下游合作开发生态项目,综合利用可循环的资源,激励上下游政府、企业、个人等积极主动使资源进行有效配置,促进两地区的协调共享发展,实现绿水青山就是金山银山的愿景,促使上下游不仅实现流域生态保护的重任,同时实现经济社会协调发展。

13.3.3　实行领导任期目标责任激励

对任期内的领导干部进行环境绩效评价制度,制定和规划大清河流域(唐河)治理实施工作,确定政府领导干部在任期内的流域环境治理目标,年终进行考核,激励政府领导责任人对流域的治理。使大清河流域(唐河)上下游政府都能够积极主动签订生态补偿协议,协商确立合理的标准对水质设置短期、长期目标,采用资金扶持的奖励方式激励上游政府对流域的治理,使下游获得优质的水资源,上游获得持续的资金支撑,强化上下游政府治理的积极性。

13.4　建立跨界流域生态补偿的监管评估机制

流域生态补偿应是多元主体相互协作、协同补偿,为使法律规定的、政府规制的、协商达成的先定约束生效,需优化多元主体协同补偿监管评估体系,以实现各方持续的协同行动。

13.4.1　建立健全监督机制

多元化生态补偿顺利开展的关键是要确保政府、市场及社会公众组织保持密切配合、功能耦合和运转协调,要充分利用政府内部行政监督、立法和司法监督、舆论和公众监督,构建全方位多层次的监督体系和问责机制,实现政府、市场和社会补偿协同运作。

(1)在大清河流域(唐河)生态补偿管理协调机构要设立专门的监督机构,对政府各部门的生态补偿责任落实情况进行督查,对生态补偿资金筹集、管理使用情况进行监管,对生态补偿方式执行情况进行检查;对市场主体的生态补偿责任进行规制,督促其落实受益者补偿责任;对社会公众组织参与生态补偿情况进行监督,对其组织发动社会公众捐助行为进行规范,防止补偿中投机行为的发生。

(2)结合河长制的实施,引入大清河流域(唐河)各级人大和政协的监督,增强生态补偿过程中决策的科学化和民主化。要加强立法和司法监督,对法律法规规定的各方生态补偿责任和义务进行督促落实,提高监察人员和执法人员的生态补偿法规监督意识,强化对生态补偿诉讼活动监督,同时为更好地监督生态补偿资金运行,可成立专门的生态补偿资金司法监管委员会。

(3)发挥媒体舆论监督作用,鼓励媒体对大清河流域(唐河)生态补偿实施过程进行跟踪报道,明察暗访补偿政策执行部门,对生态补偿信息进行适当公开,对生态补偿相关知识进行适度宣传。强化公众监督,引导组织更多的环保非政府组织、社会团体、社区组织、民间河长对生态补偿实施过程进行监督,建立大清河流域(唐河)生态补偿信息发布平台,提供公众监督渠道,营造良好的协同补偿社会环境。

13.4.2 建立实施效果评估机制

协调多元主体协同补偿是长期的系统工程,需要建立实施效果评估机制,通过反复的评估、反馈、修正,推动多元化生态补偿的动态完善。

(1)在大清河流域(唐河)生态补偿管理协调机构下,设立生态补偿认定机构,通过第三方对流域生态服务外溢的生态效益、经济效益和社会效益进行评估,明确各行政区域政府、市场主体和社会公众组织的生态权利和责任;对特定的生态补偿项目进行投资预算、效益评估,确定政府、市场主体和社会公众组织的资金占比,并进行合理的利益分配。

(2)建立多元参与、补偿主客体双向对等的监测评估体系,一方面要对补偿客体提供的大清河流域(唐河)生态服务质量进行监测评估;另一方面对补偿主体各种补偿方式实施进程进行监测评估,及时公布评估结果,体现各方利益诉求。

(3)完善技术支撑体系,科学合理布局大清河流域(唐河)水质、水量、水生态监测点,推动监测的精确化、信息化、自动化,健全重点防控点位和自动监测网络,通过环保监测制度、环境影响评价制度等对流域进行持续的跟踪式评估。

13.4.3 建立绩效考核评估体系

协调多元主体协同补偿需要建立绩效考核评估体系,以激励多元补偿主体持续共同参与。

(1)完善政府流域生态补偿绩效考核评估体系。将大清河流域(唐河)生态补偿实施效果评估和生态环境监测评估结果纳入地方政府的绩效考核之中,按县域进行补偿资金的奖扣。结合河长制的实施,在各级地方政府的政绩考核中,完善生态补偿相关指标体系及权重赋予,对实施不力的相关单位和个人进行责任追究。通过系统的资金绩效考核与生态效益评估,确定生态补偿资金的利用效率,并根据评估结果进行适当奖补,以激励地方政府的持续投入。

(2)建立市场主体流域生态补偿考核评价体系。对大清河流域(唐河)生态补偿中作为投资者的市场主体,对资金使用绩效进行评估,允许其获得一定经济利润,对表现积极的作为受益者补偿的市场主体,实行税收减免或罚款政策。

(3)建立社会公众组织大清河流域(唐河)生态补偿奖励机制。对社会公众组织筹集资金来源进行统计并适当公布,对资金流向进行跟踪,及时公开反馈资金使用绩效,对表现突出的社会组织和公民个人进行奖励。

第 14 章　大清河流域(唐河)生态补偿绩效评价分析

流域生态补偿机制是一种促进流域水环境保护和水污染外部成本内部化的综合性经济政策手段,有利于完善跨区域水环境保护联动机制,推动流域上下游协同共治。本书通过对大清河流域(唐河)水资源的融合、利用开发以及水环境治理,结合实施的流域生态工程和流域协同管理,把大清河流域(唐河)建设成为具有明显的生态良性循环、资源利用合理、生态经济发达、景观环境优美、人民宜居宜乐的生态经济发展流域,实现良好的社会效益和经济效益。

14.1　评价指标构建的原则

14.1.1　全面性原则

大清河流域(唐河)作为山西省的一条重要河流,为京津晋冀的社会经济可持续发展做出了突出贡献,不仅需要承担流域生态保护工作,还要充分考虑到产业发展对水环境的影响状况,因此在构建大清河流域(唐河)生态补偿绩效评价指标体系时,首先是将整个流域的生态补偿资金应用于水质提升、生态环境综合治理等方面,还要充分考虑到生态补偿资金在产业结构调控中的重要作用。因此,在构建大清河流域(唐河)生态补偿绩效评价指标体系时,应当顾及全面性,尽可能考虑周全,使评价指标更精确可靠。

14.1.2　系统性原则

在构建大清河流域(唐河)生态补偿绩效评价指标体系时,涉及的指标比较杂乱,数量较多,为了避免产生影响因素的重叠现象,需要遵循系统性原则,尽量避免用大量指标反映生态补偿效益,导致评估体系太过冗杂,同时又要避免单因素选择,应当充分考量,使整个评估体系达到最优。指标的选取须遵循科学,由总到分依次分解,使每个指标既相互联系又相互制约,构成树形结构的评估体系,进而使指标体系满足系统优化需求。因此,在构建大清河流域(唐河)生态补偿绩效评价指标体系时,应当遵循系统性原则,避免指标分散,缺乏科学性与适应性。

14.1.3　导向性原则

大清河流域(唐河)生态补偿绩效评价指标体系能够客观地反映生态补偿机制对该流域上游地区的推动作用,洞悉补偿资金的使用问题,使流域生态补偿机制逐步完善,合理分配补偿资金,发挥最大效益。因此,在构建大清河流域(唐河)生态补偿绩效评价指标体系时,应当遵循导向性原则,彰显该体系的特点,健全流域生态补偿绩效评价机制,解决流域生态问题,体现评价机制的全面性。

14.1.4 科学性原则

理论是前提,将理论与实际相结合,既保证评估体系在逻辑上的严谨性,又能抓住评价对象本质,极富针对性。因此,在构建大清河流域(唐河)生态补偿绩效评价指标体系时,不能盲目从众,应当博览科学理论,充分应用理论,结合大清河流域(唐河)生态补偿的实际情况,在提炼生态补偿绩效评价指标体系上,注重各指标之间的逻辑性,针对性、科学性地反映出生态补偿作用。

14.1.5 可操作性原则

评估体系的侧重点应在实用性与可操作性上,既要保证结果的客观性、全面性,又要使指标体系精简化,使计算方法简单可行,易于理解。所需数据应易于获取,且真实可靠,尽量选用统计资料、规范标准等。绩效测评的整体操作应保持严谨,确保数据准确无误。因此,大清河流域(唐河)生态补偿绩效评价指标体系需要遵循可操作性原则,不能凭个人的主观判断而构建,秉承精细化管理的设计理念,按照规范标准实施。

14.2 评价指标构建的目标

大清河流域(唐河)生态补偿将整个流域内部恢复与保持生态环境视为预期目标,通过合理配置流域内部水资源,为大清河流域(唐河)的经济社会协调发展,为流域绿色健康发展提供生态保障。

第一,重视生态建设环境保护,实现流域可持续发展。大清河流经山西、河北和北京,创新思路、机制及措施,将“生态富民”理念贯穿在全流域的经济、社会发展中。流域内各级政府理当积极开展本辖区的生态环境评估工作,并划出生态功能保护区,将水环境保护纳入环保规划中,注重流域内部水体综合治理与生态补偿工作,加快推动生态文明建设,打造出人与自然和谐共处的生态格局。

第二,发展水权交易模式。合理配置水资源,提高利用率,更为重要的一点是可以使流域生态、经济得到大幅提升。水量分配方式多种多样,以跨流域、跨行业及流域内交易最为常见。无论是水量分配制度,还是取水许可制度,核心目的均为发挥水资源的最大效益。大清河流域(唐河)应将水质与水量摆在核心位置,通过利益相关者的交互磋商,达成环保协议,确定不同河段对水质的不同要求,并推行流域整体财政转移支付,以及上下游共同等多种支付手段。

14.3 评价指标体系的构建

科学的评估指标体系是有效进行机制绩效评估的前提和基础。流域生态补偿机制评估指标体系确定的根本目的是:通过指标体系对机制的实施效果进行科学的判断和分析,客观反映生态补偿机制实施的状况和作用大小。实施流域生态补偿除了能改善流域生态环境质量,还能够促进社会、经济发展、群众生活质量改善,实现环境保护和经济发展相协调。在进行补偿机制效果评价时,只重视生态环境质量改善、忽略政策带来的社会经济影响,或者仅关注经济改善程度而忽视流域生态环境的变化都是片面的,不能完整体现出补偿机制的效果。因此,所选取的评价指标需要涵盖环境、经济、社会等方面。

在借鉴国内外机制效果评价的相关研究成果及咨询生态、流域管理、机制效果评估等领域的专家意见,并结合我国流域生态补偿机制的具体实施状况,采用阶梯层次结构设计机制评价指标体系,按照指标体系构建的五大原则构建大清河流域(唐河)生态补偿机制评估指标体系。各评价因素按照层次模型进行分层,选取关键性的指标构建多层次、多方面的机制评估指标体系,最终构建的评估指标体系包括 1 个目标、3 个准则、9 个指标和 26 个二级指标(见图 14-1)。

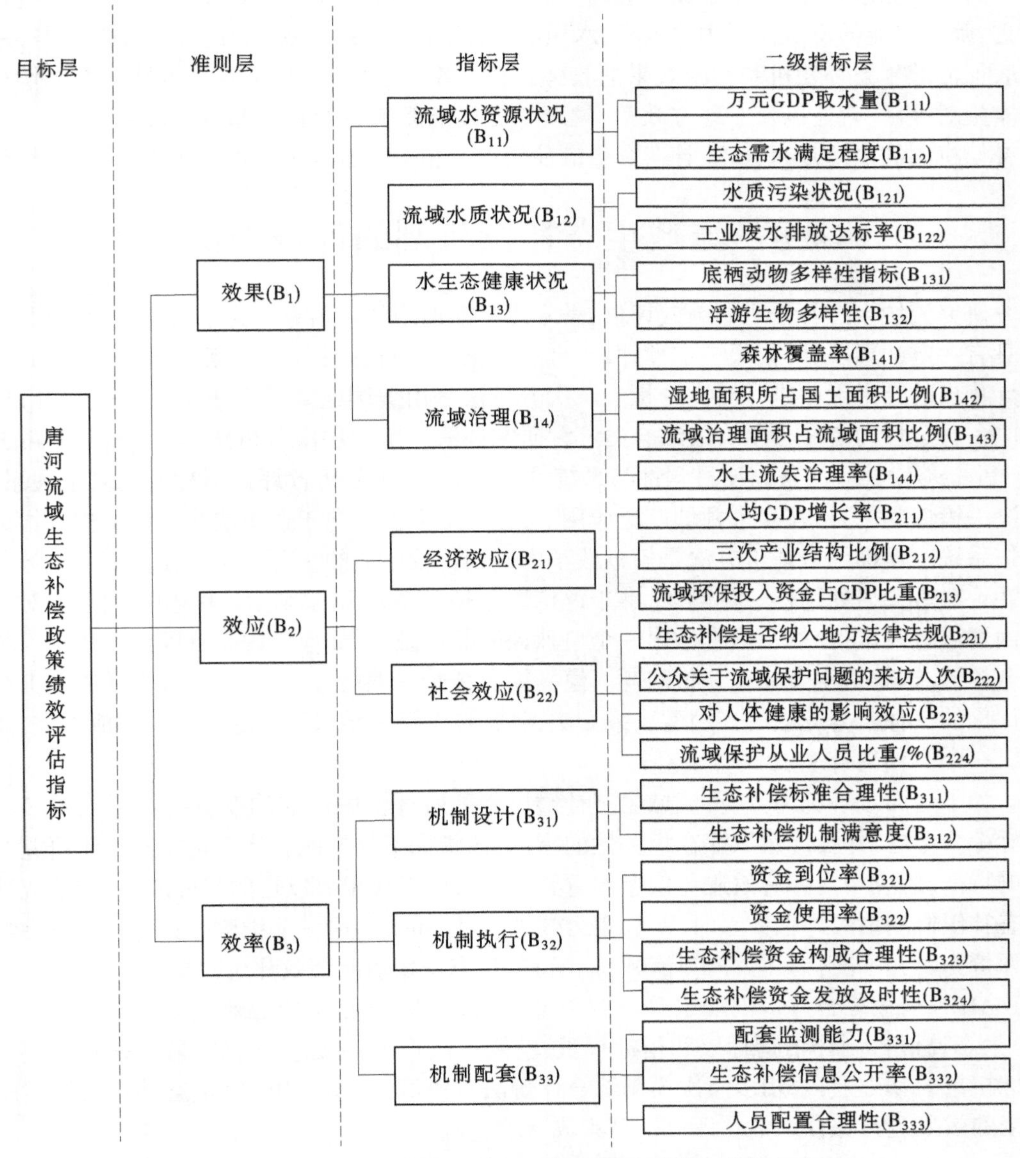

图 14-1　大清河流域(唐河)生态补偿机制绩效评估指标体系

准则层指标要能够从不同的侧面反映流域生态补偿机制实施作用效果的方面和作用的程度大小,所选择的流域生态补偿机制效果评估的三个准则分别是效果、效应和效率,即流域生态补偿机制的实施评价所设计的评价指标要能反映出机制实施的效果、机制实施带来的效应以及机制实施的效率。其中,效果指大清河流域(唐河)生态补偿机制实施所带来的直接效果,用流域水生态环境改善相关指标来表征;效应指流域生态补偿机制实施对流域内的经济和社会影响,用经济效应指标和社会效应指标来表征;效率指流域生态补偿机制执行的效率,主要系统考虑机制实施过程,从机制设计、机制执行和机制配套这3个方面来考虑对机制效率的影响程度。

具体指标选择方面,基于文献查阅、现有研究成果借鉴、专家咨询以及实地调研进行筛选,筛选出能够反映流域用水效率、水质状况、水生态系统状况以及流域治理状况等用来表征流域生态补偿机制实施效果的具体指标;效应指标方面,主要从流域生态补偿机制实施对经济、就业以及对地方政策、健康等方面的影响设置评估指标;效率方面,主要从补偿机制的设计是否合理、补偿资金的使用以及相关配套政策的设计等方面进行设置。

14.4 流域生态补偿机制的评价方法

研究流域生态补偿机制绩效评价,学术界目前通用的评估方法为单因子方法,但此方法具有一定的局限性,仅限于定性评价,且所依据的评价标准处于不断更新中,采取此法所计算出的结果无法进行对比分析。层次分析法是由美国运筹学家 T. L. Saaty(1971)提出的一种定性与定量分析有效结合的一种研究办法。鉴于层次分析法(Analytical Hierarchy Process,AHP)具备高度科学性与系统性,特别适用于分析各评价指标间的复杂关系,解决决策性问题,已在多个领域广泛应用。因此,本书更倾向于选用层次分析法构建指标评估系统。模糊综合评价方法是模糊数学中应用比较广泛的一种方法。在对某一事务进行评价时常会遇到这样一类问题,由于评价事务是由多方面的因素所决定的,因而要对每一因素进行评价;在每一因素做出一个单独评语的基础上,如何考虑所有因素而作出一个综合评语,这就是一个综合评价问题。模糊综合评价是对受多种因素影响的事物做出全面评价的一种十分有效的多因素决策方法,其特点是评价结果不是绝对地肯定或否定,而是以一个模糊集合来表示。

为了全面且系统地分析,流域生态补偿机制绩效评价中选取的变量指标应当对多项指标综合考虑,并择优选取存在相关性的指标,该指标不仅要能够从多角度反映所研究对象的特征,还应当能够有效避免信息的重叠。通过梳理学术界以往的研究成果,构建流域生态补偿机制绩效评估体系时,并暂划为效果、效应和效率这三个维度。以 AHP-模糊综合评价为研究手段,构建大清河流域(唐河)的生态补偿机制绩效评价模型。

AHP-模糊综合评价模型主要有两个部分,首先是运用 AHP 法确定大清河流域(唐河)生态补偿机制评估指标层和指标权重,主要方法是1~9标度法;然后在 AHP 法确定指标权重的基础上,采用多层次模糊综合评价法对大清河流域(唐河)生态补偿机制实施带来的效果进行综合评估。评价模型集成 AHP 与模糊综合评价法如下:

(1)构建层次分析结构模型(见图 14-2),并将各个指标按照目标层、准则层、指标层依次划分。

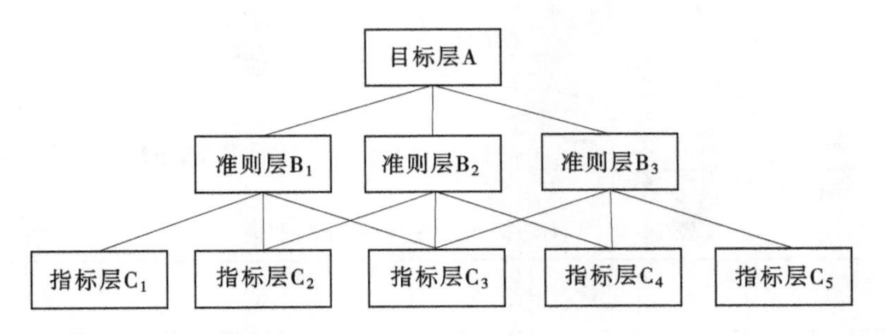

图 14-2　层次结构模型

(2)建立因素集和评语集。评价子集 U 是影响评价对象的各个因素所组成的集合,可表示为 $U=\{u_1,u_2,\cdots,u_n\}$,其中 $u_i(i=1,2,\cdots,n)$ 是评价因素,n 是同一层次上单个因素的个数;评语集合 $V=\{v_1,v_2,\cdots,v_n\}$,其中 $v_j(j=1,2,\cdots,n)$ 是评价等级标准,这一集合为评价的所有可能结果,即是对各项指标满意度设定的几种不同的评语等级。

(3)确定权重值和权向量。运用 AHP 法确定指标体系中各类指标和各级指标的权重,确定评价因素的权向量。本书的权重值通过解特征值问题即 $\boldsymbol{A}W=\boldsymbol{\lambda}_{\max}W$ 求出特征向量而得到,式中 $\boldsymbol{A}$ 为判断矩阵,$\boldsymbol{\lambda}_{\max}$ 为矩阵 $\boldsymbol{A}$ 的最大特征向量,W 为 $\boldsymbol{A}$ 对应于 $\boldsymbol{\lambda}_{\max}$ 的特征向量,W_i 为相应元素层次单排序的权重值。求特征向量常用的方法有和积法和方根法,本书采用和积法求判断矩阵的最大特征根和对应的特征向量。具体做法如下:

对判断矩阵 $\boldsymbol{A}$ 的元素按列进行归一化处理:

$$\overline{A_{ij}}=\frac{A_{ij}}{\sum_{i=1}^{n}A_{ij}}\qquad i,j=1,2,\cdots,n$$

$$\overline{A}=(\overline{A_{ij}})$$

对 $\overline{A}$ 进行和计算,得

$$\overline{W}=[\overline{W_1},\overline{W_2},\cdots,\overline{W_n}]^{\mathrm{T}}\qquad \overline{W_i}=\sum_{j=1}^{n}\overline{A_{ij}}$$

对 $\overline{W}$ 进行归一化处理,得:

$$W=[W_1,W_2,\cdots,W_n]^{\mathrm{T}}$$

$$W_i=\frac{\overline{W_i}}{\sum_{i=1}^{n}\overline{W_i}}$$

则评价因素的权向量集为

$$W=[W_1,W_2,\cdots,W_n]$$

$$\sum_{i=1}^{n}W_i=1$$

在解决问题的实际过程中,需要对判断矩阵进行一致性检验,以使其满足总体一致性。只

有通过检验,才能继续分析结果,这时的判断矩阵才是可取的。一致性检验的计算公式为

$$CR = \frac{CI}{RI}$$

其中,$CI = \frac{\lambda_{\max} - n}{n - 1}$,$\lambda_{\max} = \frac{1}{n}\sum_{i=1}^{n}\left[\frac{\sum_{j=1}^{n} a_{ij}w_j}{W_j}\right]$,平均随机一致性指标 RI 的取值见表 14-1。

表 14-1　平均随机一致性指标 *RI* 的取值

矩阵阶数	1	2	3	4	5	6	7	8	9
RI	0	0	0. 58	0. 90	1. 12	1. 24	1. 32	1. 41	1. 45

通常情况下,当 $CR<0.10$ 时,判断矩阵具有满意的一致性;否则应对判断矩阵做一定程度的修正。

(4)构建隶属度矩阵。构造了评价因素子集后,要一一对被评对象从每个因素上进行量化,即确定单因素被评对象对等级模糊子集的隶属度,得到模糊关系矩阵。首先需要建立单因素评价结果统计表,本书采用和积法对评估结果进行归一化处理,得到各个因素的判断矩阵,进行一级模糊综合评价,确定模糊关系矩阵 $\boldsymbol{R}$。具体步骤如下:

首先,构建隶属度子集 R_i,$R_i = (r_{i1}, r_{i2}, \cdots, r_{in})$(其中,$R_i$ 是评价因素中第 i 个指标对应于评价集合中每个评价标准 $v_1, v_2, \cdots, v_n$ 的隶属度)

$$r_{ij} = \frac{\text{第 } i \text{ 个指标中选择 } v_i \text{ 等级的人数}}{\text{参与评价的总人数}} \qquad (j = 1, 2, \cdots, n)$$

根据隶属度子集构建相应指标的模糊评价矩阵,并对模糊评价矩阵进行复核运算并进行归一化处理,得到上一级指标的隶属度判断值。按照同样的方法对其他指标进行同样的运算,得到最终模糊关系矩阵 $\boldsymbol{R}$:

$$\boldsymbol{A} = \begin{pmatrix} r_{11} & \cdots & r_{1n} \\ \vdots & & \vdots \\ r_{n1} & \cdots & r_{nn} \end{pmatrix}$$

(5)确定综合评价的模糊算子。在确定了模糊关系矩阵 R 和权向量 W 后,需要进行模糊综合评价,这就要确定综合评价的模糊算子。常见的模糊算子关系类型有四种(见表 14-2)。其中第四种模糊算子即加权平均型模糊算子最为常用,因为其兼顾到了各评价指标的权重,能够完整体现被评价对象的整体特征。通过比较分析,本书将采用这种模糊算子进行模糊综合评价,确定被评价对象的最终评价等级。

表 14-2　模糊综合评价的模糊算子

序号	模型	算子	计算公式	模糊矩阵利用程度	类型
1	$M(\wedge,\vee)$	$\wedge\vee$	$b_j=\bigcup_{i=1}^{n}(a_i\wedge r_{ij})$	不充分	主要因素决定
2	$M(\cdot,\vee)$	$\cdot\vee$	$b_j=\bigcup_{i=1}^{n}(a_i r_{ij})$	不充分	主要因素突出
3	$M(\wedge,\oplus)$	$\wedge\oplus$	$b_j=\sum_{j=1}^{n}(a_i\wedge r_{ij})$	比较充分	不平衡平均
4	$M(\cdot,\oplus)$	$\cdot\oplus$	$b_j=\sum_{j=1}^{n}(a_i r_{ij})$	充分	加权平均

(6)合成总目标评价向量。在以上分析的基础上,将权向量 $\boldsymbol{W}$ 和模糊关系矩阵 $\boldsymbol{R}$ 进行复合运算,得到总目标评价向量:

$$Z=W\bigcirc R=[W_1,W_2,\cdots,W_n]\bigcirc\begin{bmatrix}r_{11}&\cdots&r_{1n}\\ \vdots&&\vdots\\ r_{n1}&\cdots&r_{nn}\end{bmatrix}$$

对每个等级赋值,得到行向量 $U=\{u_1,u_2,\cdots,u_n\}$,综合得分 F 为

$$F=ZU$$

参考文献

[1] 王金南,刘桂环,张惠远,等. 流域生态补偿与污染赔偿机制研究[M]. 北京:中国环境出版社,2014.

[2] 郑海霞. 中国流域生态服务补偿机制与政策研究[M]. 北京:中国经济出版社,2010.

[3] 徐大伟. 跨区域流域生态补偿理论前沿问题研究[M]. 北京:高等教育出版社,2019.

[4] 鲁仕宝,郑志宏. 流域生态补偿标准核算方法及赔偿政策研究[M]. 北京:经济管理出版社,2020.

[5] 付意成,徐贵,臧文斌,等. 基于水环境容量总量控制的流域水生态补偿标准研究[M]. 北京:中国水利水电出版社,2019.

[6] 胡仪元,等. 流域生态补偿模式、核算标准与分配模型研究[M]. 北京:人民出版社,2016.

[7] 熊凯,孔凡斌. 潘阳湖流域生态补偿机制研究:标准与空间优化[M]. 北京:经济管理出版社,2019.

[8] 王弈淇. 基于供给与需求的流域生态服务价值补偿研究[M]. 北京:经济科学出版社,2019.

[9] 李英明,潘军峰,等. 山西河流[M]. 北京:科学出版社,2004.

[10] 段思聪. 大清河水系水污染物排放标准制定及费效分析研究[D]. 河北:河北工业大学,2017.

[11] 伍国勇,董蕊,于法稳. 小流域生态补偿标准测算——基于生态服务功能价值法[J]. 生态经济,2019(12):210-214,229.

[12] 李怀恩,尚小英,王媛. 流域生态补偿标准计算方法研究进展[J]. 西北大学学报(自然科学版),2009,39(4):667-672.

[13] 刘玉龙,许凤冉,张春玲,等. 流域生态补偿标准计算模型研究[J]. 理论前沿, 2006(22):35-38.

[14] 大同市人民政府,忻州市人民政府. 山西省大清河流域(唐河、沙河)生态修复与保护规划(2017—2030年)[R]. 大同:大同市人民政府,2017.

[15] 陈瑞莲,胡熠. 我国流域区际生态补偿:依据、模式与机制[J]. 学术研究,2005(9):71-74.

[16] 陈玉清. 跨界水污染治理模式的研究——以太湖流域为例[D]. 杭州:浙江大学,2009.

[17] 陈源泉,高旺盛. 基于生态经济学理论与方法的生态补偿量化研究[J]. 系统工程理论与实践,2007(4):165-170.

[18] 陈志松,王慧敏,仇蕾,等. 流域水资源配置中的演化博弈分析[J]. 中国管理科学,2008,16(6):176-183.

[19] 陈仲新,张新时. 中国生态系统效益的价值[J]. 科学通报,2000, 45(1):17-22,113.

[20] 陈祖海. 试论生态税赋的经济激励——兼论西部生态补偿的政府行为[J]. 税务与经济,2004,15(6):55-57.

[21] 丛澜,徐威. 福建省建立流域生态补偿机制的实践与思考[J]. 环境保护,2006(10A):29-33.

[22] 丁四保. 主体功能区的生态补偿研究[M]. 北京:科学出版社,2009.

[23] 段靖,严岩,王丹寅. 流域生态补偿标准中成本核算的原理分析与方法改进[J]. 生态学报,2010,30(1):221-227.

[24] 范弢. 滇池流域水生态补偿机制及政策建议研究[J]. 生态经济,2010(1):154-158.

[25] 高小萍. 我国生态补偿的财政制度研究[M]. 北京:经济科学出版社,2010.

[26] 高永胜. 河流恢复尺度的内涵[J]. 人民黄河,2006,8(2):13-15.

[27] 高永志,黄北新. 对建立跨区域河流污染经济补偿机制的探讨[J]. 环境保护,2003(9):45-47.

[28] 耿涌,戚瑞,张攀. 基于水足迹的流域生态补偿标准模型研究[J]. 中国人口资源与环境,2009,19(6):11-16.

[29] 胡熠,李建建. 闽江流域上下游生态补偿标准与测算方法[J]. 发展研究,2006(11):95-97.

[30] 胡熠. 论构建流域跨区水污染经济补偿机制[J]. 中共福建省委党校学报,2006(9):58-62.

[31] 黄宝明,刘东生. 关于建立东江源区生态补偿机制的思考[J]. 中国水土保持,2007(2):45-46,55.

[32] 黄德春,华坚,周燕萍. 长三角跨界水污染治理机制研究[M]. 南京:南京大学出版社,2010.

[33] 姜文来. 水资源价值模型研究[J]. 资源科学,1998(1):35-43.

[34] 吴志利. 我国流域横向生态补偿机制研究[D]. 兰州:甘肃政法学院,2019.

[35] 祝尔娟,潘鹏. 对完善京津冀生态补偿机制的理论思考与政策建议[J]. 改革与战略,2018(2):117-122.

[36] 宋向阳,郑淑华,图力古尔,等. 生态补偿政策评价研究进展[J]. 草原与草业,2018,30(1):18-25.

[37] 卢志文. 省际流域横向生态保护补偿机制研究[J]. 发展研究,2018(7): 73-78.

[38] 汪娜. 地方政府在跨区域生态治理中的困境与突破[D]. 芜湖: 安徽工程大学, 2017.

[39] 杨中茂,许健,谢国华. 东江流域上下游横向生态补偿的必要性与实施进展[J]. 环境保护, 2017(7): 34-37.

[40] 李宁. 长江中游城市群流域生态补偿机制研究[D]. 武汉:武汉大学,2018.

[41] 陈国鹰, 李巍,王佳,等. 引滦入津上下游横向生态补偿机制试点进展与建议[J]. 环境保护, 2017, 45(7):24-27.

[42] 昌苗苗,陈洋. 九洲江流域生态补偿试点实践进展[J].环境保护, 2017, 45(7): 28-30.

[43] 乔蕊蕊. 湘江流域水环境治理法律问题研究[D]. 北京:中国地质大学, 2017.

[44] 肖庆文. 长江经济带生态补偿机制深化研究[J]. 科学发展, 2019(5): 74-85.

[45] 张淼. 跨区域水生态补偿机制研究[D]. 上海:上海师范大学,2018.

[46] Wang H, Dong Z, Xu Y, et al. Eco-compensation for watershed services in China[J]. Water International,2016, 41(2): 271-289.

[47] Yu M, Liu M, Guan X, et al. Comprehensive evaluation of ecological compensation effect in the Xiaohong River Basin, China[J]. Environmental Science and Pollution Research, 2019, 26(8):7793-7803.

[48] 任世丹,杜群. 国外生态补偿制度的实践[J]. 环境经济, 2009(11): 34-39.

[49] 王军,严有龙,范彦波. 国外流域生态补偿制度的比较与启示[J]. 中国土地, 2020(7): 41-43.

[50] 王璟睿,陈龙,张燚,等. 国内外生态补偿研究进展及实践[J]. 环境与可持续发展,2019,44(2):121-125.

[51] 姬鹏程. 加快完善我国流域生态补偿机制[J]. 宏观经济管理,2018(10):41-46.

[52] Joslin A. Translating Water Fund Payments for Ecosystem Services in the Ecuadorian Andes[J]. Development and Change,2020,51(1):94-116.

[53] 常堃. 横向跨界流域生态补偿机制研究——以永定河引黄生态补水为例[J]. 山西水利科技,2019(4):88-90.

[54] 董战峰,郝春旭,璩爱玉,等. 黄河流域生态补偿机制建设的思路与重点[J]. 生态经济,2020,36(2):196-201.

[55] 何理,冯立阳,赵文仪,等. 关于我国流域横向生态补偿机制的回顾与探索[J]. 环境保护,2019(18):32-38.

[56] 李长健,赵田. 水生态补偿横向转移支付的境内外实践与中国发展路径研究[J]. 生态经济,2019(8):176-180.

[57] 董战峰,李红祥,璩爱玉,等. 长江流域生态补偿机制建设:框架与重点[J]. 中国环境管理,2017

(6):60-64.
[58] 姚霖,余振国,王海平,等. 我国流域上下游横向生态保护补偿制度建设的思考[J]. 中国土地,2020(2):30-33.
[59] 孙宏亮,巨文慧,杨文杰,等. 中国跨省界流域生态补偿实践进展与思考 [J]. 中国环境管理,2020(4):83-88.
[60] 刘慧芳,武心依. 博弈视角下东江流域横向生态补偿的可持续性研究[J]. 区域经济评论,2020(4):131-139.
[61] 张捷,莫扬. "科斯范式"与"庇古范式"可以融合吗？——中国跨省流域横向生态补偿试点的制度分析[J]. 制度经济学研究,2018(3):23-43.
[62] 滕凡全. 大凌河流域生态补偿效果评价[J]. 水利技术监督,2020(4):143-146.
[63] 于鲁冀,葛丽燕,梁亦欣. 河南省水环境生态补偿机制及实施效果评价[J]. 环境污染与防治,2018,33(4) : 87-90.
[64] 宋晓萌. 对流域生态补偿机制、河长制应用的经验总结和问题思考——以新安江流域为例[J]. 生态环境,2020(5):1-2.
[65] 王雅谱,钞锦龙,张鹏飞,等. 风能资源利用视角下汾河流域生态补偿方式研究[J]. 山西师范大学学报(自然科学版),2020,34(2): 74-79.
[66] 万本太,邹首民. 走向实践的生态补偿——案例分析与探索[M]. 北京:中国环境科学出版社,2008.
[67] 罗竣,周庆,张玉洁. 干支流责任划分的水生态保护补偿模式探讨———以湖北省黄冈市巴水流域为例[J]. 水利发展研究,2020(7): 40-42.
[68] 李建,徐建锋. 长江经济带水流生态保护补偿研究[J]. 三峡生态环境监测,2018,3(3): 25-32.
[69] 赵钟楠,袁勇,田英,等. 基于流域尺度的综合型水流生态保护补偿框架探讨[J]. 中国水利,2018(4):18-21.
[70] 邓延刚,陈向东,张彬. 推进生态补偿型水权交易的认识与思考[J]. 水利发展研究,2018,18(12):26-30.
[71] 刘炯. 政府间财政生态补偿的激励机制与政策效果——基于东部六省 47 个地级城市的实证研究[M]. 武汉:武汉大学出版社,2015.
[72]《三江源区生态补偿长效机制研究》课题组. 三江源区生态补偿长效机制研究[M]. 北京:科学出版社,2016.
[73] 蒋毓琪,陈珂. 流域生态补偿研究综述[J]. 生态经济,2016(4):175-180.
[74] 付意成,阮本清,王瑞年,等. 河流生态补偿研究进展[J]. 中国水利,2009(3):28-31.
[75] 杨晴,张梦然,邱冰,等. 基于国家主体功能区定位的水生态补偿机制探索[J]. 中国水利,2018(3):7-11.
[76] 曲超,刘艳红,董战峰. 基于DID模型的流域横向生态补偿政策的污染——贵州省赤水河流域实证研究[J]. 生态经济,2019(9):194-198.
[77] Gao X, Shen J Q, He W J, et al. An evolutionary game analysis of governments' decision-making behaviors and factors influencing watershed ecological compensation in China [J]. Journal of Environmental Management, 2019, 251.
[78] 王慧杰,毕粉粉,董战峰. 基于 AHP-模糊综合评价法的新安江流域生态补偿政策绩效评估[J]. 生态学报,2020,40(20):7493-7506.
[79] 程滨, 田仁生, 董战峰. 我国流域生态补偿标准实践: 模式与评价[J]. 生态经济, 2012(4):24-29.

[80] 饶清华，邱宇，王菲凤，等. 闽江流域跨界生态补偿量化研究[J]. 中国环境科学，2013，33(10)：1897-1903.
[81] 庄大雪. 流域生态补偿标准及生态补偿机制研究[J]. 环境与发展，2019，31(3)：158-159.
[82] 马庆华. 流域生态补偿政策实施效果评价方法及案例研究[D]. 北京：清华大学，2015.
[83] 孙贤斌，孙良萍，王升堂，等. 基于 GIS 的跨流域生态补偿模型构建及应用——以安徽省大别山区为例[J]. 2020，28(3)：458-466.
[84] 张化楠，接玉梅，葛颜祥. 国家重点生态功能区生态补偿扶贫长效机制研究[J]. 中国农业资源与区划，2018，39(12)：26-33.
[85] 王凤春，郑华，王效科，等. 生态补偿区域选择方法研究进展[J]. 生态环境学报，2017，26(1)：176-182.
[86] 袁伟彦，周小柯. 生态补偿问题国外研究进展综述[J]. 中国人口·资源与环境，2014，24(11)：76-82.
[87] 谭佳音，蒋大奎. 跨流域调水工程水源区生态补偿分摊 DEA 模型[J]. 统计与决策，2019，35(9)：33-37.
[88] 杨兰，胡淑恒. 基于动态测算模型的跨界生态补偿标准研究——以新安江流域为例[J]. 生态学报，2020，40(17)：5957-5967.
[89] 胡仪元. 生态补偿标准研究综述[J]. 陕西理工大学学报(社会科学版)，2019，37(5)：25-30.
[90] 刘霄. 贵州省赤水河流域生态补偿标准核算研究[D]. 贵阳：贵州大学，2016.
[91] 杜林远，高红贵. 我国流域水资源生态补偿标准量化研究：以湖南湘江流域为例[J]. 中南财经政法大学学报，2018(2)：43-50.
[92] 杨海乐，危起伟，陈家宽. 基于选择容量价值的生态补偿标准与自然资源资产价值核算——以珠江水资源供应为例[J]. 生态学报，2020，40(10)：3218-3228.
[93] 王金南，刘桂环，文一惠. 以横向生态保护补偿促进改善流域水环境质量——《关于加快建立流域上下游横向生态保护补偿机制的指导意见》解读[J]. 环境保护，2017，45(7)：14-18.
[94] 王西琴，高佳，马淑芹，等. 流域生态补偿分担模式研究——以九洲江流域为例[J]. 资源科学，2020，42(2)：242-250.
[95] Wang X Q, Gao J, Ma S Q, et al. A model of shared responsibility of watershed ecological compensation: A case study of the Jiuzhoujiang River Basin[J]. Resources Science, 2020, 42(2): 242-250.
[96] 王奕淇，李国平，延步青. 流域生态服务价值横向补偿分摊研究[J]. 资源科学，2019，41(6)：1013-1023.
[97] 张捷，傅京燕. 我国流域省际横向生态补偿机制初探——以九洲江和汀江-韩江流域为例[J]. 中国环境管理，2016，8(6)：19-24.
[98] 王金南，王玉秋，刘桂环，等. 国内首个跨省界水环境生态补偿：新安江模式[J]. 环境保护，2016，44(14)：38-40.
[99] 刘玉龙，胡鹏. 基于帕累托最优的新安江流域生态补偿标准[J]. 水利学报，2009，40(6)：703-708.
[100] 环保部环境规划院. 新安江流域上下游横向生态补偿试点绩效评估报告(2012—2017)[R]. 北京：环保部环境规划院，2012.
[101] 靳乐山. 中国生态补偿：全领域探索与进展[M]. 北京：经济科学出版社，2016.
[102] 刘桂环. 探索中国特色生态补偿制度体系[N]. 中国环境报，2019-12-17(003).
[103] 李洁. 流域横向生态保护补偿研究进展[J]. 法制博览，2019(35)：109-110.
[104] 崔晨甲，李淼，高龙，等. 流域横向水生态补偿政策现状及实践特征[J]. 水利水电技术，2019，50(S2)：116-120.

[105] 崔树彬,李杰,严黎. 珠江水系东江流域上下游生态补偿机制[J]. 水资源保护,2015, 31(6): 27-31.
[106] 吕明权, 王继军, 周伟. 基于最小数据方法的滦河流域生态补偿研究[J]. 资源科学, 2012, 34(1): 166-172.
[107] 史淑娟, 李怀恩, 林启才, 等. 跨流域调水生态补偿量分担方法研究[J]. 水利学报, 2009, 40(3): 268-273.
[108] 朱九龙. 南水北调中线水源区生态补偿标准与资金分配方式[J]. 水电能源科学, 2017, 35(4): 157-160.
[109] 刘菊, 傅斌, 王玉宽, 等. 关于生态补偿中保护成本的研究[J]. 中国人口·资源与环境, 2015, 25(3): 43-49.
[110] 付意成,高婷,闫丽娟,等. 基于能值分析的永定河流域农业生态补偿标准[J]. 农业工程学报, 2013,29(1):209-217.
[111] 徐素波,王耀东,耿晓媛. 生态补偿:理论综述与研究展望[J]. 林业经济,2020(3):14-26.
[112] 耿翔燕, 葛颜祥, 张化楠. 基于重置成本的流域生态补偿标准研究[J]. 中国人口·资源与环境, 2018,28(1): 140 -147.
[113] 李文华, 刘某承. 关于中国生态补偿机制建设的几点思考[J]. 资源科学 , 2010, 32(5): 791-796.
[114] 廖文梅, 童婷, 彭泰中, 等. 生态补偿政策与减贫效应研究: 综述与展望 [J]. 林业经济 , 2019, 41(6): 97-103.
[115] 田义超, 白晓永, 黄远林, 等. 基于生态系统服务价值的赤水河流域生态补偿标准核算[J]. 农业机械学报 , 2019, 50(11): 312-322.
[116] 王奕淇, 李国平. 流域生态服务价值供给的补偿标准评估——以渭河流域上游为例 [J]. 生态学报 , 2019, 39(1): 108-116.
[117] 周宏伟,彭焱梅. 太湖流域水流生态补偿机制研究[J]. 人民长江, 2020, 51(4): 81-85.
[118] 黄德春,郭弘翔. 长三角地区跨界水污染生态补偿机制构建研究[J]. 科技进步与对策,2010,27(18): 108-110.
[119] 李原园,李爱花,郦建强,等. 流域水生态补偿机理与总体框架[J]. 中国水利,2015(22):5-13.
[120] 贾本丽,孟枫平. 省际流域生态补偿长效机制研究: 以新安江流域为例[J]. 中国发展,2014,14(4):7-12.
[121] 乔旭宁,杨永菊,杨德刚. 流域生态补偿研究现状及关键问题剖析[J]. 地理科学进展,2012,31(4):395-402.
[122] 李雪松,吴萍,曹婉吟. 我国流域生态补偿标准的实践、问题及对策[J]. 水利经济,2016,34(6): 34- 37.
[123] 何建兵,吴永祥,王高旭,等. 太湖生态补偿方法及机制研究[J]. 水电能源科学,2011,29(12): 104-107.
[124] 刘小廷,任英欣. 我国跨省流域生态补偿实践与反思[J]. 产业与科技论坛,2020,18(6):75-76.
[125] 邓延利, 陈向东, 张彬. 推进生态补偿型水权交易的认识与思考[J]. 水利发展研究,2018(12): 26-30.
[126] 杨文杰, 赵越, 马乐宽, 等. 新安江流域上下游横向生态补偿试点绩效评估报告(2012—2017)[M]. 北京:中国环境出版集团,2020.
[127] 李干杰. 加快推进生态补偿机制建设共享发展成果和优质生态产品[J]. 环境保护,2016(10): 10-13.

[128] 贾若祥, 高国力. 构建横向生态补偿的制度框架[J]. 中国发展观察,2015(5):34-38.
[129] 刘桂环, 文一惠,谢婧. 关于跨省断面水质生态补偿与财政激励机制的思考[J]. 环境保护科学,2016,42(6):6-9.
[130] 王金南, 刘桂环,文一惠,等. 构建中国生态保护补偿制度创新路线图[J]. 环境保护,2016,44(10):14-18.
[131] 刘桂环, 谢婧,文一惠,等. 关于推进流域上下游横向生态保护补偿机制的思考[J]. 环境保护,2016,44(13):34-37.
[132] 张军. 流域水环境生态补偿实践与进展[J]. 中国环境监测,2014,30(1): 191-195.
[133] 曲富国,孙宇飞. 基于政府间博弈的流域生态补偿机制研究[J]. 中国人口·资源与环境,2014,24(11): 83-88.
[134] 李浩,黄薇. 跨流域调水生态补偿模式研究[J]. 水利发展研究,2011,11(4):28-31.
[135] 张志强,程莉,尚海洋,等. 流域生态系统补偿机制研究进展[J]. 生态学报,2012,32(20):6543-6552.
[136] 刘力,冯起. 流域生态补偿研究进展[J]. 中国沙漠,2015,35(3):808-813.
[137] 刘桂环,文一惠, 孟蕊, 等. 官厅水库流域生态补偿机制研究:生态系统服务视角[J]. 中国人口·资源与环境,2011,21(S2):61-64.
[138] 巨文慧, 孙宏亮, 赵越, 等. 我国流域生态补偿发展实践与政策建议[J]. 环境与发展,2019,31(11):1-2,8.
[139] 刘桂环,王夏晖,文一惠, 等. 以生态补偿助推新时期流域上下游高质量发展[J]. 环境保护,2019,47(21): 11-15.